中关村职业教育改革发展丛书
中关村学院“十三五”规划发展丛书

高新技术产业发达地区高端技术技能人才培养策略研究

——以全国科技创新中心核心区为例

程洪莉 著

南海出版公司

2021·海口

图书在版编目（CIP）数据

高新技术产业发达地区高端技术技能人才培养策略研究：以全国科技创新中心核心区为例 / 程洪莉著. -- 海口：南海出版公司, 2021.7
ISBN 978-7-5442-9788-2

Ⅰ. ①高… Ⅱ. ①程… Ⅲ. ①科技中心－技术人才－人才培养－研究－中国 Ⅳ. ①G316

中国版本图书馆CIP数据核字(2021)第106027号

GAOXIN–JISHU CHANYE FADA DIQU GAODUAN JISHU JINENG RENCAI PEIYANG CELÜE YANJIU
——YI QUANGUO KEJI CHUANGXIN ZHONGXIN HEXIN QU WEI LI

高新技术产业发达地区高端技术技能人才培养策略研究
——以全国科技创新中心核心区为例

著　　者　程洪莉
责任编辑　余　靖
出版发行　南海出版公司　电话：（0898）66568511（出版）
（0898）65350227（发行）
社　　址　海南省海口市海秀中路51号星华大厦5楼　邮编：570206
电子信箱　nhpublishing@163.com
经　　销　新华书店
印　　刷　山东海印德印刷有限公司
开　　本　710 毫米 × 1000 毫米　1/16
印　　张　21.75
字　　数　335千
版　　次　2021年7月第1版　2021年7月第1次印刷
书　　号　ISBN 978-7-5442-9788-2
定　　价　89.80 元

丛书总序

本套丛书与一个特殊的区域——中关村、一类教育——职业教育、一所学院——中关村学院有关，其中起联结纽带作用的是“改革发展”。提到中关村，我们首先想到的一般会是“高大上”，在人才和教育培养方面也是一样，这里呈现在世人面前的人才似乎都是高端人才，教育也是北京大学、清华大学等名校的高等教育。而按照欧美的经验，在科技创新中心的建设中，随着技术进步、产业高移，技术人才的层次结构产生变化，既需要高端的领军型研发、管理人才，也需要为这些高级专业技术人员配备更多的、经过专业性训练的服务型助手，即大量的技术技能人才，正如2019年伊始国务院发布的《国家职业教育改革实施方案》指出的“职业教育重要地位和作用越来越凸显”，与此同时，也为中关村学院这类与区域紧密结合、相伴相生的职业及成人类高校提供了更大的发展空间。

改革创新是中关村的内在“基因”和外在“期盼”，中关村创新发展四十年来，特别是党的十八大以来，中关村坚持在全球创新坐标系中找准定位，牢固树立创新引领的战略和理念，在思想观念突破、体制机制创新、高端产业发展、服务理念和模式创新等方面取得了一系列新的重大成就，为全国实施创新驱动发展战略发挥了很好的示范引领作用。2018年，北京市海淀区平均每天诞生50家科技企业，全年新增注册科技型企业1.8万家；国家级高新技术企业总数历史性突破1万家。2018年，海淀区研发投入强度（全社会R&D经费/地区生产总值）为9.8%，是全国的4.6倍，高于韩国、日本等发达国家；各类创新主体参与制定国际标准138项、国家标准747项；园区企业总收入超过2.3万亿元，同比增长10%以上。这种发展对技术技能人才的需求越来越紧迫，这同时也是北京“四个中心”发展定位和“三城一区”建设的需要，特别是从作为战略性新兴产业发展与结构调整的基础保障和重要支撑的角度考量。中关村学院（北京市海淀区职工大学）是海淀区教育生态中一所独具特色、极具活力的高校，作为海淀区唯一一所区属高校，学院伴随区域发展六十余年，一直将满足老百姓的各种学习需求作为己任，承担为区域经济社会发展提供人力资源服务的重任。在《中关村学院"十三五"时期事业发展规划》中明确指出："发挥高等学校四大职能，坚持并不断创新和完善成人高等职业教育、继续教育和社区教育'三位一体'的办学特色，……紧贴区域发展实际，适应科技进步、生产方式变革和创新创业带来的新业态以及社会公共服务的新需求要，深化产教融合、校企合作，推进产学研协同创新，积极创建与区域发展相匹配的教育品牌，培养有持续职业发展能力和终身学习能力的人才，服务区域居民终身学习需求和学习型海淀建设，助推全国科技创新中心核心区建设和京津冀协同发展，推动学院整体办学水平迈上新台阶。"本套丛书是对"十三五"规划期间学院发展实践的总结提炼，也是学院"十三五"规划校级课题成果的一次展示，从一个侧面反映了学院办学的一些改革创新举措以及教师的实践探索和理论反思，体现了学院"理实互动"的工作思路和成效。

本套丛书的作者以中关村学院教师为主，汇集了支持和帮助学院发展的团队智慧，是学院的一次"集体发声"。丛书坚持理论与实践结合，将理论文献的系统梳理与北京市特别是海淀区实践做法的详细介绍有机融合，丛书选题围绕中关村地区职业与成人教育的现实发展和未来需求，从办学体制与育人机制的改革创新方面构成一个有机整体，包括：这类地区所需职业教育的功能、培养技术技能人才的具体策略、人才素质结构中起关键作用的创新创业终身职业能力和素质、围绕产业特别是高科技产业的生产性服务、销售等岗位为依托的技术技能人才培养的教育教学设计，还有随着科技产业园区的不断拓展，引发的新型城镇化过程中，传统产业向现代服务业的转型，特别是为高科技产业园区和企业服务的"新市民"在身份和职业岗位转变后的学习需求的变化，相应的职业与成人教育功能如何实现的问题，还有混合式教学的实施和具体案例……这些选题，既有区域特色，又具有一定的普适性。希望本套丛书能够在一定程度上弥补高新技术产业发达地区职业教育缺少理论层面的总结提炼、发展策略的研究切合实际不够等方面的不足，对同样是高科技比较发达地区和类似中关村学院的区域高校有一些借鉴和辐射带动的作用，也希望通过本套丛书在理论上有所创新、在实践层面起一定的理论指导和政策参考作用。

本套丛书得益于北京市海淀区教育改革与发展专项资金的资助，中关村学院也给予了大力支持。从开始策划选题到中期的组稿再到成书，整个过程中得到了高校、教育研究机构的知名学者组成的专家组的全程系统指导，收录了在项目开展过程中委托北京师范大学国家职业教育研究院、北京市海淀区教育改革发展研究会、中关村加一战略新兴产业人才发展中心、北京水晶石数字科技股份有限公司等合作单位共同开展的相关研究的成果，得到了北京、天津、河北等地教育主管部门领导、调研企业负责人以及相关人员的大力支持和无私帮助，这些单位的丰富实践为本书提供了理论佐证的鲜活案例，在这里一并感谢。

感谢南海出版公司的领导和编辑们，正是他们的倾力参与、大力支持和辛勤付出促成本套丛书的顺利出版。

由于本套丛书选取的这类地区的职业教育这个研究方向上在国内相对是一个“短板”，可资借鉴的理论和资料都比较缺乏，再加上能力和精力所限，本套丛书还留下了需要更加全面深入加以研究的空间，希望能够在今后的工作和研究中继续伴随中关村这块持续创新发展、极具活力的“热土”，深入观察，认真总结，不断丰富扩展丛书的内涵，提升丛书的品质。

丛书编委会

2019 年 3 月

摘 要

技术技能人才是战略性新兴产业发展与结构调整的基础保障和重要支撑，为高新技术产业发达地区经济社会发展提供人力资本支撑与智力贡献。随着战略性新兴产业发展，对高端技术技能人才的需求日益增长，我国劳动力市场面临着技术技能型人才供求严重不平衡的问题。鉴于此，本书采用实证研究法，选取全国科技创新中心核心区为研究个案，以人才需求结构为分析框架，对高端技术产业发达地区人才需求、供给侧进行调查分析，并提出高新技术产业发达地区人才培养的具体策略。

本书首先分析了技术技能人才与高新技术产业发展之间的关系，探讨了世界范围内以及北京对技术技能人才的需求状况。并从人才规模结构、人才专业结构、人才层次结构、人才素质结构四个维度介绍了全国科技创新中心核心区技术技能人才概况，以信息安全产业、集成电路产业、新材料行业三大产业为例介绍中关村产业发展及其人才需求情况。其次，本书分析了技术技能人才与高新技术产业发展之间的互动关系，以及发达国家后工业化阶段对人才结构的要求，在此基础之上，本书以信息安全产业、集成电路产业、新材料行业为例分析全国科技创新中心核心区技术技能人才培养与行业发展之间的契合情况以及技术技能人才培养中存在的主要问题。

研究发现，当前技术技能人才培养中存在以下问题：从人才规模结构看，技术技能人才缺口大，不能满足产业需求；从人才专业结构看，职业院校专业设置与市场需求匹配度不高；从人才层次结构看，高技能、高水平体现不充分；从人才素质结构看，人才培养标准与企业需求不匹配。

本书在实证研究的基础上，提出在高新技术产业发达地区建构产教融合新生态，一方面通过市场调节、政府调控，搭建技术技能人才培养的外部生态链；另一方面通过校企合作、产教融合，适时调整职业教育内部生态。以海淀区这一高科技产业发达区为案例，分析了该区域职业教育资源这一构建区域职业教育新生态的重要方面的情况，在此基础上提出高科技产业发达区技术技能人才培养的具体策略：一是统筹规划，技术技能人才培养定位高移；二是资源重构，职业院校面向市场培养技术技能人才；三是区域合作，京津冀职业教育协同发展。

此外，本书还以中关村学院与相关应用技术大学计划联合成立的高科技产业发达区技术技能人才培养学院为例，进行了技术技能人才培养的方案规划和设计，提供了基于需求结构的培养区域急需的高端技术技能型后备人才的一种模式选择。

关键词：高新技术产业；技术技能；人才培养；产教融合；校企合作

目　录

第一章　绪论

第一节　问题的提出 …… 1
第二节　研究内容 …… 6
第三节　研究设计 …… 8

第二章　文献综述

第一节　基本理论 …… 10
第二节　相关核心概念 …… 19
第三节　国内外研究现状 …… 33

第三章　全国科技创新中心核心区技术技能人才需求

第一节　北京产业升级对技术技能人才的需求 …… 44
第二节　全国科技创新中心核心区技术技能人才概况 …… 51
第三节　中关村三大产业发展概况及其人才需求情况 …… 59

第四章　人才需求结构下技术技能人才供给侧分析

第一节　技术技能人才与高新技术产业发展 …… 76
第二节　发达国家后工业化阶段对人才结构的要求 …… 79

第三节　全国科技创新中心核心区技术技能人才供给 …………………… 84
第四节　供给侧分析 ………………………………………………………… 93

第五章　在高新技术产业发达地区构建产教融合新生态

第一节　中关村科学城创新生态体系 ……………………………………… 99
第二节　中关村科学城各创新主体存在的主要问题 ………………………102
第三节　在高新技术产业发达地区建构产教融合新生态 …………………104

第六章　海淀区构建产教融合新生态的实践探索

第一节　海淀区职业教育资源的历史沿革和基本现状 ……………………158
第二节　海淀区职业教育资源的特点 ………………………………………183
第三节　海淀区职业教育资源存在的主要问题及初步归因分析 …………200
第四节　海淀区职业教育资源未来的趋势分析和发展建议 ………………203

第七章　高新技术产业发达地区技术技能人才培养策略

第一节　统筹规划，高移培养定位 …………………………………………211
第二节　资源重构，构建培养新生态 ………………………………………217
第三节　区域合作，促进协同培养 …………………………………………224

第八章　研究结论与进一步研究

第一节　研究结论及创新 ……………………………………………………230
第二节　进一步研究 …………………………………………………………231

附　录

附录一　合作共建“××大学中关村学院”方案 …………………………232

附录二　三个专业本科层次的人才培养方案……244
附录三　“科技服务专业”用人需求情况调查……270
附录四　北京市教委“教育与产业发展契合度”课题调研方案……281
附录五　相关论文……298

参考文献……331

第一章 绪 论

第一节 问题的提出

一、研究背景

人才是重要的生产要素之一，是生产活动的重要参与者，对产业发展起着支撑作用。习近平总书记指出，“发展是第一要务，人才是第一资源，创新是第一动力”。人才资源是经济社会发展的第一资源。

高端技术技能人才是指工作在生产、建设、服务、管理等一线工作岗位，能够熟练掌握技术技能、进行创造性劳动的人才。战略性新兴产业是高新技术产业发达地区的主导（主要）产业，对人才具有更高的依赖性。高端技术技能人才是战略性新兴产业发展与结构调整的基础保障和重要支撑，为高新技术产业发达地区经济社会发展提供足够的人力资本支撑与智力贡献。党的十九大报告提出，要加强职业教育和对技术技能的培训，建设知识型、技能型、创新型劳动者大军，弘扬劳模精神和工匠精神，营造劳动光荣的社会风尚和精益求精的敬业风气。

自 2003 年全国人才工作会议特别是中共中央办公厅、国务院办公厅印发《关于进一步加强高技能人才工作的意见》、国务院《关于加快发展现代职业教育的决定》、国务院办公厅《关于深化产教融合的若干意见》和国务院《关于国家职业教育改革的实施方案》以来，技术技能人才培养体系逐步完善，技术技能人才规模不断扩大，结构逐步优化。但技术技能人才培养规模与人才培养质量与当前经济社会发展对技术技能人才需求之间的矛盾依然突出，导致技术技能人才总量短缺，结构不合理。职业教育培养的技术技能人才不能满足企业用人需求，供需关系不平衡。据 2018 年《中国人才发展报告》显示，我国技能劳动者总量虽超过 1.65 亿人，但仅占从业人员总量的 21.3%，其中高技能人才不足从业人员的 6%，高级技工缺口更是高达上千万人。为此，2018 年的政府工作报告中写进了“加大高技能人才激励”的内容，体现出面对高技能人才巨大缺口政府的积极应对。

全国科技创新中心核心区（海淀区）的职业教育面临着前所未有的发展机遇。一是各级政府均要求加快建设现代职业教育体系。十八大报告要求“加快发展现代职业教育，……加强职业技能培训，提升劳动者就业创业能力，增强就业稳定性”。十八届三中全会要求“加快现代职业教育体系建设，深化产教融合、校企合作，培养高素质劳动者和技能型人才”。国务院常务会议要求“牢固确立职业教育在国家人才培养体系中的重要位置，……打通从中职、专科、本科到研究生的上升通道”，部署加快发展面向就业的现代职业教育。全国职业教育工作会议强调要“加快培养高素质劳动者和技能人才，为推动经济发展和保持比较充分就业提供支撑”。《北京市中长期教育改革和发展规划纲要（2010—2020 年）》要求“服务首都优化经济结构的需求，按照集约型、精品化、内涵式的发展思路，构建灵活开放的现代职业教育体系，培养适应首都现代化建设需求的高素质劳动者和高技能人才”。海淀区委、区政府也要求“发展有核心区特色的职业教育”，“改革区域职业教育体系，积极筹建海淀区职业教育集团，实现产教融合”。二是核心区产业发展和企业发展均需要大量高素质职业技术人才。中关村人才特区建设和中关村核心区战略性新兴产业发展不仅需要大量高层次人才作为重要支撑，也需要适当规模的有一定理论基础且实践动手能力强的高素质技能型人才与之匹配。通过对核心区战略性新兴产业重点企业调查、核心区企业大学和社会职业培训机构的快速发展都表明核心区产业发展及辖区内重点企业、高新技术企业对高素质职业技术人才和职业技能型人才需求旺盛，其中研发类、管理类和销售类等岗位高技能人才均有较大缺口。

全国科技创新中心核心区（海淀区）发展职业技术教育具有战略性示范意义。一方面，职业技术教育是与产业联系最密切的教育类型，海淀区是高新技术企业发展活力最强的区域之一，发挥职业教育服务核心区经济增长、战略性新兴产业发展和职业技术人才培养的功用在全国具有战略性示范意义。另一方面，海淀区基础教育和普通高等教育在全国处于领先地位，但海淀区职业教育发展尚面临诸多挑战，作为教育体系中不可或缺的一部分，把海淀区职业技术教育发展好、建设海淀区现代职业教育体系也是一项战略性历史任务。

全国科技创新中心核心区（海淀区）职业教育必须高位发展，发挥重要作用。职业技术教育是提高劳动者素质、促进产学研等要素合作、推动技术进步的有效途径，在转变经济增长方式、实现下一轮经济增长的过程中必须高度重视职业技术教育的作用。在新时期，国家更加明确将职业教育作为一个教育类型加快发展，海淀区应抓住机遇，将职业教育发展放在更加重要的位置，牢固确立职业教育服务区域经济增长、产业发展、企业发展和居民需求的功能定位，发挥职业教育服务社会经济发展、战略性新兴产业、高新技术企业的重要作用，在海淀区全力打造科技创新中心核心区、中关村科学城的过程中职业教育发展将为核心区建设和人才特区建设提供重要支撑。

当前和今后一个时期，我国处于全面建设小康社会的关键时期。走新型工业化道路，加快产业优化升级，迫切需要大力加强技术技能人才队伍建设，尤其是对于高新技术产业发达地区更需要大量技术技能人才。因此，了解高新技术产业发达地区技术技能人才需求，创新技术技能人才培养模式，培养契合企业和市场需求的高端技术技能人才，是今后职业教育面临的一大课题。

鉴于此，本书重点探讨高新技术产业发达地区技术技能人才现状及其需求情况，分析目前高新技术产业发达地区技术技能人才培养中存在的主要问题，并在此基础上尝试建构高新技术产业发达地区技术技能人才培养模式，并提出具体可操作的意见、建议。

二、研究目的

本书的研究目的主要包括：

一是了解海淀区全国科技创新中心核心区产业发展及技术技能人才需求概况。

二是分析高新技术产业发达地区技术技能人才培养中存在的主要问题。

三是尝试构建高新技术产业发达地区技术技能人才培养模式，并在此基础之上提出高新技术产业发达地区技术技能人才培养的具体策略。

三、研究意义

（一）实践意义

本书的研究提出我国高新技术产业发达地区职业发展策略，为高新技术产业发达地区职业教育发展提供政策措施支持。改革开放以来，自 1988 年批准首家国家级高新技术产业开发区——北京市新技术产业开发试验区，三十年内国务院先后批准一批国家级高新技术产业开发区，截至 2017 年 3 月增至 157 家，北京、上海、天津、武汉等大中城市的高新技术产业区已经基本顺利完成了产业转型，并积累了丰富经验，为其他地区转型提供了帮助。不论是从改革开放伊始计算的“四十不惑”，还是首家国家级高新技术产业开发区获批的那一年走来的“三十而立”，以中关村为代表的高新技术产业开发区已成为我国深化科技体制改革的一个符号，成为中国创新精神的一大象征，成为我国创新发展的一面旗帜。站在世界新一轮科技革命和产业变革同我国转变发展方式的历史性交汇期，它需要以更积极的姿态，继续承担新的历史使命，加快向具有全球影响力的全国科技创新中心进军。同时也应该清醒地认识到发展也进入了“无人区”，这就意味着高新技术产业发达地区未来将面临更多的未知和不确定性，主要体现在“无人领航、无既定规则、无确定结果”，需要大胆去探索、去实践。它其中也包括这些地区的职业教育发展策略也随之发生变化，通过区域人才需求结构的深入调研，找出区域人才需求的特点和问题，提出有针对性的技术技能人才培养策略，将为我国未来产业转型后的职业教育发展提供示范。以北京全国科技创新中心核心区为例，分析该地区特别是战略性新兴产业的技术技能人才需求以及人才培养中存在的问题，提出具体的技术技能人才培养策略，培养数量充足、质量优良的技术技能人才，对于满足企业用人需求，促进产业升级换代，加快高新技术产业发达地区经济转型升级发展都具有重要的现实意义。

本书的研究顺应产业发展趋势、依照国家和北京市的相关政策要求，希望探讨在京津冀协同发展背景下三地的产业界和教育界“产教融合”培养新一代信息技术产业所需要的高技能人才的配套政策（宏观层面）以及专业、课程、师资、资源、认证标准、质量监控等方面（微观层面）的一些具体策略。通过调研并引入的产业界的教育资源，教育界职业院校产教融合合作在专业设置、课程内容、教学过程、师资队伍、认证评价等方面实现与产业界的“对接”探索路径，提供范本。

总之，在京津冀协同发展背景下，产业界和教育界通过全方位地深度合作，达成为企业、产业培养所需要的适用的高技能人才培养的目标。将宏观政策、理论分析等方面的研究和微观层面的课程、师资、认证标准、教学保障等方面的研究有机结合在一起，既能为京津冀协同发展的国家战略，首都四个中心的建设、首都战略性新兴产业的发展提供人才支撑，也能为职业院校的教育教学改革提供指导。

（二）理论意义

建构我国高新技术产业发达地区技术技能人才培养模式，建构产教融合的职业教育新生态。传统原因，我国职业教育研究起步比较晚，大多数研究主要集中在职业教育课程建设、人才培养模式、校企合作、师资队伍建设等微观层面。近几年随着国家对职业教育的支持，在宏观层面的研究越来越多，主要集中在国家制度的顶层设计及职业教育集团等共性研究方面。针对不同地区产业发展的分类研究比较少，特别是对高新技术产业发达地区职业教育发展策略的研究不足，缺少理论层面的总结提炼。本书将以北京全国科技创新中心核心区为例，通过对高新技术产业人才需求结构的研究，建立我国高新技术产业发达地区职业人才需求结构模型。同时，这一研究也为京津冀职业教育协同发展、首都职业教育创新改革探索新路径。

第二节　研究内容

一、研究内容

一是探讨技术技能人才与高新技术产业发展之间的互动关系，建构技术技能人才结构模型，对人才结构进行分析；

二是以海淀区全国科技创新中心核心区为例，从人才结构的角度分析中关村技术技能人才概况；

三是以中关村信息安全、集成电路、新材料三大产业为例，分析技术技能人才需求情况以及人才培养与行业发展契合情况，并发现技术技能人才培养中存在的主要问题；

四是尝试构建高新技术产业发达地区技术技能人才培养模式，并在此基础之上提出高新技术产业发达地区技术技能人才培养的具体策略。

二、研究框架

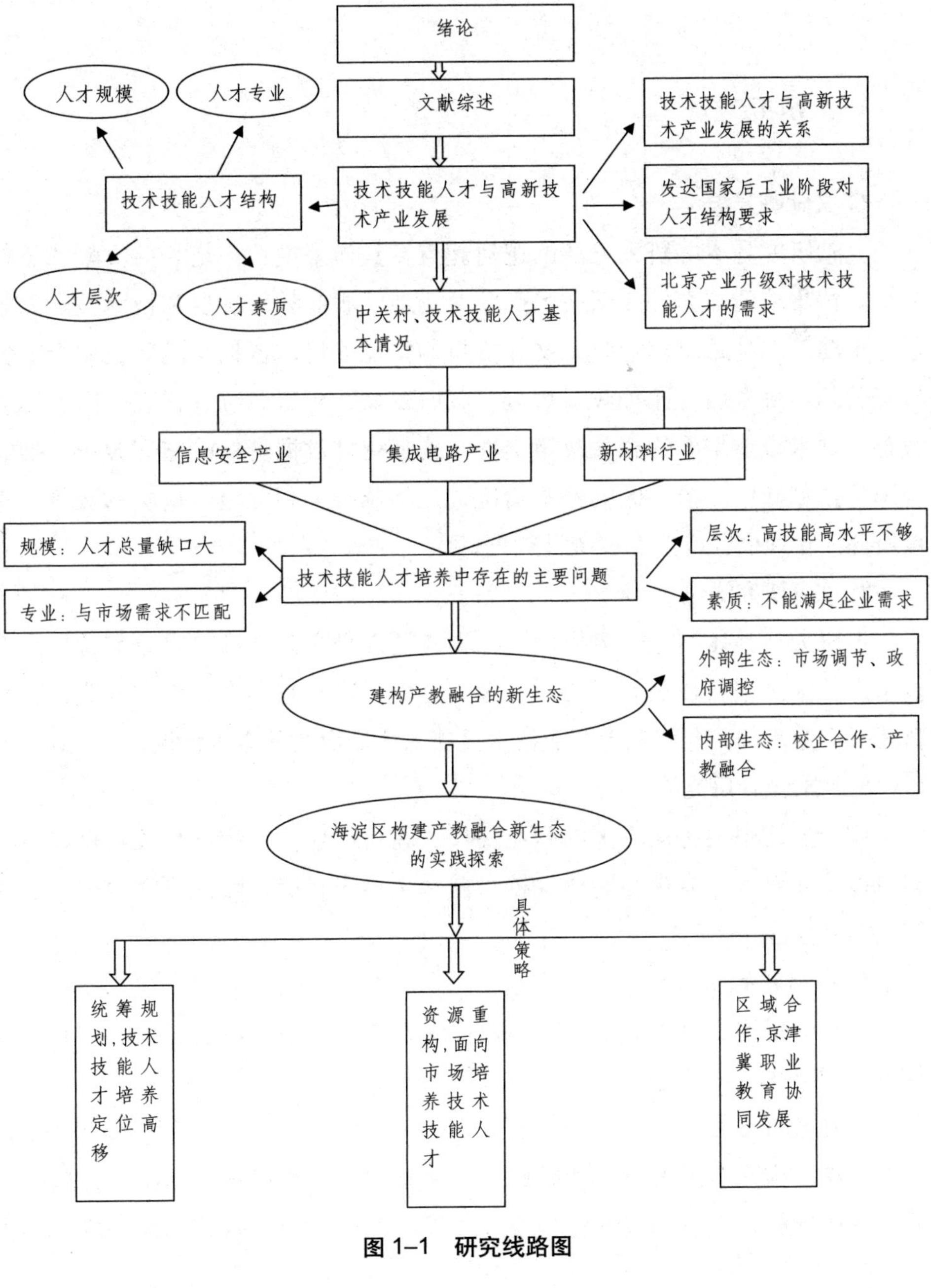

图 1–1　研究线路图

第三节 研究设计

一、研究方法

1. 文献研究法

文献研究是本书研究方法的逻辑起点，具体来说：一是相关文献的整理分析。搜集整理国内外高新技术产业发达地区职业教育发展和技术技能人才培养策略。二是政府相关政策文件资料的整理分析，包括与高新技术企业发展相关的各种资料，比如政策规划、政府公文、年鉴、统计报表，以及职业教育和技术技能培养的相关政策文件。三是统计数据资料的整理分析。搜集全国科技创新中心核心区的基本情况，包括核心区职业教育机构的数量、年度培养人才规模、产业发展统计数据。

2. 实证研究法

本研究从具体实证研究出发，以真实调查研究为基础，以国家首批高新技术产业区全国科技创新中心核心区为个案，以信息安全、集成电路、新材料三大产业为例，介绍三大产业技术技能人才概况及其需求情况。

3. 调查统计研究法

调查走访中关村核心区内职业院校、高科技企业，统计相关数据，研究高科技企业对人才需求与职业院校目前学生培养状况，印证研究数据，实现研究的完整性和客观性。

4. 案例研究法

本研究采用案例研究法，以高新技术产业区全国科技创新中心核心区为具体案例展开深入研究。

5. 比较研究法

从纵、横两个维度进行比较研究。在横向空间维度上，用国际比较、产业之间的比较，在纵向时间维度上，用发展的理念，对研究区域一定时间内的变化进行历史比较。结合两个维度的比较研究，使研究立体丰满。

二、研究过程

本书整个研究过程如下：

一是初步确定“技术技能人才培养”这个研究兴趣，确定论文选题，开始大量、广泛查阅相关文献，在查阅文献的过程中不断理清思路，细化研究问题，以“高新技术产业发达地区技术技能人才培养”和“人才需求结构”为切入点。

二是初步确定研究方法，选取研究对象，以全国科技创新中心核心区为个案。

三是开始深入全国科技创新中心核心区，大量搜集技术技能人才现状及企业需求等相关资料，访谈企业主和企业人力资源部相关工作人员，了解其用工需求。在此过程中，确定选取信息安全、集成电路、新材料行业三大核心产业为研究重点。

四是对搜集的资料进行整理分析。

五是开始论文写作，并不断修改完善。

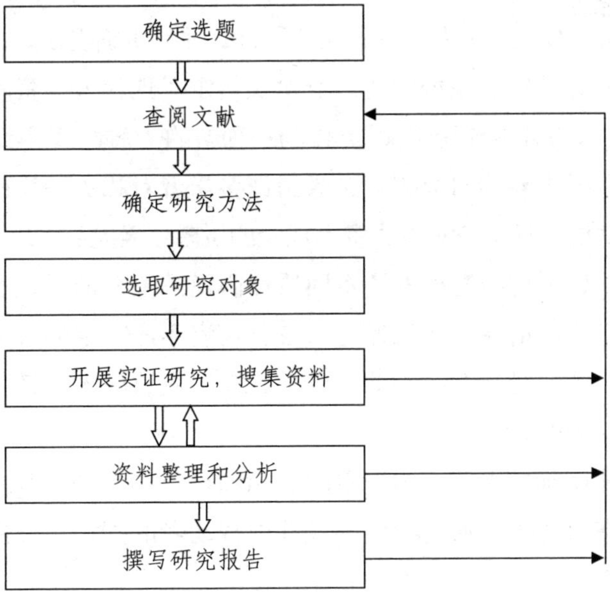

图 1–2 研究过程

第二章　文献综述

第一节　基本理论

一、人力资本理论

在研究技术技能人才培养问题上，管理学、组织行为学、劳动经济学等科学理论都有其不同角度的阐述，本书认为人力资本理论最能深入并全面地分析、解决这一问题。

人力资本的概念首次由美国经济学家西奥多·W. 舒尔茨于1960年在美国经济学年会上发表“论人力资本投资”的演讲中明确提出，并对其性质、投资内容和途径等进行了系统阐述。舒尔茨奠定了现代人力资本理论的基础，被人们誉为“人力资本理论之父”。作为一种新的“资本”理论，人力资本理论的诞生拓宽了学术界的研究视野，吸引许多学者对相关理论的研究，使该理论得以不断发展。舒尔茨对人力资本理论的贡献主要是：

第一，认为传统理论的资本同质性假说是不全面的，这阻碍了人们正视人力资本，从而堵住了人们通过向自己投资形成特定的人力资本而得以增进其福利的一条途径。在批判的基础上，提出应该引入包括物质资本与人力资本在内的总括性资本的概念。①

舒尔茨明确提出了人力资本的概念和投资的主要内容。他认为，人力资本是体现在人身上，通过投资形成并由劳动者的知识、技能和体力所构成的

① 陆根尧. 经济增长中人力资本效应 [M]. 北京：中国计划出版社，2004：74.

资本。人力资本投资的主要内容包括五个方面：(1) 医疗和保健，从广义上讲，它包括影响一个人的寿命、力量强度、耐久力、精力和生命力的所有费用；(2) 在职人员训练，包括企业采用的旧式学徒制；(3) 正规的学校教育，包括初等教育、中等教育和高等教育；(4) 企业以外的组织为成年人举办的学习项目，包括农业中推广的技术项目；(5) 个人和家庭为适应就业机会的变化而进行的迁徙等。①

第二，建立了系统的人力资本理论体系。主要包括以下方面：(1) 人的知识和能力是一种资本，存在于人的身上，表现为人的智力与体力的总和，也称“劳动资源”或“人力资源”，它是自然资源、资本资源和人力资源三类资源中最主要的资源。(2) 人力资本是通过对人的投资形成的，是效益最佳的投资形式，其在经济增长中的作用大于物质资本所发挥的作用；(3) 人力资本是可以计量的，可以通过人的数量、质量和劳动时间来计算。②

第三，对人力资本投资回报率进行了定量研究。首先，对 1929—1957 年美国教育投资与经济增长的关系作了定量研究，得出如下结论：各级教育投资的平均收益率为 17%；教育投资增长的收益占劳动收入增长的比重为 70%；教育投资增长的收益占国民收入增长的比重为 33%。与其他类型的投资相比，人力资本投资回报率很高。其次，利用收益法对小学、中学和大学教育的投资回报率进行了估算。结果表明小学教育的投资回报率最高，其次是中学教育，再次是大学教育。尽管高等教育的收益率不如初等教育和中等教育，但是四年大学教育的内部收益率如果以头十五年的资料进行估算，达到 7.5%，如果以终生收入资料进行估算则达到 11.5%。③

人力资本理论问世以后引起了许多经济学家的兴趣，吸引了包括加里·S. 贝克尔、罗伯特·卢卡斯、罗默等经济学家投入相关研究，他们分别做出了非常大的贡献。由于研究重点和理论核心的不同，对应地影响到相应领

---

① 西奥多·W. 舒尔茨. 论人力资本投资 [M]. 吴珠华，译. 北京：北京经济学院出版社，1990：10.

② Jamie S. Switzer. Teaching Computer-Mediated Visual Communication to a Large Section：A Constructivist Approach [J]. Innovative Higher Education，2004 (2)：89-101.

③ 西奥多·W. 舒尔茨. 论人力资本投资 [M]. 吴珠华，译. 北京：北京经济学院出版社，1990：119.

域的工作实践，从而形成若干流派。主要有以下四个方面。①

（1）人力资本投资—收益理论。该理论论证和研究人力投资及其投资收益的关系。舒尔茨首先提出并建立了系统的人力资本理论体系；后来贝克尔、明塞尔等都提出了投资—收益曲线，在详细区分人力投资不同种类、不同层次的情况下，计算投资收益状况；再后来几乎渗透在所有人的研究思路之中。②

（2）人力资本增长理论。该理论用数量分析和模型研究人力资本特别是人力资本中的不同构成对经济增长的作用。主要由罗默、卢卡斯等建立模型和理论框架，其他人也做出自己的解释。主要观点：一是经济增长主要来源于人力资本储量的增大；二是除了某些由遗传能力差别导致的纯租金（在收入方面）以外，人的经济才能主要是一种创造出来的生产手段。大多数收入差异都是对人力投资的数量不同而造成的。三是人力资本投资的变化是减少个人收入不平等的基本因素。③

（3）人力资本配置理论。该理论认为应通过转移或者流动配置人力资源，否则人力投资按计划执行是无法办到的。因此舒尔茨主张人力投资要以市场的供求变化为依据，以人力价格浮动为衡量信号，对教育进行市场的自发调节。为了促进经济增长，必须确定物质投资和人力投资的合理比例。哪种投资收益率高，哪种投资就应当优先，反之亦然。一直到两种投资收益率大体上相等，那便是最佳投资比例。忽视贬低人力资本的作用，片面强调物质资本的作用，必然损害经济增长。④

（4）人力资本产权理论。以新制度经济学中企业理论的产权内容为基础，论证人力资本的产权归属和与之相关的收益分配问题。主要观点有：①人力资本是天赋私产，它天然地只能属于劳动者个人所有；②人力资本是

---

① 梁栩凌．人力资本理论的渊源、流派和发展 [J]．北京机械工业学院学报，2005 (2)：58-62．

② 孙希波．黑龙江省高等教育与经济协调发展研究 [D]．哈尔滨：哈尔滨工程大学博士学位论文，2006(5)：24．

③ Dineke E. H. Tigelaar．The Development and Validation of A Framework For Teaching Competencies in Higher Education[J]．Higher Education，2004 (48)：253-268．

④ 孙希波．黑龙江省高等教育与经济协调发展研究 [D]．哈尔滨：哈尔滨工程大学博士学位论文，2006 (5)：26．

能动资产，它的使用只能通过激励而不能压榨；③人力资本价值具有不确定性，它具有极大的开发潜力，在不利的情况下可能由价值连城变得毫无用处。①

自20世纪60年代美国著名经济学家西奥多•W. 舒尔茨首次提出人力资本理论以来，该理论一直是西方学术界的“显学”，渗透到各个研究领域。特别是20世纪80年代以后，知识技能在现代经济中的地位日益重要，知识技能成为推动社会发展的核心生产要素。在此背景下，以人力资本为核心的内生经济增长模型，则采用数字建模方法直接将知识技能纳入生产函数，具体说明了知识技能积累的特征及其对经济长期增长的影响，发展了人力资本理论，成为在学术界有重大影响的“新增长理论”。现代人力资本理论的主要观点包括：一是人力资本存在于人的身上，表现为知识、技能、体力健康状况价值的总和。一个国家的人力资本可以通过劳动者的数量、质量以及劳动时间来度量。二是人力资本是投资形成的。投资渠道有五种，包括营养及医疗保健费用、学校教育费用、在职人员培训费用、择业过程中所发生的人事成本和迁徙费用。三是人力资本投资是经济增长的主要源泉。舒尔茨说人力投资的增长无疑已经明显地提高了投入经济奋飞过程中的工作质量，这些质量上的改进已成为经济增长的一个重要的源泉。有能力的人是现代经济丰裕的关键。四是人力资本投资是效益最佳的投资。人力投资的目的是获得收益。五是人力资本投资的消费部分是耐用性的，甚至比物质的耐用性消费品更加经久耐用。

现代人力资本理论有助于我们认识知识技能在现代经济中的决定作用，尤其是在知识密集的高新技术产业发达地区其重要作用要求我们将知识、技能等人力资本放到经济增长的核心位置，重视知识生产部门的人力资本生产，依靠人力资本积累促进经济增长，将经济增长方式转变到主要依靠人力资本积累和技术进步的集约型经济增长方式上来，政府部门应该采取促进人力资本投资和知识积累的政策以促进经济增长，如财政政策、产业政策、教育政策等。

以现代人力资本理论为研究基础，本书认为技术技能人才作为一种重要

① 孔令锋，黄乾．论人力资本产权理论的历史演进[J]．社会科学集刊，2003(6)：55-59.

的人力资本，是战略性新兴产业发展与结构调整的基础保障和重要支撑，能够为高新技术产业发达地区经济社会发展提供人力资本支撑与智力贡献。而随着战略性新兴产业发展，对高端技术技能人才的需求在日益增长，我国劳动力市场却长期面临着技术技能型人才供给严重不足、层次结构不合理、质量水平不高等问题。这些就需要以现代人力资本理论为指导，调查高新技术产业发达地区相关产业的人才供需现状，分析从规模结构、专业结构、层次结构、素质结构等维度进行深度分析，找出这类地区技术技能人才需求的特点，在区域主要的人力资本投资——教育的资源投入时保证能够满足这种需求特点的人才培养生态的构建，促进区域教育人才培养与劳动力市场需求协调一致，使区域教育所追加的人力资本积累在高新技术产业发达地区劳动力市场中发挥最大效率，实现区域教育资源效益的最大化。因而现代人力资本理论对本书的研究有着重要的指导价值。

二、教育生态学理论

教育生态学是20世纪70年代中期才萌发的一门新型学科，这门学科由教育学与生态学相互融合渗透而产生，这一学说通过运用和借鉴生态学的研究方法于教育学的研究中，将教育整体地理解为一种生态，借用了生态学中的一系列的概念和原理，从整体和微观等多角度探究教育生态系统中各种资源在一定的生态中的内在联系和作用机理，力求发现实现最佳效能的资源组合结构和作用方式。生态学的原理被运用到教育问题研究中始于20世纪30年代，1932年，美国社会学家沃勒（Waller.W.）率先提出“生态学”这一词汇，以及在他的《教学社会学》中提出了“课堂生态学”的概念。1996年，历史学家艾什比（Eric Ashby）[①]和安德森（Mary Anderson）出版了*Universities: British, Indian, African: A Study in the Ecology of Higher Education*。该书结合了非洲的政治与历史环境，研究了非洲高等教育的发展历史，提出了“高等教育生态学”的概念。整个教育生态学研究在国外的兴盛期出现在20世纪70年代，

① Ashby E. Universities：British，Indian，African;a study in the Ecology of Higher Education[J]．1966．

出现大量教育与生态的相关著作，包括坦纳（Tanner RT.）的《生态学，环境和教育》、沙利文（Sullivan E.A.）的《未来：人类生态学与教育》、爱格里斯顿（Eggleston W.）的《学校生态学》等。其中，影响最大的当数美国哥伦比亚大学师范学院院长劳伦斯，克雷明劳伦斯·克雷明（Lawrence Cremin）[①]于1976年出版的著作《公共教育》（*Public Education*）。此书首次提出了“教育生态学（ecology of education）”的概念，并在其中以专门的章节进行了讨论，并列专章加以探讨。克雷明把教育看作一个审慎的、系统的和通过不断努力去得出或唤起知识、态度、价值、技能和情感的过程。他认为要运用生态学的原理和方法，就是运用生态学的系统观、平衡观、联系观，动态地考察教育问题。由此衍生出了交叉学科，拓宽出了教育科学领域的又一新学科，即是教育生态学。经过半个多世纪的发展，学者们不断地深化教育生态学研究，基本上形成了比较完整的理论框架体系。

教育生态学认为：“教育资源是教育生态系统与社会生态系统进行物质、能量及信息交换的基本内容”，“教育生态系统的资源内容十分广泛，大致包括人力资源、物力资源、财力资源及信息资源等类别”。根据教育生态学的观点来思考教育问题，要坚持三种思考方式：第一种是全面地思考；第二种是联系地思考；第三种是公开地思考。教育生态学后来还发展出三个不同研究方向：(1) 微观教育生态学；(2) 教育生态因子生态学；(3) 宏观教育生态学。综上所述，运用生态学的方法与模式可以指明教育情境的范围和复杂性。借助教育生态学的方法和观点，我们可以运用联系的、平衡的和动态的观点来考察技术技能人才培养的问题。

教育生态学理论强调教育系统是在一系列平衡—失衡—平衡的动态发展中不断演进的生态系统。随着社会越来越开放，科技日新月异，教育突破了仅仅局限在学校体系范围内的藩篱，不断融入一个大的社会系统和环境，与社会的方方面面发生着物质、能量及信息的交换，呈现出关系性存在和融合性共生两种形态，也即是“共在”与“融生”。把教育生态学理论运用到高新技术产业发达地区的技术技能人才的培养策略研究中，需要认真分析高新技术

① Cremin，L. A. Public Education. New York：Basic Books，Inc，1976：36-59.

产业发达地区的产业特性、高科技企业的人才需求以及在产业和企业中蕴藏着的教育资源，构建多元育人的生态系统。

高新技术产业发达地区内高科技企业众多，这些公司由于科技含量高、知识、人才密集、信息资源丰富，已经不仅仅停留在知识的“消费者”的层面，逐步成为知识的生产者和传播者。伴随着企业的创新、研发实践和学习型组织建设，这种趋势愈发明显，而且在深度地改变着高科技企业的运营模式、组织管理机制。在企业内部逐渐扎根、不断升级后，高科技企业的公司内训项目也开始走出企业的自身范围，扩展和深入到社会各个领域。在技术技能人才培养过程中充分发挥“双主体”中企业这一“主体”的作用，和企业一起制定人才培养目标，明确院校和企业的职责及实施人才培养的具体策略和方式，突出职业性，通过新教学模式的构建，重点解决院校体系技术技能人才培养与企业实际实际需求之间的差异及矛盾，从而更好地为高新技术产业发达地区培养满足需求的技术技能人才。这是本书研究的重要目标指向，也是高新技术产业发达地区技术技能人才培养策略的关键点，因此，教育生态学理论也是本书的重要理论支撑。

三、人才结构理论

按照360百科的解释，人才结构（structure of personnel）是人才系统的构成形式。可分为三个层次。(1) 人才的个体素质结构。指个体间各不相同的德、智、体、美、劳诸要素彼此结合的方式，是构成人才群体结构的基础。(2) 人才的群体结构。指一个系统内各类人才按一定的层次、序列和比例相互组合的构成形式。主要由人才的性别结构、年龄结构、知识结构、智能结构、专业结构、素质结构等亚结构构成。(3) 人才的社会结构。指一个地区或一个国家的人才按一定的层次、序列和比例组合的构成形式。除包括人才群体结构中的诸亚结构外，还包括人才的部门结构、民族结构、区划结构、层级结构等。人才的社会结构也是一个综合体，主要取决于社会的政治结构、经济结构、教育结构、产业结构、技术结构等。分析上述人才结构的概念和层次分类，包含传统的人才结构划分方式的两种主要形式，即：从纵向划分，分为自然结构和社会结构；从横向划分，分为群体结构和个体结构。第一类划分主要用于一般人力资源结构或人口结构的研究。

第二类划分是按照系统的整体和个体的关系，有助于结构优化的标准研究，即实现群体效益最大化。

人才结构理论，就是对上述的人才结构状况及其发展变化规律加以研究的科学，赵光辉在其博士论文《人才结构与产业结构互动机理及相关政策研究》① 中将这一理论的研究内容确定为一般包括人才结构的评价、划分和调整三个方面。认为它以社会分工为标识，把人才总体中的一个侧面或层次作为自己的研究对象，从"结构"这一特定角度上对其进行研究。这种研究包括两个方面：

第一是条件。结构的产生和存在必须具备两个条件：一是比例，即系统中必须有两个以上的组成部分，一个组成部分在系统中必须占有一定的比重，没有比重或占百分比的组成部分，结构是不存在的。因而，比例是任何系统结构均需考察的重要指标。二是标识。之所以有人才结构，是因为在组成人才总体的个人之间存在着许多既相同又相异的各种标识，把个人归类成若干部分，有不同标识的各个部分按照一定的比重组成总体人才。人才结构是人才现象的一个重要特征，也是不同人才总体区别的主要标志。

第二是性质。人才结构是人才存在和运动的形式，它的发展变化以及对社会经济发展的影响，都是有规律的。揭示和利用人才结构规律，是人才结构理论的基本任务。②

对于人才结构理论的作用，其论述如下："建立人才结构理论，既是以往人力资源开发与管理研究的继续、发展和结果，也是人力资源研究开辟新领域的标志之一。其目的是以其作为理论基础，对人才的各种主要结构进行专门或综合的研究，为国家制定和实施人才强国战略提供理论依据。"

---

① 赵光辉．人才结构与产业结构互动机理及相关政策研究 [D]．武汉：武汉理工大学，2006：51-52．

② 赵光辉．我国人才结构与产业结构互动研究的探讨 [J]．中国人力资源开发，2005 (5)：23-28．

除此之外，在关于劳动力需求与供给的论述，也将劳动力供给的质量与区域经济发展的水平相连接，高质量的动力供给结构是高质量发展的重要条件。比如王全旺（2010）① 谈道："劳动力需求是以劳动力的雇佣者作为行为人的，关注的是劳动力的购买价格、数量、质量和条件"，劳动力供给则是指："劳动力供给既涉及数量又包含质量。劳动力供给数量，与一个国家或地区的劳动力总供求平衡直接相关。劳动力供给质量，与一个国家或地区的产业结构直接相关。劳动力供给的质量高，就为发展高新技术产业创造了有利条件"。劳动力需求与供给二者之间要达到一种平衡状态。

从以上的论述可以看出，人才作为国家、区域创新发展的重要支撑和区域经济社会发展的要素，合理的人才结构是一个区域重要的禀赋条件之一。人才结构是一个多序列、多层次、多要素的动态结合体。必须以人才结构理论为指导，对人才结构或人力资源结构加以研究。人才结构体系，是若干个相互联系的人才结构所组成的整体。人才具有许多特征，各个特征可以用不同的标识来表示。根据不同的标识，人才可以划分成许多结构。人才结构有着丰富的内容，优化结构有着十分广泛的含义。所以，人才结构体系实际上是一个分类型、分层次、分种类所组成的庞大系统。要把人才结构看成是一个由不同层次、不同类型、不同领域的人才结构组成的一个庞大的体系，并且分层次、分类型、分领域进行分别。研究各种人才结构，从而就能清楚地了解各种人才结构的性质、特征、状况，了解各种人才结构特有的运动规律，了解各种的人才结构特有的制约因素，最终探讨其优化的可能和策略。

这其中，产业人才结构有自己明显的特征，赵光辉（2006 年）从宏观和微观的角度来划分产业人才结构，这是产业人才结构的第一个层次或基本层次。在每一类人才结构中，又可以划分出人才结构的第二个层次，或较低一级的层次，把人才研发结构、人才地域结构和人才数量结构归为宏观结构，而将人才质量结构、人才年龄结构和人才专业结构归为微观结构，并在这六个组成部分的结构之下，进一步划分下一层的子系统结构，即人才结构的第三个层次，或更低一级层次，主要研究某个具体领域的产业人才结构。

---

① 王全旺．高职教育与劳动力市场需求协调发展研究 [D]．天津：天津大学，2010．

人才研发结构主要指研发投入比例（物资资本投入与人才资本投入结构）和产学研结构；人才数量结构包括海外人才回归比例和国内人才培养引进比重；人才地域结构是按照相关人的居住标识而划分的，如高新区人才分布和东西部人才分布；按照相关人的某种素质标识划分而得到的人才质量结构，包括了人才身体素质结构和科学技术结构，是诸结构之重点。人才年龄结构，是以人的自然年龄标识而划分的。

以人才结构理论为研究的理论基础，借鉴上述研究的结构划分和研究方法，本书运用系统而科学的思维方法重点从人才规模结构、人才专业结构、人才层次结构、人才素质结构四个维度介绍了全国科技创新中心核心区技术技能人才概况，以信息安全产业、集成电路产业、新材料行业三大产业为例介绍中关村产业发展及其人才需求情况。

第二节　相关核心概念

一、高新技术产业

（一）高新技术

“高新技术”一词是“高技术”和“新技术”构成的组合词。“高技术”是国际上常用的概念，一般指技术上的先进性；“新技术”是相对传统技术而言的，一般指新兴技术。在我国，一般把高技术、高新技术和高科技等视为同一概念。

（二）高新技术产业

高新技术产业一般指生产高新技术产品的企业的集合，但是各国对高新技术产业的判别标准目前还没有达成一致，故而对高新技术产业也没有形成统一的定义。按照360百科介绍，高技术（high technology，High-Tech）的概念是1971年由美国国家科学院在《技术和国家贸易》中首先提出的，而日本新闻周刊和商业周刊在1982年8月相继发表了《日本的高技术》和《高技术专集》。1986年，经济合作与发展组织（OECD）以R&D（“研究与开发”）经费强度（R&D经费占产值的比重）作为判别高技术产业的指标对制造业进行了测算。他们将制造业中的航空航天制造业等六个产业确定为高技术产业。1994年和2001年，OECD根据国际标准产业分类对高技术产业进一步进行调整。美国商务部借鉴美国学者A.Nloisog对高新技术产业“研究和开发高技术密集”特征的研究成果，从“从业的专业技术人员”和“R&D占销售额的比重”两个方面来对该产业进行界定。一些学者认为该产业是指运用信息技术、生物工程和新材料等当今尖端技术生产高技术产品的产业群，不是单一的一个产业而是产业群，不仅仅只是使用高技术的产业而是要，运用高技术生产高技术产品的产业。集中体现在高研究开发投入、大比重研究开发人员，整个产业不仅自身发展迅猛，而且对其他产业具有很强的渗透能力。

我国自从中华人民共和国成立就开始了原子能等高技术领域的研究。1985年《中共中央关于科技体制改革的决定》中明确提出了加快我国新兴产业的发展、创办新兴产业开发区的指导思想。1986年，在《高技术研究发展计划（863计划）纲要》中，党中央、国务院把生物技术、航天技术、信息技术、激光技术、自动化技术、能源技术和新材料作为重点突破的七个高技术领域。此后，在我国为推动高技术和新技术产业发展的一些会议、研究等活动中开始出现“高新技术”这一称谓。

从20世纪90年代起，我国开始编制《高新技术产品目录》，并据此开展高新技术企业认定工作。根据国家统计局发布的《高技术产业统计分类目录》，进入高技术产业统计范围的有核燃料加工、信息化学品制造、医药制造业、航空航天器制造、电子及通信设备制造业、电子计算机及办公设备制造业、医疗设备及仪器仪表制造业、公共软件服务八个产业。为了适应科技发展和经济发展的新形势，可以看出，“高新技术产业”是一个相对的、动态的概念。高新技术产业一般知识密集度高，不论是研发还是生产都需要投入更多的高级复杂劳动。根据国内学者的研究，国际上高技术产业中的科技人员数目是成熟的低技术产业中科技人员数目的5倍；高新技术产业中所需的技术工人比传统制造业多75%。

在高新技术产业的发展过程中，国家和地方出台了多个政策文件提出了高新技术产业的不同分类依据，给本书的研究提供了参考。这其中包括2008年国务院批准，由科技部、财政部、税务总局颁布的《高新技术企业认定管理办法》附件《国家重点支持的高新技术领域》，该件将电子信息技术、生物与新医药技术、航空航天技术、新材料技术、高技术服务业等八大产业作为高新技术产业，2018年12月国家统计局《战略性新兴产业分类（2018）》包括新一代信息技术产业、高端装备制造产业、新材料产业、生物产业、新能源汽车产业、新能源产业、节能环保产业、数字创意产业、相关服务业等九大领域，除了上述国家层面的政策文件，地方上包括北京2017年的十大高精尖产业分类和海淀区“6+1”区域战略性新兴产业体系，即移动互联网与下一代互联网产业、北斗及空间信息产业、集成电路设计产业、云计算产业、生物工程与医药产业、新材料、新能源及高效节能、环境保护产业、文化和科技融合产业。

（三）高新技术产业发达地区

本书所指高新技术产业发达地区是指国务院批准的以高新技术企业发展为主要产业的地市级以上级别的地区。改革开放以来，党中央高度重视我国科技事业的发展，我国逐步实现了以国家高新区为主的高新技术产业发展集群。1988年5月，国务院批准我国第一个国家级高新技术产业开发区“北京市新技术产业开发试验区”。此后，国家高新技术产业开发区得到快速发展。发展到21世纪初，国家高新技术产业开发区总数已达到56个，遍布全国31个省、自治区、直辖市。[①] 而截至2017年3月更是增至157家，北京、上海、天津、武汉等大中城市的高新技术产业区已经基本顺利完成了产业转型，成为高新技术产业发达地区。

---

① 程宇．职业教育助推高新技术产业发展 中国职业教育与高新技术产业发展对接高峰论坛召开[J]．职业技术教育，2010，31(21)：54-57．

以下以北京全国科技创新中心核心区为例进行说明，同时对照中国台湾地区和美国、日本的案例。

一是北京全国科技创新中心核心区。

全国科技创新中心核心区起源于20世纪80年代初的“中关村电子一条街”。党中央、国务院高度重视中关村的发展建设，国务院先后6次做出重要决定。1988年5月，国务院批准成立北京新技术产业开发试验区（中关村科技园区前身），由此中关村成为中国第一个高科技园区；1999年6月，国务院要求加快建设中关村科技园区；2005年8月，国务院做出关于支持做强中关村科技园区的决策；2009年3月13日，国务院批复建设中关村国家自主创新示范区，要求把中关村建设成为具有全球影响力的科技创新中心，这也是我国第一个国家自主创新示范区；2011年1月26日，国务院批复同意《中关村国家自主创新示范区发展规划纲要（2011—2020年）》；2012年10月13日，国务院批复同意调整中关村国家自主创新示范区空间规模和布局，成为中关村发展新的重大里程碑。

中关村经过30年的发展建设，已经聚集以联想、百度、小米为代表的高新技术企业近两万家，形成了下一代互联网、移动互联网和新一代移动通信、卫星应用、生物和健康、节能环保、轨道交通等六大优势产业集群，集成电路、新材料、高端装备与通用航空、新能源和新能源汽车等四大潜力产业集群和高端发展的现代服务业，构建了“一区多园”各具特色的发展格局，成为首都跨行政区的高端产业功能区。

中关村是我国科教智力和人才资源最为密集的区域，拥有以北京大学、清华大学为代表的高等院校90多所，以中国科学院、中国工程院所属院所为代表的国家（市）科研院所206所；拥有国家级重点实验室112个，国家工程研究中心38个，国家工程技术研究中心（含分中心）57个；大学科技园26家，留学人员创业园34家，这些高端的科研力量持续地发挥着技术源头作用，积极搭建科技成果转化和创新创业平台，加速关键核心技术突破，促进科技成果转化落地，促进中关村创新创业上水平。

中关村目前“一区多园”的空间格局包括东城园、西城园、朝阳园、海淀园、丰台园、石景山园、门头沟园、房山园、通州园、顺义园、大兴—亦庄园、昌平园、平谷园、怀柔园、密云园、延庆园等十六个园区。“十二五”期间，中关村继续完善“一区多园”各具特色的发展格局，重点建设了“两城两带”，即中关村科学城、未来科技城和由海淀北部、昌平南部和顺义部分地区构成的北部研发服务和高技术产业带，以及由北京经济技术开发区、大兴和通州、房山的部分地区构成的南部高技术制造业和战略性新兴产业带，促进高端产业集群发展。2013 年 9 月 30 日，十八届中共中央政治局在北京中关村以实施创新驱动发展战略为主题举行集体学习，表明了中央高层对中关村发展的肯定。2016 年 9 月，国务院印发《北京加强全国科技创新中心建设总体方案》，其中“三城一区”是北京建设全国科技创新中心的主平台，中关村国家自主创新示范区是北京建设全国科技创新中心的主阵地和核心区，2017 年 9 月，中共中央、国务院批复《北京城市总体规划（2016—2035 年）》，发挥中关村国家自主创新示范区作用，构筑北京全国创新中心发展新高地。

全国科技创新中心核心区主要指海淀区，现在统称为“中关村科学城”，作为北京“三城一区”的主体组成部分，实现“城”（“中关村科学城”）“区”（海淀区）的合一。作为中关村的发源地和核心区，截至 2018 年，海淀园规模以上“高精尖”企业已达 2000 余家，占北京市四成以上；信息业、科研业、金融业三大产业增加值对园区经济增长贡献率已达 75% 左右；高新技术企业总收入超过 2 万亿元；符合新经济特征企业占比达 73%，新经济企业总收入占园区总收入比重达 76%。从业主体方面，海淀园从业人员 94.1 万人，其中 63.7 万人为本科及以上学历，34 万人从事科技活动。①2018 年，北京市海淀区平均每天诞生 50 家科技企业，全年新增注册科技型企业 1.8 万家；国家级高新技术企业总数历史性突破 1 万家。技术合同成交额 1747.2 亿元，同比增长 7.8%，占全市的 35.2%。全区发明专利授权量 2.23 万件，占全市的 47.5%；PCT 专利申请量 2793 件，占全市的 42.8%；万人发明专利拥有量超过 300 件，是全国平均水平的 30 倍。据悉，2018 年，海淀区研发投入强度（全社会

① “创新工匠”锻造新中国制造——首届中关村海淀园“工匠精神”的研讨、培育和示范 [EB/OL]. https: // www.hdygh.com/.

R&D 经费 / 地区生产总值）为 9.8%，是全国的 4.6 倍，高于韩国、日本等发达国家强度；驻区单位在量子芯片、纳米材料、人工智能等领域获得国家科技奖占全国的 26%；各类创新主体参与制定国际标准 138 项、国家标准 747 项；园区企业总收入超过 2.3 万亿元，同比增长 10% 以上，并首次实现科技企业在全区区级税收贡献中排名第一。① 海淀区作为中关村科学城的主体区域，是“四个中心”的集中承载区，是建设国际一流的和谐宜居之都的关键地区，是疏解非首都功能的主要地区。紧紧围绕“科学”+“城”的要求，重塑文化科技融合新动力，更高层次构建创新生态体系和新型城市形态，推动高质量发展，打造高品质城市。站在新时代发展的新起点上，中关村科学城的战略规划已经明确，是以“打造具有全球影响力的科技创新中心新地标”为总体定位，将中关村科学城建设为体制机制创新的前沿阵地、战略性新兴产业策源地、高端要素聚集区、科技成果转化的辐射源。到 2020 年实现五个目标：原始创新能力显著增强、高精尖产业结构更加巩固、创新生态体系更加完善、新型城市形态初步形成和创新效率能级大幅提升。

二是中国台湾新竹②。

中国台湾新竹科学工业园区自 1980 年设立发展到 2000 年，园区营业额达新台币 9293 亿元，占台湾 GDP 的 10%；对外贸易总额达新台币 9685 亿元，占台湾进出口总额的 10%，形成了集成电路、电脑及外围设备、通信、光电、精密机械及生物技术等六大科技产业，发展成为“台湾硅谷”。其产业生态的基本要素由企业、人、技术和资本这四个方面构成，是激发产业成长的四大动力。发展高科技产业需要大量的科技人才，人才是最重要的战略资源。在人的要素上，一方面，企业大力延揽在海外的学人，吸引他们回台服务；另一方面，台湾过去几十年来对教育非常重视，培养了大量的科技人才，为新竹科学工业园区的发展提供了丰富的、高素质的科技人力资源。集中岛内工业界的精华，引进高科技工业及科学技术人才，鼓励岛内工业技术的研究创

---

① http: // www. bjhdnet.com/haidiannews/109978/4648249/index.html，北京日报客户端 发布时间：2019 年 3 月 25 日。

② 林共市. 高科技产业生态与中国台湾新竹科学工业园区的发展 [J]. 科技进步与对策，2002 (8)：49-51.

新，促进台湾高新技术工业的发展，培养更多的岛内科技人才，从更高的层次上发展台湾经济，这也是台湾设置新竹科学工业园区的主要目的之一。

三是美国硅谷。

硅谷坐落在加州北部，核心区是指从圣荷西至戴利城南北长 48 公里、宽 16 公里、面积约 800 平方公里的平坦谷地。此区域大约有 300 万人口，就是这仅占美国 1% 的人口，却创造了 13% 的美国专利，成立了世界上最多的高科技跨国公司，使硅谷成为世界上名副其实的产业技术创新中心。更为重要的是，在经济发展过程中，逐渐形成了产业共享（Industrial Commons）的发展模式，即为“密集交织、相互协作的区域人脉关系网络”。该网络主要由以下方面构成：一是各公司之间以及各公司与供应商、顾客等利益相关方的横向联系；二是沿着产业价值链不同部分的公司之间的纵向联系；三是个体之间的社会关系网络；四是大学、科研机构和技术型公司之间互惠合作所形成的联系。①

这一点可从以斯坦福大学为代表的美国硅谷地区高校创业教育的优势特征窥见一斑。自主创新的办学理念、完善的创新人才培养模式、健全的创新成果转化机制、产学研一体化的教育机制这四个方面集中体现了这些优势。②

四是日本筑波。

从 20 世纪 60 年代起，日本开始从“贸易立国”转向“技术立国”，从强调应用研究，逐步转向注重基础研究，政府从政策、计划、财政、金融等方面，对发展应用技术、基础研究，尤其是对高技术大力引导和支持，着手实施本国的大学科技园——筑波科学城计划。日本筑波科学城的最大特点是政府居主导地位。日本政府在筑波科学城发展过程中的主导作用主要表现在政府直接介入整个筹建过程，包括科学城之选址、人力筹措等。那里有 43 个国家研究所、2 家私人研究所和筑波大学等 2 所大学。私人机构发展缓慢，只能充当研究的辅助力量。筑波受政府的直接调控采取封闭型的人才培养方式，研

① 聂鲲，刘冷馨．硅谷人力资本与产业集群互动研究 [J]．宏观经济管理，2016 (7)：87-92．

② 杨同军．美国硅谷地区高校创新创业教育的启示 [J]．中国成人教育，2015 (4)：105-106．

究人员靠政府配备，相互之间没有真正的竞争[①]。各部门的大学培养人才的目的，主要是为本部门和机构补充人力，缺乏相互流动[②]。

二、战略性新兴产业

战略性新兴产业是以重大技术突破和重大发展需求为基础，对经济社会全局和长远发展具有重大引领带动作用，知识技术密集、物质资源消耗少、成长潜力大、综合效益好的产业。1992 年，中国改革开放后正式建立战略性新兴产业，到 2002 年重组[③]。

王水清在《战略性新兴产业升级背景下的高技能人才培养研究》[④] 中提出："战略性新兴产业是一个组合概念，应从'战略性'和'新兴产业'两方面加以界定。显然'战略性新兴产业'是'新兴产业'的重要组成部分。"

通常，战略性新兴产业包括七大产业，即节能环保产业、信息安全产业、生物产业、高端装备制造业、新能源产业、新材料产业、新能源汽车。[⑤] 而中关村海淀园的战略性新兴产业较特别，为"6+1"模式，即移动互联网与下一代互联网产业、北斗及空间信息产业、集成电路设计产业、云计算产业、生物工程与医药产业、新材料、新能源及高效节能、环境保护产业、文化和科技融合产业。

本书重点从以下三大产业入手进行技术技能人才需求情况调研及培养模式的设计。

（一）信息安全产业

当前，对于信息安全产业的最新概念界定是 2011 年 3 月 16 日发布的《中

---

① 技术立国战略的典范——日本筑波科学城 [J]. 杭州科技，2011 (5)：58-59.

② 钟坚. 日本筑波科学城发展模式分析 [J]. 经济前沿，2001 (9)：31-34.

③ 此部分来自百度百科，https: // baike.baidu.com/item/ 战略性新兴产业.

④ 王水清. 战略性新兴产业升级背景下的高技能人才培养研究 [J]. 教育教学论坛，2014 (19)：134-135.

⑤ https: // baike.baidu.com/item/ 战略性新兴产业.

华人民共和国国民经济和社会发展第十二个五年规划纲要》，指出“信息安全产业”是七大战略性新兴产业大力发展的重中之重，具体包括六个方面，分别是下一代通信网络、物联网、三网融合、新型平板显示、高性能集成电路和以云计算为代表的高端软件。①

（二）集成电路产业

集成电路产业是一种半导体产业，1947 年由肖特莱发明，包括制造业，设计业，封装业各产业，是与人们息息相关的产业。②

（三）新材料产业

新材料产业包括新材料及其相关产品和技术装备。与传统材料相比，新材料产业具有技术高度密集，研究与开发投入高，产品的附加值高，生产与市场的国际性强，以及应用范围广，发展前景好等特点，其研发水平及产业化规模已成为衡量一个国家经济，社会发展，科技进步和国防实力的重要标志。世界各国特别是发达国家都十分重视新材料产业的发展。③

三、高技能人才与技术技能人才

《高技能人才队伍建设中长期规划（2010—2020 年）》对高技能人才做出如下解释：“高技能人才是指具有高超技艺和精湛技能，能够进行创造性劳动，并对社会作出贡献的人，主要包括技能劳动者中取得高级技工、技师和高级技师职业资格的人员。高技能人才是我国人才队伍的重要组成部分，是各行各业产业大军的优秀代表，是技术工人队伍的核心骨干，在加快转变经济发展方式、促进产业结构优化升级、提高企业竞争力、推动技术创新和科技成果转化等方面具有重要作用。”

---

① 赵刚．信息安全产业发展的国际经验分享 [J]．中国科技财富，2011 (9)：18-19．

② https: // baike.baidu.com/item/ 集成电路产业 /5250078．

③ https: // baike.baidu.com/item/ 新材料产业．

《国家教育事业发展第十二个五年规划》指出："高等职业教育重点培养产业转型升级和企业技术创新需要的发展型、复合型和创新型的技术技能人才。"

国家发展改革委于2018年10月24日召开定时定主题新闻发布会，在回答记者提问时，新闻发言人孟玮提出："从我国目前情况看，技能人才供不应求的现象普遍存在。一方面，总量偏少。截至2017年年底，我国拥有一定职业资格等级的劳动者为1.65亿人，占全国就业人口的比例仅为21.3%；另一方面，结构失衡。在技能人才中，高技能人才只有4791万人，占技能劳动者的比重为29%，明显低于发达国家水平。"

四、人才需求结构

根据百度百科，人才结构是指人才整体中要素的数量、要素的配置、各要素的地位和作用这三个方面的含义。而人才需求是把现代经济学中的相应范畴引入人才学，是指社会在一定时期和一定范围内的人才需要能力。把以上两个概念相结合，"人才需求结构"是指社会在一定时期和一定范围内人才整体中各类人才的数量、相应的配置、所起的地位和作用，在本书中主要重点研究在当今高新技术发展中高新技术产业发达地区以战略性新兴产业为主的产业中各类人才的需求数量、结构、配置等，在这样的结构中，技术技能人才需求的数量、结构、配置等是研究的重点。

李彬和张纪的《中国高新技术产业发展与人才需求关系研究》[①]中提出，"人才需求呈现以下特征：1. 从全部人才需求角度看，由于我国部分高技术产业虽然在统计上认定为高新技术产业，但部分行业（如电子计算机及办公设备制造业）实际从事的是一些劳动密集型的加工组装工作，而不是严格意义上的高新技术产业，且因为行业人才需求配置的不同而对这些人才在各行业需求表现不同，因而我国高新技术产业对独有性、创新性、复合性、多样性及匹配性人才在不同层次上的需求都很强烈。2. 从专业技术人才角度看，我国高新技术产品和工艺设备的精密度和复杂性逐步提高（如航空航天器制造

① 李彬，张纪．中国高新技术产业发展与人才需求关系研究 [J]．商场现代化，2009 (10)：257-259．

业）使得技术问题中的理论应用相对复杂，产品装备和工艺流程的技术综合程度加深，使高新技术呈现多技术、多技能的特征并日益成为一个紧密联系着的有机系统，因而高新技术产业人才对专业技术人才呈现以下四个特征：(1) 要具备扎实的技术理论基础和相应知识、能力结构，拥有较全面的技术应用能力；(2) 必须掌握多种技能。专业技术人才不但要求知识水平高，还要求有高水平的操作技能和较高的创造能力和更强的岗位应变能力；(3) 现场监督管理、质量改善的能力，使专业技术人才技能的高低直接反映在产品质量上；(4) 生产者必须具有全局性观点，对专业技术人才独有性和专业性要求很高。3. 从高层次人才包括 R&D 人员及科学家和工程师来看，高层次人才是企业技术创新的主要执行者……因而在人才层次结构上我国高新技术产业对高智力、创新型、复合性、多功能的高层次人才包括 R&D 全时人员及科学家和工程师需求迫切，同时需要不同行业科学家组合攻关。4. 从高新技术产业分行业看，各行业有其自己特殊的技术特征和发展模式，它们的总体缺陷都在于自主创新能力不足，缺少核心技术，因而对于人才需求虽有量的差异同时存在着对人才需求质的共性：即对于从事高层次科技活动的人才的渴望。由于各行业的科技水平都处于成长期，各行业对从事核心技术研发的科学家和工程师的需求都有上升的趋势。”

周杰在《新疆战略性新兴产业人才需求预测及开发》[①] 中对新疆战略性新型人才的需求情况分为三方面进行论述：“(1) 新疆战略性新兴产业各行业人才需求状况分析；(2) 对战略性新兴产业人才工作经验的需求状况分析；(3) 对战略性新兴产业人才学历、职称的需求状况分析。”这一分类也为本研究提供了思路。

王全旺在《高职教育与劳动力市场需求协调发展研究——以天津为例》[②] 中关于这一问题的论述如下：“由教育结构向人才结构的转化，是一个十分复杂的过程，受到各种因素的制约。劳动力市场高技能人才的需求结构是构建高职教育结构的重要依据之一。劳动力市场需要的劳动力是具有一定技能水

① 周杰．新疆战略性新兴产业人才需求预测及开发 [D]．乌鲁木齐：新疆大学，2014．

② 王全旺．高职教育与劳动力市场需求协调发展研究 [D]．天津：天津大学，2010．

平的劳动力，劳动力市场对高层次劳动力的需求表现为对高级技能的需求。高职教育结构与劳动力市场对技能型人才的需求结构相协调，能有效地发挥受教育者所积累的人力资本的作用，提高劳动生产率。从劳动力供给角度看，高职教育层次结构、专业结构的变革应适应劳动力市场对高级技能型人才技能需求的多层次化与多样化。”

人才的结构可以分为规模结构、专业结构、层次结构、素质结构。高新技术企业对高技术技能人才需求，也可以分为规模结构、专业结构、层次结构、素质结构等几个方面。即人才的数量、类型、层次和综合素质情况要与企业和劳动力市场对技术技能人才的需求相协调。技术技能人才的培养也应该从这几个角度出发，要先解决“有”的问题，再解决“好”的问题。即首先关注技术技能人才的规模结构，其次关注技术技能人才的类型、层次和综合素质。具体来说：

（一）人才规模结构

人才的规模结构，即人才的整体规模，人才的总数量，反映人才培养总量是否与劳动力市场需求相协调。

（二）人才专业结构

人才的专业结构反映了人才的不同专业，指的是人才的种类，各专业人才的比例，是横向的结构，它要与经济结构、生产结构、就业结构相匹配。专业结构是反映人才是否与劳动力市场需求契合的关键因素，只有专业结构与市场劳动力需求相匹配，才能改善人才的结构性浪费，减少结构性失业，真正做到人尽其才。

经济技术发展使一线工作人员的技术技能的领域和层次多样化。现代企业中的一线工作往往是综合性的工作。尽管一线工作人员的数量相对减少，但是其包括了现场工程师、管理人员、工艺师、技师、高级工和普通技术工人等。这些人员受教育的层次包括了本科职业教育、专科职业教育和中等职业教育。这些人员不仅有来自专业操作或服务领域的技术技能人才，也有管理、财经等相关领域的技术技能人才。不仅是全日制学历教育所培养的，也有通过继续教育、培训或自学而成为技术技能人才。这些人才需要以团队协作的方式开展工作，相互发挥各自所长，相互补充，在一线工作中担当不同角色、承担不同任务，共同完成工作。因此，对一线技术技能人才的需求越来越多样化。

（三）人才层次结构

人才的层次结构，指的是按照人才的学历层次或技术技能水平进行划分。比如，技术技能人才根据学历层次，可以分为中职、高职、大专、本科、研究生、博士；根据技能水平可以分为初级、中级、高级。它反映的是人才的受教育程度和技能水平，是一种纵向的结构。

从世界范围来看，经济和科技发展使发达国家对一线工作人员的专业技术技能水平要求越来越高。随着科学技术的快速发展，特别是信息技术的广泛应用对一线工作人员的专业理论知识、实践工作能力等专业技术技能水平有了更高的要求。

（四）人才素质结构

人才的素质结构则反映了人才的综合素质、业务素质、技能素质等各方面素质是否能满足市场和企业用人需求。随着劳动力市场对人才需求的不断提升，高技术技能人才的培养也越来越强调职业素养、实践操作能力和创新思维能力，更加注重技术技能人才的综合素质。

科技的发展要求一线技术技能工作人员具有较高的综合素质，较高的主观能动性和创新能力，较高的转岗适应能力和职业发展能力。因此劳动者要能够适应变化，不断学习，掌握新的本领，不断提升自身。

五、培养策略

培养为教育、锻炼之义，即根据一定人才模型对对象有目的地教育和训练。“培养”用于人时突出训练、教导、养成。在本研究中，主要指通过各种教育训练和实践，不断提高人才的政治思想觉悟、科学文化水平和技术能力的活动。

“策略”起源于希腊语，指“将才”，起初用在军队上，意思为计划或指挥大范围的军事行动。策略一般可做如下解释：可以实现目标的方案集合；根据形势发展而制定的行动方针和斗争方法；有斗争艺术，能注意方式方法；计谋、谋略；在做当前决策时即将未来的决策考虑在内的一种计划。现在我们一般可以理解为计策或谋略的意思。

培养策略即为通过各种教育训练和实践，不断提高技术技能型人才的政治思想觉悟、科学文化水平和技术能力的各种计策、方法和途径。

在技术技能人才的培养方面，以“实现校企合作，推进产教融合”为例，要做好五个方面的工作：① “一是建立健全政府主导、行业指导、企业参与的办学机制。首先，要求政府必须履行好发展职业教育的职责；其次，要充分发挥行业指导职业学校办学和企业参与办职业教育的重要作用；最后，鼓励企业以各种资源投入职业教育发展和职业学校的办学。二是制定促进校企合作办学的法规，促进校企合作制度建设。三是制定各种优惠政策，建立两个制度。首先是学生顶岗实习制度，其次是教师企业实践制度。四是实行工学结合、校企合作的培养模式。职业院校应该研究适合企业人才需求的培养模式、课程体系。五是建立技能型人才到学校任教的制度和建立健全教育质量保障体系。”

2018 年 10 月 24 日，国家发展改革委新闻发言人孟玮在回答记者提问时提出：“为加快提升我国公共职业技能培训基础能力，完善职业技能培训体系，我委会同有关部门印发了《关于提升公共职业技能培训基础能力的指导意见》，就是要适应高质量发展和建设现代化经济体系的要求，加强顶层设计，加大工作力度，加快构建起一支规模宏大的高技能人才队伍。”需要从支持公共实训基地建设、推动培训资源共享、多渠道增加师资供给、打造“技能培训

① 程宇. 职业教育助推高新技术产业发展　中国职业教育与高新技术产业发展对接高峰论坛召开[J]. 职业技术教育，2010，31 (21)：54-57.

包”等四个方面，着力打出一套政策“组合拳”。

第三节　国内外研究现状

一、国外研究现状

本书涉及的问题在国内外没有人做过专题研究。国外的人才培养模式更多趋向个性发展，强调基础教育与职业教育并存，高新技术企业发达地区人才流动很快，研究这方面的人很少，更多的是在研究国家高新技术产业领域的发展政策，仅在国家高技术产业发展政策中对技术技能人才概念有一个简单的阐述，没有系统研究。但是部分国家的经验值得我们借鉴与思考。

（一）美国

2011 年 2 月 4 日，“美国创新战略”报告指出：奥巴马总统对于创建 21 世纪创新所需的信息科技生态系统已经给出了一份全面的战略计划。这其中包括：第一是重视信息安全产业发展的商业模式创新；第二是重视发挥新一代信息技术对其他新兴产业的渗透作用。

（二）日本

日本在大力推进向低碳经济转型的过程中，已经对信息安全产业从产业政策、技术政策及贸易政策等方面做出一系列调整。这其中包括：第一是重视新一代信息技术的国际标准化战略实施；第二是重视围绕新一代信息技术的产业发展进行科技外交。

（三）德国

2010 年 7 月，德国联邦政府发布了“高技术战略 2010”，该战略为德国未来十五年科技研发规划了新的发展路线，并将信息技术确立为重点领域之一。这其中包括：第一是重视国家科技发展计划的重大战略部署意义；第二是重视新一代信息技术领域人才的培养。

二、国内研究现状

我国高新技术产业开发区从1988年开始建设，主要以恢复经济为重点，真正意义上的高新技术产业开发是从2011年建设国家自主创新示范区开始的，过去研究重点更多集中在如何发展经济方面，在人力资源方面的研究近5年得以重视。因此我国对高新技术产业人才需求的研究主要集中在拔尖创新人才培养策略、企业研发人员培养以及企业管理层面的研究与培养策略，个别规模比较大的高新技术企业在实际工作中，需要的技术技能人员自己进行培养培训，对职业技术人才培养培训有一些的研究，但局限在干岗前培训和岗位培训，不成系统。职业教育领域研究宏观主要集中在对经济转型时期的职业教育发展的研究，中观层面集中在对专业设置、课程、校企合作的研究，专题研究还没有。刘洪昌，张华在其论文《战略性新兴产业高端技术技能人才培养的路径探讨》中对国内相关现状进行了总结，提出：学者们在战略性新兴产业高技能人才培养方面有一些微观和宏观层面的研究，但大多是从宏观角度，比较注重对策建议研究，而对相关的高端技术技能型人才培养方面特别是聚焦高技能人才培养模式的研究较少。①

具体表现在：

（一）从研究视角看

1. 从人力资源理论谈高新技术产业发达地区的人才培养模式

主要是大学阶段如何立足高新技术产业发展策略为企业培养人才，比如，湖南大学左都凯的《高新技术企业人力资源开发与管理创新研究》② 在这方面

① 刘洪昌，张华．战略性新兴产业高端技术技能人才培养的路径探讨 [J]．当代经济，2017(10)：137-139．

② 左都凯．高新技术企业人力资源开发与管理创新研究 [D]．长沙：湖南大学，2001．

做了较为详细的论述。

2．从人才结构理论谈职业教育人才需求主要集中在高等教育院校，研究培养研究型与技术型人才，背景也不是放在高新技术产业背景下

张明磊（2012）对人才结构做了一个概念性的定义，即“人才结构是指人才资源的构成要素及各要素间的相互关系，它包括人才素质结构、社会结构、关系结构”①。但是关于这方面的研究还没有成型的理论。

3．从企业视角谈高技能人才职业能力培养

张弛（2014）在《基于企业视角的高技能人才职业能力培养研究》②中提出：“其研究的中心内容包括：基于企业视角的职业能力概念框架研究；高技能人才职业能力形成机理研究；高技能人才职业能力培养的路径规划；高技能人才职业能力培养的校企共同体模式。”

高利兵（2012）在《企业技能型人才需求与职业教育发展对策研究》③中以安徽省为例，从政府、院校、企业三个角度提出了职业教育发展对策，分别对政府、院校、企业三方的责任和权利进行了明晰，建议：政府履行的是主导责任，引导学校和企业开展合作；院校首先需要转变观念，对接企业和区域需要，打造专业品牌，就业育人并举，实现内涵发展；企业要增强参与职业教育发展的主体意识，创造与技能型人才共生发展的环境，构建与职业院校共赢发展的合作机制；通过政府、院校、企业的共同努力，实现三方共赢。

4．从某一科技园区着手进行研究

顾伟（2012）在《苏州工业园区 BPO 产业人才需求调研报告》④中通过对苏州 BPO 产业 16 家企业的调研结果进行分析，提出苏州 BPO 产业人才培养过程中存在以下问题：第一，实训环节比较少，即使是有实训的，实训效果

---

① 张明磊．陕西省战略性新兴产业的人才发展研究 [D]．西安：西安建筑科技大学，2012．

② 张弛．基于企业视角的高技能人才职业能力培养研究 [D]．天津：天津大学，2014．

③ 高利兵．企业技能型人才需求与职业教育发展对策研究——基于对安徽省企业的调查 [J]．职业技术教育，2012，33 (13)：32-37．

④ 顾伟．苏州工业园区 BPO 产业人才需求调研报告 [J]．中小企业管理与科技，2012 (6)：187-188．

也不理想，导致专业教学还是拘泥于传统，没有创新；第二是课程设置老化，与产业需求相脱节。针对人才培养环节存在的问题，顾伟进一步提出了教学改革建议：第一是对接产业需求，改革老课程，开发新课程；第二是要充分利用苏州工业园区公共实训基地以及社会培训机构的实训资源，做到校内实训室和校外实训资源的有机结合；第三是通过与企业的项目实践，邀请企业的工程技术人员和管理者进校园、有计划有组织地安排教师进企业，双管齐下培养双师型教师。

中关村科技园区管委会章新民在《中关村科技园区人才事业发展的现状与思考》对中关村的人才现状进行了阐述，提出人才发展的现状如下：(1) 政策体系不断建立健全，宽松的政策环境能为园区的发展筑起人才高地；(2) 重点产业人才成长环境不断完善，园区着力关注支柱产业人才吸引，出台各项保障制度促进园区企业加大人才吸引力度，例如绿卡制度、工作居住证制度、外籍员工的优惠政策等；(3) 重点产业人才服务平台继续完善，园区着力打造支柱产业人才信息服务平台，为园区企业在国内外招聘高技术人才，实行代理培训等；(4) 行业人才中介组织工作突出，园区行业人才中介组织蓬勃发展，充分发挥了市场配置人才的作用；(5) 留学生创业人员服务体系建设成绩斐然。在良好的形势下，人才工作仍面临挑战，如园区人才工作政策体系还有待进一步健全、信用问题制约人才流动、人才在产业链内合理流动机制有待形成等。

5. 从战略性新兴产业角度进行研究论述

杨燕（2016）在《基于战略性新兴产业的高端技术技能人才培养方式调整探析》[①] 中从战略性新兴产业的特征及影响入手对高端技术技能人才的培养进行了研究。文章指出，“高端技术技能人才是战略性新兴产业结构转变与升级的基础保障和重要支撑，是战略性新兴产业人才队伍的重要组成部分。然而高等职业教育自身存在的问题如社会认可度不高、缺少实践教学、政府不够重视等问题以及专业设置与市场需求相脱节、人才培养与产业发展机制缺

① 杨燕. 基于战略性新兴产业的高端技术技能人才培养方式调整探析 [J]. 职教论坛，2016 (21)：54-57.

失、创新能力不强、高技能体现不充分等原因导致高端技术技能人才缺失，难以满足战略性新兴产业高速发展的需要。因此要对人才的培养方式进行调整：(1) 积极开展新兴产业研究；(2) 以新兴产业需求为导向，调整专业结构体系；(3) 新兴行业企业参与职业教育；(4) 加大扶持力度，建立健全高端技术技能人才培养的长效机制。"

刘亚琴、殷英在《战略性新兴产业高技能人才的培养与实践》① 中也进行了相关论述："(1) 战略性新兴产业高技能人才培养要推行校企合作；(2) 战略性新兴产业高技能人才培养要形成'工学结合，学训交替'的人才培养模式；(3) 战略性新兴产业高技能人才培养可按订单培养，在订单培养模式中，企业全程参与'订单'专业人才培养过程，校企双方实行学生共选、计划共定、资源共享、过程共监、就业共管；(4) 战略性新兴产业高技能人才培养应包含校企共同探索职工培训新途径；(5) 校企合作以产品技术研发为课题，提升职业院校科研能力。"

6. 从产教融合、校企合作的角度进行研究

谭元发、刘亚琴（2011）在《校企联合培养战略性产业高技能人才》② 中提出了一系列培养策略："(1) 以校企合作强化战略性新兴产业高技能人才培养；(2) 形成'工学结合，学训交替'的人才培养模式；(3) 对接战略性新兴产业，组建专业教学团队；(4) 以订单培养为需求，健全人才培养模式。"

关于产教融合，陈年友、周常青、吴祝平（2014）在《产教融合的内涵与实现途径》③ 中进行了相关论述。他们认为，"产教融合就是指职业教育与产业深度合作，是职业院校为提高其人才培养质量而与行业企业开展的深度合作。其中，技能型人才的本质要求是产教融合的内在动力，提高人才培养质量是产教融合的学校动力，提高生产效率是产教融合的企业动力，五个对接是产教融合的具体内容。五个对接：即专业与产业对接、学校与企业对接、课程内容与职业标准对接、教学过程与生产过程对接、学历证书与职业资格证

① 刘亚琴，殷英．战略性新兴产业高技能人才的培养与实践 [J]．机械职业教育，2011 (10)：11-12．

② 谭元发，刘亚琴．校企联合培养战略性产业高技能人才 [J]．中国培训，2011 (9)：23-24．

③ 陈年友，周常青，吴祝平．产教融合的内涵与实现途径 [J]．中国高校科技，2014 (8)：40-42．

书对接。产教融合从理论上有两条实现途径，一是要素整合，二是契约合作。”

7. 从教育生态学进行研究

我国大陆地区教育生态学研究的起步比较晚，20 世纪 60 年代，方炳林先生率先从事这一领域的研究，著成《生态环境与教育》一书，并提出以生态环境因子为主，研究各种生态环境与教育的关系及对教育的影响的体系。1988 年，南京师范大学吴鼎福教授发表于《南京师大学报：社会科学版》的研究论文《教育生态学刍议》作为大陆第一篇教育生态学研究，打开了大陆地区研究教育生态学的大门。随后，吴鼎福与诸文蔚合著的《教育生态学》，对教育生态学相关问题进行了深入系统的探讨。但由于吴鼎福是专攻生态学的研究者，该书生态学的痕迹较重，教育的渗透性有待增强。1992 年，青年学者任凯、白燕从不同的研究思路出发，合著《教育生态学》，提出教育生态学的研究对象是教育生态系统，试图借助生态学理论的原理和方法分析教育问题和教育现象，表现出较强的创新性。此后教育生态学的相关论文和研究陆续涌现，但多停留于对教育生态学进行引进和介绍。华东师范大学的范国睿教授在其《教育生态学》一书中将整个教育系统划分为小的具体的系统，分别从文化、人口、资源、学校、课堂等方面探讨这些因素对教育、学校和个体发展的影响。该书相较于之前的教育生态学著作，较为全面、深刻地用生态学解读了具体细微的教育现象和问题，是为大陆地区影响深远的教育生态学力作。该书的出版引起了大陆学者对于教育生态学的广泛关注。此后我国的教育生态学研究逐渐增多，并呈现出愈来愈热之势。之后，渐渐有学者运用教育生态学来研究课堂教学，像黄忆春《从生态学视角看课堂教学活动》，研究高校教师管理；林莉《生态文化与 21 世纪的大学校园》，研究教师专业发展；宋秋英《教育生态学视野下的教师专业发展》等。研究者们逐步将视角渐渐向微观、具体的领域迁移，这也与我们之前提到的国外的研究脚步是一致的。这些研究不断推动着我国教育生态学研究体系的完善和成熟。但是从教育生态学视角来对高技能人才培养的论文较少。

（二）从研究内容看

研究为高新技术产业培养拔尖创新人才，包括管理人才和专业技术研究人才的论文占60%；研究高校人才培养层次、培养模式的论文占32%，这其中有代表性的是湖南教育科学研究院肖化移的《从人才结构理论看高职人才培养规格》[①]等；研究社会培训机构为企业培养人才的论文8%。所有论文研究的内容主要包括职业教育的人才培养模式、专业设置、课程衔接、双师型教师培养、产学研合作、实训基地建设等文献比较多。如上文提到的谭元发、刘亚琴（2011）的《校企联合培养战略性产业高技能人才》一文中就兼具对接产业、岗位建设专业、开设课程，搭建实训平台，工学结合，组建专业教学团队、培养双师型教师，健全人才培养模式几方面的论述。其中对技术技能人才培养的研究体现在以下两方面。

1. 技术技能人才的内涵研究

张弛指出技术技能人才是工作在社会生产、经营、管理和服务一线，具有一定的技术知识基础，能够应用专业技术和技能从事相关职业的复合型人才。[②]兰海涛提出高素质技术技能型人才除了具备一定的专业基础，更重要的是能够在关键时刻发挥一定的作用，在发现问题时，能找到产生问题的原因并进行及时的处理，还要具备以下几个方面的能力：专业的理论知识、丰富的实践工作经验、较强的实践动手能力、思维比较开阔、良好的创新意识以及良好的职业素养。[③]付云从语言学的角度对技术技能型人才的定义进行了分析。一是将“技能人才”作为主体，“技术”是修饰语，即（技术）技能人才，强调技术的技能人才；二是将“人才”作为主体，“技术”和“技能”作为并列的修饰语，即（技术、技能）人才，技术型人才和技能型人才并重。[④]肖坤提出一个创业型技术技能人才的概念：熟练掌握专门知识和技术，具备精湛的操作技能，在工作实践中能够解决关键技术和工艺难题，并具有创业

① 肖化移，聂劲松．从人才结构理论看高职人才培养规格［J］．职业技术教育，2005，26（19）：5-8．

② 张弛．技术技能人才职业能力形成机理分析——兼论职业能力对职业发展的作用域［J］．职业技术教育，2015（13）：8．

③ 兰海涛．高质技术技能型人才培养研究质量研究［J］．才智，2015（31）：80．

④ 付云．高职技术技能人才的培养目标之辩［J］．职业技术教育，2013（28）：19．

意识和创新精神，具备一定创业能力，能够发现创业机遇并有勇气敢于承担风险去抓住机遇创业的复合人才。①

2. 高等职业教育技术技能型人才培养现状研究

丁金昌提到目前我国高等职业教育技术型人才培养目标定位不准；人才培养与社会需求仍有脱节；保障技术型人才培养的要素不足；育人的内容和方式简单化。② 朱方来指出高职院校培养的毕业生的专业技能与社会所需的实际能力并不对接；就业质量与人才培养目标存在偏差；院校设置的人才培养方案、方式方法和内容与学生的需求存在偏差。③ 唐伶认为目前技能人才培养过程中主要存在的两个问题，一方面国家职业标准无法有效地引导产业工人的形成与发展，因为其与产业用人需求无法良好匹配且与教育脱节；另一方面职业生涯教育缺失，学校人才培养目标定位不准，且就业者缺乏就业后的技术积累。④

（三）从研究方法看

以实证研究、比较研究为主要方法，注重中观和微观层面的研究。张弛（2014）在其博士论文《基于企业视角的高技能人才职业能力培养研究》⑤ 中对所采用的研究方法进行了论述："其一，文献研究法。通过书籍、电子期刊和网络数据资源等渠道广泛搜索相关研究资料，夯实职业能力培养的理论基础并建构理论框架。其二，归纳法、内容分析法和演绎法。其三，访谈法。通过高技能人才的访谈，初步确定职业能力结构要素，并设计问卷题目。其四，问卷调查法。其五，案例法。通过多种途径收集高技能人才职业能力成长的案例材料，发掘、归纳和总结企业对高技能人才职业能力形成的优质影响因素。"王全旺在《高职教育与劳动力市场需求协调发展研究》⑥ 中也对研究方法

① 肖坤. 产业升级与创新创业型技术技能人才培养探索 [J]. 中国成人教育，2013 (7)：45.

② 丁金昌. 高等职业教育技术性培养研究 [M]. 北京：科学出版社. 2015.

③ 朱方来. 中德应用型人才培养模式的比较研究与实践 [M]. 北京：清华大学出版社. 2014.

④ 唐伶. 基于"中国制造 2025"的技能人才培养研究 [J]. 技术经济与管理研究，2016 (6)：32-33.

⑤ 张弛. 基于企业视角的高技能人才职业能力培养研究 [D]. 天津：天津大学，2014

⑥ 王全旺. 高职教育与劳动力市场需求协调发展研究 [D]. 天津：天津大学，2010.

进行了论述：(1) 文献研究法；(2) 定量研究与定性分析法；(3) 跨学科研究方法。

（四）从研究主体看

教育科研机构研究员、各类院校教师、高新技术产业中的企业研究人员、各种企业协会的研究人员。

（五）从相关文献看

研究社会、经济转型时期职业教育发展的论文比较多，可以借鉴的有 37 篇；研究高科技产业中税收政策、财政政策、人事政策的论文比较多，对于职业院校服务高新技术企业方面的论文没有找到，在政策中提及职业技术培训业也基本上是在减少税收中提到。

三、研究述评

综上可见，目前相关研究存在以下问题。

(一) 高新技术产业发达地区是否需要职业技能型人才，需要什么样的技术人才，没有论证清楚。研究高新技术产业发达地区的人才培养模式的论文有 34 篇，但是专题研究在高新技术产业发达地区职业教育发展问题的文献目前没有，高新技术产业发达地区是否需要职业技术教育，这一地区的企业需要什么样的技术技能人才研究的人和文章都很少，没有搜索到。

(二) 站在区域经济发展的角度，从产业发展时机出发研究职业教育服务高新技术产业的宏观制度、政策、机制等方面的论文都没有搜索到。估计主要是受国家发展政策局限和人们固有的对高新技术产业的“高大上”传统认知，觉得这个产业不需要技术技能人才。

(三) 研究主体主要是大学教师和高新技术企业的管理人员，从微观课程、人才培养模式等研究比较多，宏观制度的研究主要是为高新技术企业人才争取政策，对职业教育促进服务高新技术企业发展的研究相对比较少。

总之，本书的研究领域相对“冷清”，这既给研究留下了一个比较大的想象空间，同时由于能够借鉴的资料和请教的专家较少，也使得研究存在较大的不确定性，对研究者是一个挑战。

四、相关政策

（一）《关于进一步加强高技能人才工作的意见》（2006 年）

2006 年，中共中央、国务院发布《关于进一步加强高技能人才工作的意见》（以下简称《意见》），《意见》提出：“（1）加快推进人才强国战略，切实把加强高技能人才工作作为推动经济社会发展的一项重大任务来抓，充分认识做好高技能人才工作的重要性和紧迫性。充分发挥市场在高技能人才资源开发和配置中的基础性作用。（2）完善高技能人才培养体系，大力加强高技能人才培养工作。动员社会各方面力量开展高技能人才培养工作；以企业行业为主体，开辟高技能人才培养的多种途径；建立高技能人才校企合作培养制度；支持和鼓励职工参加职业技能培训；加强高技能人才培训基地建设。（3）以能力和业绩为导向，建立和完善高技能人才考核评价、竞赛选拔和技术交流机制。健全和完善高技能人才考核评价制度；广泛开展职业技能竞赛活动；积极组织高技能人才技术交流活动。（4）建立高技能人才岗位使用和表彰激励机制，激发高技能人才的创新创造活力。健全高技能人才岗位使用机制；进一步完善高技能人才激励机制；表彰和奖励作出突出贡献的高技能人才。（5）完善高技能人才合理流动和社会保障机制，提高高技能人才配置和保障水平。引导高技能人才按需合理流动；完善高技能人才社会保障制度。（6）加大资金投入，做好高技能人才基础工作。加大资金投入力度，建立政府、企业、社会多渠道筹措的高技能人才投入机制；做好高技能人才基础性工作。（7）加强领导，营造有利于高技能人才成长的良好氛围。切实加强对高技能人才工作的领导；加强舆论宣传，营造尊重劳动、崇尚技能、鼓励创造的良好氛围。”

（二）《高技能人才队伍建设中长期规划（2010—2020年）》（2011年）

《高技能人才队伍建设中长期规划（2010—2020年）》（以下简称《规划》）提出为了实现高技能人才队伍建设的发展目标，从现在起到2020年，我国高技能人才队伍建设的主要任务是：“（1）健全企业行业为主体、职业院校为基础的高技能人才培养培训体系。（2）完善公平公正、运行规范、管理科学的高技能人才评价体系。（3）构建有效激励、切实保障、合理流动的高技能人才使用机制。（4）营造尊重劳动、崇尚技能、鼓励创新的有利于高技能人才成长的社会氛围。（5）形成多方参与、密切配合、共同推动高技能人才工作的新格局。”

《规划》提出：“为推动高技能人才总量稳步增长，素质大幅度提高，使用效能明显增强，重点采取以下政策措施：（1）以实施国家高技能人才振兴计划为龙头，加大高技能人才培训力度。（2）以实施青年技能就业培训工程和企业职工技能提升培训工程为重点，建立健全面向全体劳动者的职业培训制度。（3）以制度创新为重点，健全高技能人才评价选拔制度。（4）以建设技能大师工作室为重点，充分发挥高技能人才作用。（5）以完善流动配置机制为重点，促进高技能人才合理流动。（6）以完善制度和落实政策为重点，健全高技能人才激励表彰机制。（7）以强化技术支持为重点，夯实高技能人才工作基础。（8）切实加大投入，为高技能人才队伍建设提供经费保障。”

（三）《技能人才队伍建设实施方案（2018—2020年）》（2018年）

《技能人才队伍建设实施方案（2018—2020年）》涉及以下内容：“（1）定方向，明确技能人才队伍建设工作的目标任务。（2）定思路，明确技能人才队伍建设工作的基本原则。提高政治站位，坚持问题导向，整合有效资源。（3）定任务，明确技能人才队伍建设工作的重点举措。（4）定政策，完善2018—2020年技能人才队伍建设工作的政策措施。”

第三章　全国科技创新中心核心区技术技能人才需求

第一节　北京产业升级对技术技能人才的需求

中共中央办公厅、国务院办公厅印发《关于进一步加强高技能人才工作的意见》以来，技术技能人才培养体系逐步完善，技术技能人才规模不断扩大，结构逐步优化。但技术技能人才培养规模与人才质量与经济发展对技术技能人才需求之间的矛盾依然比较突出，职业教育培养的技术技能人才不能满足企业用人需求，供需关系不平衡。

随着经济结构的调整，新型工业化道路，迫切需要提升技术技能工作者整体素质。企业发展越来越依靠科技进步、劳动者素质提高、管理创新，急需一批掌握精湛技能和高超技艺的高技能人才作支撑，特别是信息化、自动化技术的发展，对高素质的技术技能人才提出了新的更高要求。其次，《高技能人才队伍建设中长期规划（2010—2020年）》指出，当前和今后一个时期，我国就业形势依然十分严峻，劳动力供大于求的总量矛盾将长期存在，劳动者技能与岗位需求不匹配造成的就业结构性矛盾更加突出①。这就需要职业教育结合市场需求调整人才培养规模和人才培养方式等，提升毕业生职业素质和技能水平，使输出的人才更能契合企业用人需求，以此缓解就业结构性矛盾。

① 中共中央组织部、人力资源和社会保障部《高技能人才队伍建设中长期规划(2010—2020年)》

一、北京高精尖产业发展定位和重点功能区建设特点

首先，产业服务化、高端化、创新驱动发展特征更加明显。近十年来，北京市产业结构不断调整优化，见下图。

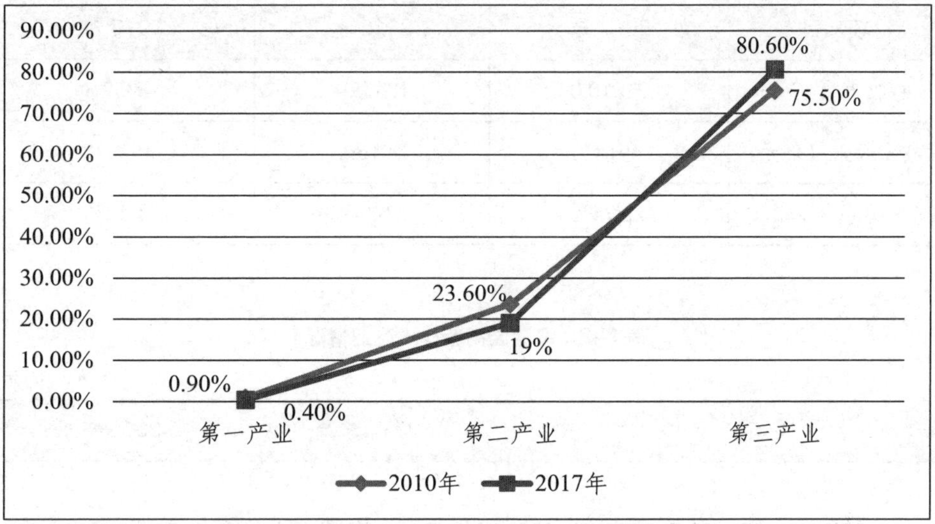

图 3–1　2010 年、2017 年北京三大产业结构对比

表 3–1　2017 年北京高技术产业发展情况统计[①]

产业	增加值	比上年增长	占地区生产总值的比重	比上年
高技术产业	6387.3 亿元	9.5%	22.8%	提高 0.1 个百分点
信息产业	4186.9 亿元	10.3%	15.0%	提高 0.2 个百分点
文化创意产业	3908.8 亿元	9.2%	14.0%	与上年持平

2017 年全国科技创新中心核心区规模（限额）以上高新技术企业实现总收入 51157.9 亿元，增长 11.1%；其中实现技术收入 8327.7 亿元[②]。北京市近

①② 北京市 2017 年国民经济和社会发展统计公报 [N]. 北京日报. 2018-02-27.

十年来，产业布局集约高效，协同发展扎实起步。《北京市“十三五”时期现代产业发展和重点功能区建设规划》指出，六大高端产业功能区引领全市产业集约高效发展，中关村、金融街、商务中心区等带动示范作用显著。

表 3–2 海淀园主要经济增长情况表[①]

项　目	2017 年	2016 年	2015 年
总收入（亿元）	21610.0	18355.4	16357.3
技术收入（亿元）	4914.7	4076.1	3520.9
技术收入占比	22.74%	22.20%	21.52%

表 3–3 海淀园高新技术产业情况[②]

（单位：亿元）

项　目	2017 年	2016 年
总收入		
电子与信息	14775.4	12433.6
生物工程和新医药	335.8	280.0
新材料及应用技术	1099.7	1016.9
先进制造技术	743.6	685.5
新能源与高效节能技术	939.3	884.6
环境保护技术	486.4	441.0
利润总额		
电子与信息	841.6	799.7

① 2018 年北京海淀统计年鉴、2017 年北京海淀统计年鉴

② 2018 年北京海淀统计年鉴

续表

项　目	2017 年	2016 年
生物工程和新医药	34.0	26.5
新材料及应用技术	64.7	45.2
先进制造技术	99.4	78.7
新能源与高效节能技术	65.0	35.9
环境保护技术	73.1	63.0
实缴税费总额		
电子与信息	537.9	469.3
生物工程和新医药	20.7	17.1
新材料及应用技术	21.8	19.3
先进制造技术	34.2	39.5
新能源与高效节能技术	35.0	46.3
环境保护技术	34.1	34.0
出口创汇总额		
电子与信息	52.0	38.0
生物工程和新医药	3.1	1.9
新材料及应用技术	7.7	7.5
先进制造技术	10.2	5.8
新能源与高效节能技术	1.5	1.2
环境保护技术	0.7	0.2

其次，加快构建“高精尖”经济结构。2017 年 12 月，中共北京市委、北

京市人民政府关于印发加快科技创新构建高精尖经济结构系列文件出台。“十三五”后期，北京要加快构建“高精尖”经济结构，加快形成创新引领、技术密集、价值高端的经济结构。北京市“十三五”产业发展规划坚持三产提级增效发展、二产智能精细发展、一产集约优化发展的原则，深化调整三次产业内部结构，促进三次产业融合发展。大力发展服务经济、知识经济、绿色经济。

表 3–4　北京市“十三五”时期现代产业发展规划要点

现代产业发展方向	重点行业
加快发展生产性服务业	金融服务业、信息服务业、科技服务业、商务服务业、流通服务业
提高生活性服务业品质	健康养老服务业、旅游业、体育产业
大力发展战略性新兴产业和高端制造业	新能源汽车、新一代信息技术产业、高端装备制造、生物医药、节能环保
加快推动文化产业发展	文化艺术、新闻出版、广播影视、文化演艺、现代传媒、文化贸易、设计服务、广告会展、艺术品交易等创意交易行业
发展都市型现代农业	高效节水农业、循环农业、现代种业、生态旅游农业

表 3–5　北京市高精尖产业名称

序号	产业名称	序号	产业名称
1	集成电路产业	6	新一代信息技术产业
2	节能环保产业	7	医药健康产业
3	科技服务业	8	智能装备产业
4	软件和信息服务业	9	人工智能产业
5	新材料产业	10	新能源智能汽车产业

表 3–6 北京市“十三五”时期重点功能区建设规划要点

功能区发展战略	功能区组成
优化调整高端产业功能区	全国科技创新中心核心区、北京经济技术开发区、金融街、商务中心区（CBD）、奥林匹克中心区、临空经济区
有序推动四大高端产业新区发展	通州高端商务服务区、新首钢高端产业综合服务区、丽泽金融商务区、怀柔文化科技高端产业新区
强化特色功能区的产业承接能力	北京新机场临空经济区、北京科技商务区（TBD）、海淀北部生态科技新区、环球主题公园、中关村软件园、北京保险产业园、北京高端制造业（房山）基地、北京基金小镇、北京通用航空产业基地、密云生态商务区、延庆现代园艺产业园

最后，各区产业发展定位突出特色化。城六区东城、西城、朝阳、海淀、丰台、石景山，以第三产业为主，重点推进金融管理、信息服务、商务服务等生产性服务业专业化、高端化发展，改造提升传统服务业，进一步提升生活性服务业发展品质。城六区以外的平原地区，包括通州区、顺义区、大兴区以及房山区和昌平区的平原部分，重点发展生产性服务业、战略性新兴产业和高端制造业。山区包括门头沟区、平谷区、怀柔区、密云区、延庆区以及房山区和昌平区的山区部分，因地制宜提升旅游休闲等服务功能，发展生态服务型沟域经济，建立生态友好型产业体系；有序承接中心城疏解的部分教育、医疗、文化等公共服务资源，提高公共服务能力。

二、北京企业技术能力提升的过程中人力资本需求的变化趋势

北京市企业技术能力不断提升的过程中，人才资源数量和质量也在稳步提升。“据测算，北京地区人才资源总量达到 692.2 万人，分别比 2008 年和 2010 年增长了 105.4% 和 79.8%。”其中，专业技术人才、高技能人才、农村实用人才数量在 2008—2016 年间的年均增速分别为 10.4%、10.0% 和 12.4%。

"高技能人才占技能劳动者比例达到29.6%，比2008年增加了7.8个百分点。""随着非首都功能的疏解和'高精尖'经济结构的打造，预计高技能人才队伍增长速度将趋缓、结构优化将进一步加速。"从业人员受教育程度不断提高，高等院校毕业生是补充首都人才资源的主要来源，同时，高层次人才资源在全国而言最为丰富。人才结构更趋合理，北京地区生产总值中第三产业的占比和全部从业人员中第三产业从业人员的占比均为80.1%，匹配度较高，人才聚集效应明显。预计到2020年，六大人才发展指标均可实现《首都中长期人才发展规划纲要（2010—2020年）》战略目标。详见下表：

表3–7　首都人才发展主要指标完成情况①

指标	2008年	2016年	2020年规划目标	2016年与2020年相比
人才资源总量（万人）	337	692.2	650	超过
每万劳动力中研发人员（人年/万人）	204	201.6	260	接近8成
高技能人才占技能劳动者比例（%）	21.8	29.6	30	接近
主要劳动年龄人口受过高等教育比例（%）	27	45.2	42	超过
人力资本投资占地区生产总值比例（%）	19	22.8	29	接近8成
人才贡献率（%）	35	52.6	60	超过8成

三、北京经济转型升级对技术技能人才的需求

北京市高精尖产业发展对高素质技术技能人才有强烈需求，但数量和质量供给均不足。比如，2017年，电子信息行业对高职高专及以下学历人员的需求约为40%，对本科及以上学历人员的需求约为60%。而北京电子信息类

① 《北京人才发展报告(2017)》

专科高职毕业生只能满足需求量的 1/10，本科及以上学历的人员只能满足需求的 1/3。未来人才缺口每年不会低于 10 万人①。随着人工智能、集成电路、新能源汽车等高精尖产业的发展，对高层次技术技能人才的需求也将进一步扩大。

再比如，新能源行业。北京近五年来，大部分新能源企业的人才需求量呈上升趋势，未来五年的新能源专业技术人才缺口大约 5.47 万人，对本科高职和专科高职的需求量越来越大。96.1% 的新能源企业希望国家的高等教育能尽快培养新能源专业学生。目前北京市仅有部分高校设有新能源专业，职业院校新能源专业为空白，无法满足北京新能源行业企业的人才需求。而有一特例表明：由于多所中、高职院校开设了新能源汽车专业，弥补了新能源汽车专业人才的不足，从而很好地适应了新能源汽车企业的人才需求。

毕业生数	招 生 数	在校生数
115	13	247

第二节　全国科技创新中心核心区技术技能人才概况

全国科技创新中心核心区是中国高科技产业中心，是中国第一个国家级高新技术产业开发区、第一个国家自主创新示范区、第一个国家级人才特区。

中关村是我国科教智力和人才资源最为密集的区域，拥有众多科研机构和高等院校，具体如下图：

① 侯兴蜀．京津冀协同发展背景下北京市职业教育资源配置研究 [J]．中国职业技术教育，2018 (8).

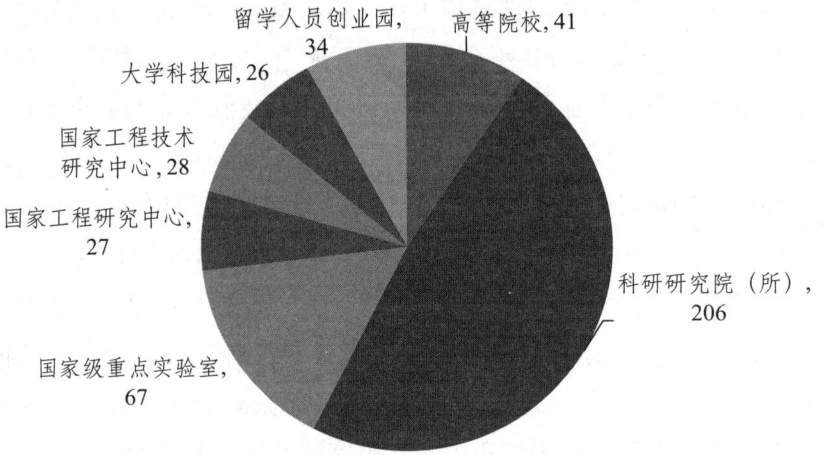

图 3–2 中关村高等院校、科研机构分布情况①

创新是第一动力，人才是第一资源。全国科技创新中心核心区是第一个国家级人才特区，也是中央人才工作协调小组首批授予的"海外高层次人才创新创业基地"。2011 年 3 月，中组部、国家发改委等 15 个中央部门和北京市联合印发了《关于全国科技创新中心核心区建设人才特区的若干意见》，中关村加快建设人才特区。"京校十条""京科九条"等政策文件，鼓励高校院所转化科技成果；试点出入境管理改革措施，支持企业引进全球顶尖人才。

一、人才数量结构概况

资料显示，"十三五"期间，我国对高端技术技能人才需求总量达到 1000 万人以上，到 2020 年，我国战略性新兴产业增加值占 GDP 的比重将达到 15%。目前，我国战略性新兴产业对高端技术技能人才需求处于"求贤若渴"状态②。

① https: // baike.baidu.com/item/%E4%B8%AD%E5%85%B3%E6%9D%91%E7%A7%91%E6%8A%80%E5%9B%AD/1360849?fr=aladdin

② 杨燕．基于战略性新兴产业的高端技术技能人才培养方式调整探析 [J]．职教论坛，2016 (7)．

近年来，中关村"人才特区"的建设促进示范区高端人才聚集，创新创业人才加速聚集。中关村科学城积极发挥人才优势，服务中关村人才特区建设。依托中央人才引进工程，中关村积极引进国际科技与产业发展前沿的高层次领军人才，促进海归人才的高度聚集。

从下表中可以看到2016年中关村各园区企业数量、从业人员总数以及科技人员数量和占比情况：

表3–8　2016年中关村各园区企业及从业人员情况①

注册开发区	企业数（家）	年末从业人员数（人）	科技人员数（人）	科技人员占比（%）
海淀园	9886	1091198	362976	33.26%
丰台园	1877	173869	30537	17.56%
昌平园	2456	160490	42086	26.22%
朝阳园	1445	224576	59031	26.29%
亦庄园	863	241306	38301	15.87%
西城园	598	104972	26548	25.29%
东城园	388	73129	17464	23.88%
石景山园	795	85642	17928	20.93%
通州园	318	46726	9738	20.84%
大兴园	284	46159	10127	21.94%
平谷园	96	13286	2055	15.47%

① 2016年按技术领域统计主要经济指标 [EB/OL]. http: // www.zgc.gov.cn/zgc/zwgk/tjxx/nbsj/2016nsj0/156203/index.html.

续表

注册开发区	企业数（家）	年末从业人员数（人）	科技人员数（人）	科技人员占比（%）
门头沟园	120	19401	5285	27.24%
房山园	149	30460	4622	15.17%
顺义园	260	117238	20720	17.67%
密云园	129	17684	3206	18.13%
怀柔园	144	29995	5244	17.48%
延庆园	61	6484	1147	17.69%
合计	19869	2482615	657015	26.46%

从近几年中关村指数报告中，我们可以发现中关村人才规模不断扩大，从下图表中可以看到，2010 年中关村人才总数为 103.5 万人，到 2016 年增长至 248.1 万人，2016 年人才总数是 2010 年的 2.4 倍。

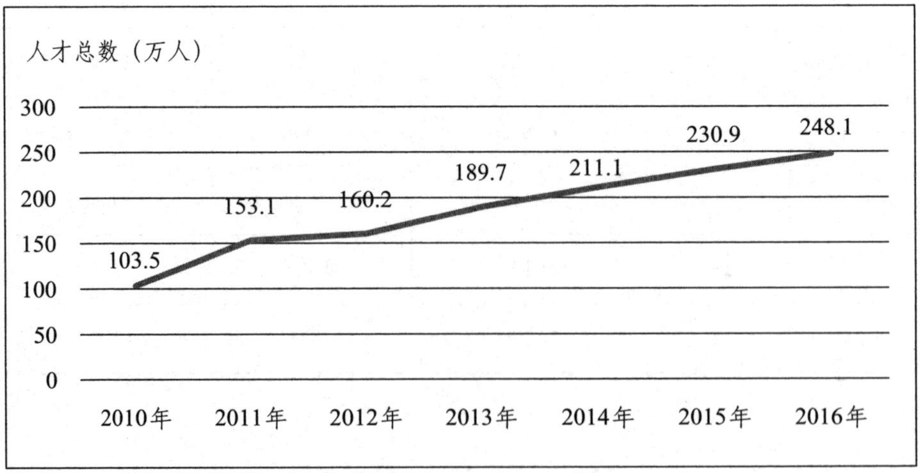

图 3–3　2010—2016 年中关村人才规模增长情况

二、人才专业结构概况

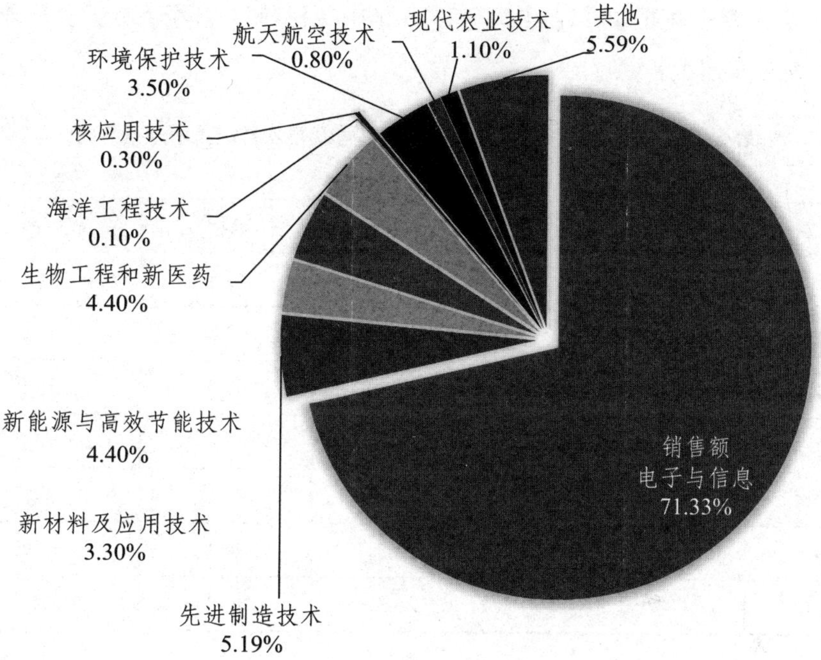

图 3–4 2015 年海淀园高新技术企业领域分布情况

从上图可见，中关村海淀园高新技术企业技术领域分布广泛，各行业对技术技能人才的需求也与之相应。

三、人才层次结构概况

2015 年，中关村企业拥有本科及以上学历人员 120.2 万人，占从业人员总数的 52.1%，占比较 2010 年提高 2.1 个百分点；其中，硕士和博士学历的从业人员数量达 23.8 万人和 2.3 万人，分别占 10.3% 和 1.0%。同时，入选全球性人物榜单的中关村领军企业家、顶尖科学家越来越多，如李彦宏入选福布斯“2015 全球权势人物榜”（56 名）；物灵科技联合创始人顾嘉唯、清华大学副教授张一慧均入选《麻省理工科技评论》“2016 年度 35 位 35 岁以下全球科技创新俊杰（TR35）”。

从以下图表中可以看到 2010—2016 年中关村科技园各学历层次技能人才总数及其分布情况：

表 3–9　2010—2016 年中关村科技园各学历层次技能人才分布情况

（单位：万人）

年份	博士及以上	硕士	本科	大专及以下
2010	1.4	11.9	45.8	44.4
2011	1.4	13.2	68.0	70.5
2012	1.6	16.8	61.9	79.9
2013	1.8	18.3	74.7	94.9
2014	2.0	19.8	81.1	108.2
2015	2.3	23.8	94.1	110.7
2016	2.5	26.3	103.2	116.1

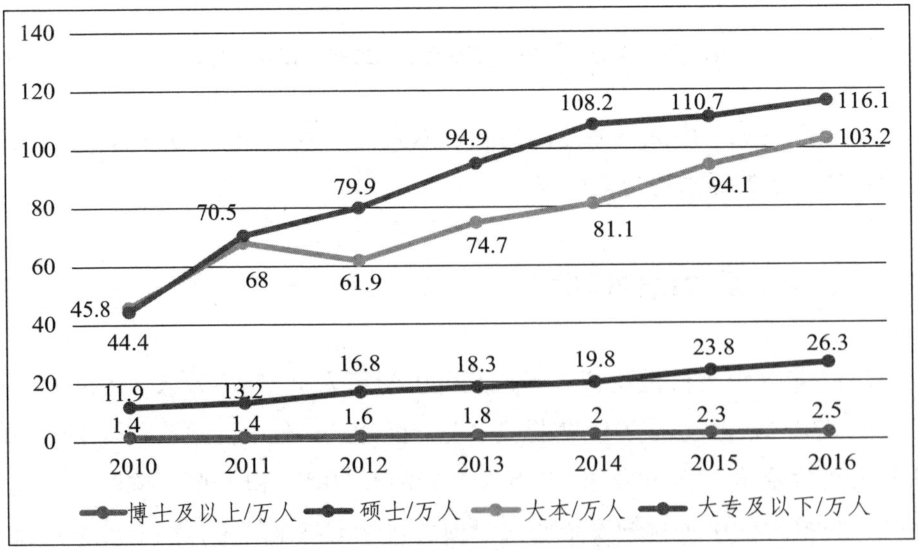

图 3–5　2010—2016 年中关村科技园各学历层次人才分布情况曲线图

由上图表可以发现，中关村科技园中大专及以下学历人才约占总数半数。

表 3–10　大专及以下学历人才总数及其占比情况统计表

年份	2010	2011	2012	2013	2014	2015	2016
大专及以下人才总数（万人）	44.4	70.5	79.9	94.9	108.2	110.7	116.1
占比（%）	42.90%	46.05%	50.00%	50.03%	51.26%	47.94%	46.80%

从上表中我们可以看到，虽然在“中关村”这一高科技的代表性区域，大专及以下人才的占比从 2010 年到 2016 年，一直在 50% 左右，可以说现在认定职业教育系统培养的人才占了中关村这一高科技发达地区人才的“半壁江山”。

表 3–11　海淀园从业人员基本情况①

（单位：人）

项目	2017 年	2016 年	2015 年	2014 年
从业人数	1193564	1091198	1013888	857707
按文化程度分				
博士、硕士	180741	156041	141529	114726
本科	599507	544206	496453	414782
大专	253769	233861	217802	184375
按在本企业工作年限分				
1 年内	346687	313744	298371	245359
1 ～ 3 年	383304	356033	311347	260638

① 2015 年、2016 年、2017 年、2018 年《北京海淀统计年鉴》。

续表

项目	2017 年	2016 年	2015 年	2014 年
3～5 年	170097	162186	165391	140606
5 年以上	293476	259235	238779	211160
按年龄分				
29 岁以下	538131	511657	484442	411764
29～39 岁	464597	409222	370073	307041
40～49 岁	135758	119861	110960	95971
50 岁以上	55078	50458	48413	42815
留学归国人员	17975	15216	13873	10669
港澳台和外籍人员	3136	5356	4341	3629
外籍专家人员	379	508	1468	1234

从职称来看，中高级职称从业人员规模逐年扩大，但占比逐年下降。2010 年，中关村示范区拥有中高级技术职称的从业人员共 18.4 万人，同比增长 7.5%；拥有初级技术职称的有 13.1 万人，同比增长 10.6%；高级技术工人有 3.6 万人，同比增长 5.8%。近几年示范区拥有中高级职称的从业人员数呈逐年递增趋势，不过示范区中高级职称人员占从业人员的比例不断下滑，由“十一五”初期的 21.1% 下降到 2010 年的 15.9%；此外，示范区中高级职称人员占比与西安、东湖等其他重点高新区相比并不占优势。这一方面是因为示范区从业人员增长速度较快，另一方面也可能由于示范区企业员工对职称评定的积极性不高，参与职称评定的渠道不畅。

四、人才素质结构概况

《京津冀协同发展规划纲要》的出台，对劳动力的要求由原来的增量粗放扩张向存量结构调整提升转变。战略性新兴产业对人才资源的依赖性越来越大。近年来，随着京津冀地区产业布局不断调整和优化，全国科技创新中心核心区从业人员素质不断提升，高技术技能人才的培养也越来越强调职业素养、实践操作能力和创新思维能力。

第三节　中关村三大产业发展概况及其人才需求情况

信息安全产业、集成电路产业、新材料行业这三大产业是中国制造 2025 的重点发展方向，也是北京市十大重点发展领域，急需大量的高端技术人员和一线的高技能技术技能人才。下面，将以信息安全产业、集成电路产业和新材料行业为例，分别对其产业发展现状及人才需求情况进行介绍分析。

一、信息安全产业

信息产业是北京名副其实的战略性支柱产业。新一代信息技术产业是北京高精尖产业的重要组成部分。信息产业已经成为全球社会经济增长的重要动力。2016 年全球电子信息产品营销收入为 1.7 万亿美元，同比增长 1.04%。近年来，我国电子信息产品的国际市场份额逐步提升（参见图 4–3），现已成为全球最大的信息产品消费市场和制造基地。当前，全球信息产业技术创新正在进入新一轮加速期，与此同时，全球信息产业竞争格局不断调整。《世界电子数据年鉴 2016》预测，中国的市场份额将由 2016 年的 25.33% 增长到 2019 年的 25.82%，我国作为全球第一大市场的地位持续稳固。

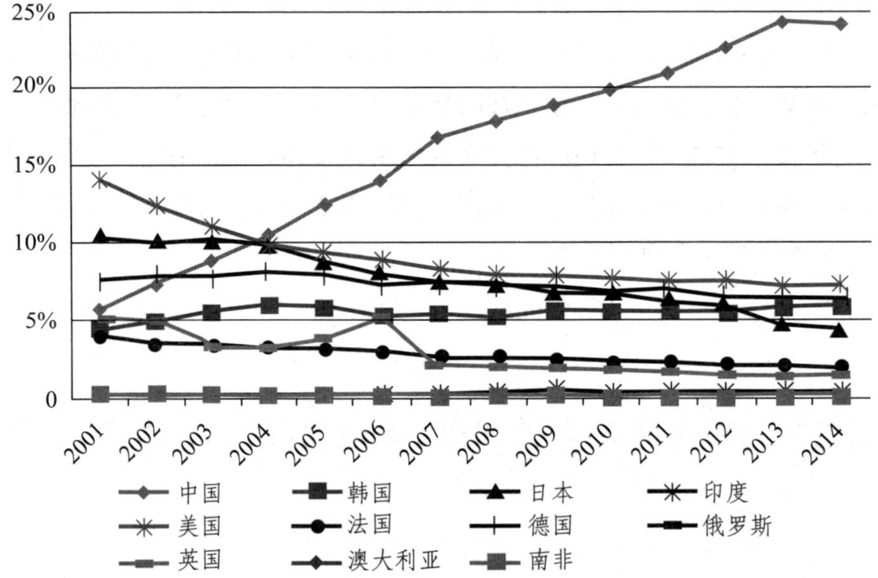

图 3–6　2001–2014 年主要国家电子信息产品国际市场占有率

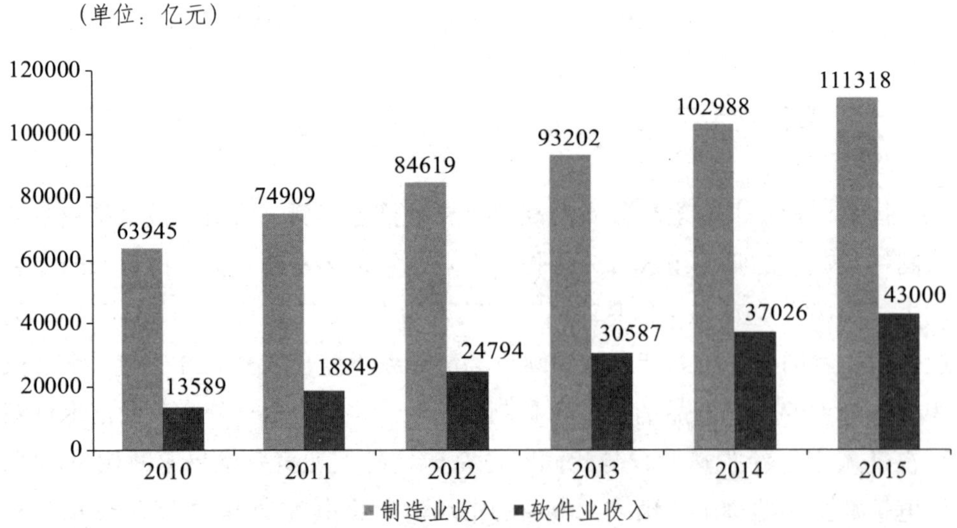

图 3–7　2010—2015 年我国电子信息产业收入情况

信息产业是我国国民经济基础性、先导性与战略性支柱产业。“十二五”以来，我国信息产业规模稳步扩大，产业结构不断优化。《“十三五”信息产业发展指南》预计，我国信息产业营收将从 2015 年的 17.1 万亿元增加到 2020 年的 26.2 万亿元，年均增长率 8.9%。

新一代信息技术产业及其分类：进入“十三五”，以云计算、大数据、物联网、人工智能、虚拟现实等为代表的新一代信息技术加速发展。新一代信息技术产业是我国政府大力推动发展的战略性新兴产业，国家统计局 2012 年编制的《战略性新兴产业分类目录》将新一代信息技术产业分为 3 个大类，其基本内涵参见下图。

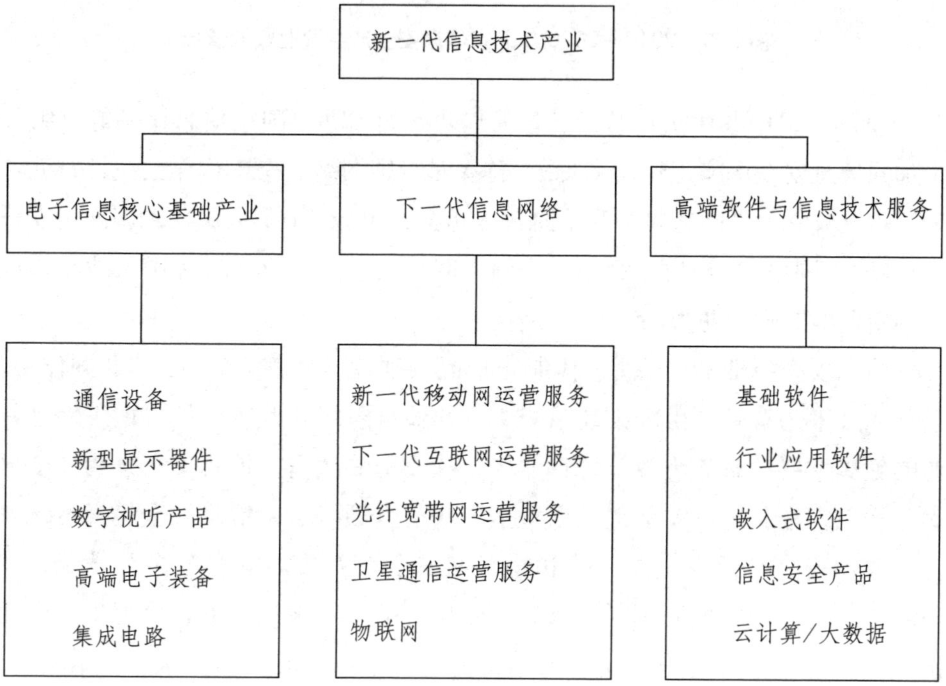

图 3–8　新一代信息技术产业的基本内涵

目前，北京市大力推动高精尖产业发展。2016 年的信息安全产业规模及增长情况参见下图。

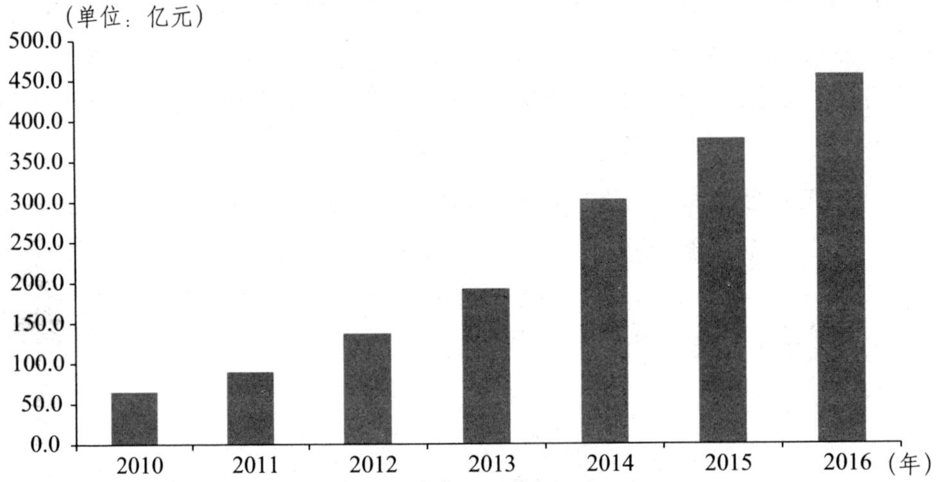

图 3–9　2010—2016 年北京信息安全产业营业收入情况

2003 年，中共中央办公厅、国务院办公厅印发《国家信息化领导小组关于加强信息安全保障工作的意见》，首次对我国网络安全工作作出设计，近年来又相继成立中央网络安全和信息化委员会，出台《中华人民共和国网络安全法》《国家网络空间安全战略》。当前，网络信息安全已上升为国家战略，成为创新发展的强大动力。

信息安全行业的特点是“体制 + 产品（硬件 + 软件）+ 服务”共同作用，以行业技术为背景，由国家政策牵引、其他自组织和监管部门协调下促进行业的健康发展，服务于各传统行业中。从安全层次看，信息安全分为三个层次，物理安全、运行安全、数据安全。从安全领域看，信息安全包括传统安全、移动安全、云安全、工控和物联网安全、大数据安全等多个领域，并随着信息技术的发展而不断扩大领域范围。从产业链构成看，信息安全产业链上主要包括信息安全产品提供商及信息安全系统集成商。从产业结构看，信息安全产业由硬件、软件和信息安全服务构成，其产品可以分为三大类、十二小类、百余种产品，细分程度非常高①。

规模：智研咨询《2017—2022 年中国信息安全行业市场分析预测及投资

① 2017 年中国网络信息安全产业概览 [EB/OLhttps: // xueqiu．com/4230469122/90269405．

前景分析报告》显示，我国信息安全产业规模自 2012 年的 157.26 亿元上升至 2016 年的 341.72 亿元，五年内年均复合增速达到 21.41%。随着政策的加快推动，市场增速正呈现不断上升趋势①。

在网络安全方面，北京聚集了奇虎 360、天融信、绿盟、北信源等信息安全服务企业，北京的信息安全产业几乎占到了我国信息安全产业的半壁江山。北京市云集了数百家网络安全企业，提供网络安全技术产品的企业约 58 家，提供网络安全防护产品的企业约 186 家，从事网络安全服务业务的企业和机构约 185 家②。截至 2016 年年底，北京市网络安全上市企业达到 26 家，技术实力和市场占有率在全国处于领先地位。

发展趋势：当前，移动互联网、云计算、大数据、物联网蓬勃发展，与各垂直行业不断跨界融合，互联网对现实世界产生了前所未有的影响，相应的，网络安全的内涵也不断发生变化，网络信息安全也受到更多关注。今后，网络信息安全产业将在政策、需求、资本的驱动下迎来更加快速稳定的发展。同时，随着云计算、大数据、人工智能等新技术、新应用层出不穷，维护网络安全的样式和方法也发生了巨大变化，物联网、机器学习、人工智能引发的安全威胁更复杂，高级机器学习和人工智能在智能安全领域的应用将会在市场上掀起波澜，这些都对信息安全产业提出新的挑战。

人才：根据 2016、2017 年智联招聘和 360 发布的网络安全人才市场状况研究报告，2016 年全国网络安全人才行业需求量较 2015 年增长了 262%；2017 年上半年网络安全岗位需求数量比 2016 年上半年同比增长了 232%。

网络空间的竞争，归根到底是人才的竞争。《中国应用型人才需求报告(2019)》显示，我国信息技术产业的年产值正以 20% ~ 30% 的速度增长，而信息技术人才共赢每年的增速仅为 10%，人才供应的缺口加大。权威数据显示，最近三年，我国高校学历教育培养的信息安全专业人才仅有 3 万余人，不足 70 万需求的 5%。预计到 2020 年，需求量将达到 140 万人，而现在每

①② 肖梦．网络安全行业 T 企业发展战略的分析 [D]．北京：北京邮电大学，2018 (5).

年培养的人数，尚不足 1.5 万人。网信办网络安全协调局局长赵泽良说“目前我国网络安全方面人才缺口仍然很大，相关专业每年本科、硕士、博士毕业生之和仅 8000 余人，而我国网民数量近 7 亿人”，这远远不能满足网络空间安全的需要。巨大的网络空间安全人才缺口，是挑战也是机遇，对于未来从事网络空间安全相关工作的人员来说，他们拥有着无比广阔的发展空间和前景。

在学历方面，因行业人才缺口巨大，企业招聘工作开展十分困难，绝大多数企业更看重人员的职业能力，学历问题并不是进入该行业的必要门槛，所以应该赋予各层次的院校以创新人才培养的任务，加大中高职院校网络信息安全人才培养的力度，构建中高职衔接的网络信息安全人才培养体系，培育市场紧缺的不同维度的信息安全卫士。

二、集成电路产业

集成电路产业是一种半导体产业，我国集成电路产业诞生于 20 世纪 60 年代，目前，中国集成电路产业已经形成了 IC 设计、制造、封装测试三业及支撑配套业共同发展的较为完善的产业链格局。国务院《“十三五”国家战略性新兴产业发展规划》，启动了集成电路重大生产力布局规划工程。《规划》指出，“集成电路产业是信息技术产业的核心，是支撑经济社会发展和保障国家安全的战略性、基础性和先导性产业，启动集成电路重大生产力布局规划工程，将实施一批带动作用强的项目，推动产业能力实现快速跃升”。

根据前瞻网[①]《2017—2022 年中国集成电路行业市场需求预测与投资战略规划分析报告》数据显示，我国集成电路发展远超全球平均水平，2016 年增幅达到 9.20%。截至 2016 年，中国集成电路行业销售产值达 4335.5 亿元，同比增长 17.47%，其中，设计、制造、封测三个环节销售额分别为 1644.3 亿元、1126.9 亿元及 1564.3 亿元。

① 集成电路发展的“质变”时代，设计业大步迈向 4000 亿大关 [EB/OL]. http：www.qianzhan.com.

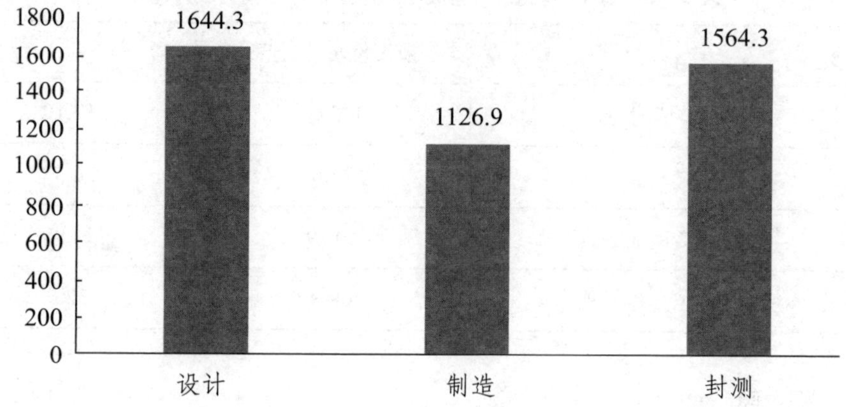

图 3–10　设计、制造、封测各环节销售额对比

中关村科学城在集成电路领域处于技术领先的位置，北京大学 5nm 碳纳米管集成电路项目达到世界顶尖水平；紫光展讯研发的 16nm 工艺的 LTE 多模芯片，测试达到稳定量产水平。在产业方面，中关村科学城拥有集成电路材料生产领军企业有研新材，拥有集成电路设备生产龙头企业北方华创，拥有集成电路设计和生产企业紫光国芯、中星微、中科龙芯、北京君正等企业，拥有集成电路一体化（IDM）企业燕东微电子，小米发布首款自主研发的中高端芯片“澎湃 S1”，成为全球第四家手机、芯片自研“双全”企业；同时还涌现出了寒武纪、地平线、旷视科技等一批集成电路独角兽企业。

2016 年北京市集成电路企业总营收（包括海外并购企业收入）达到 750 亿元，占全国的六分之一；芯片产品涉及移动通信终端、半导体存储器、图像传感器等不同领域，覆盖广泛；集成电路设计业 2016 年实现销售收入 325.6 亿元，同比增长 12.1%，占全国的比重的 19.80%；芯片制造业实现销售收入 72.6 亿元，同比增长 36.47%，占全国的比重为 6.44%；封装测试业实现销售收入 102.9 亿元，同比增长 27.99%，占全国的比重为 6.58%；装备材料等支撑产业实现销售收入 68.8 亿元，同比增长 32.5%[①]。

① 朱晶，卓鸿俊，张志宏．北京集成电路产业发展面临的形势、挑战与对策建议 [J]．中国集成电路，2017 (12)．

表 3–12 2016 年北京市集成电路产业各环节销售收入比较

产业	销售收入（亿元）	（%）
集成电路设计业	325.60	12.10
芯片制造业	72.6	36.47
封装测试业	102.9	27.99
装备材料等支撑产业	68.8	32.5

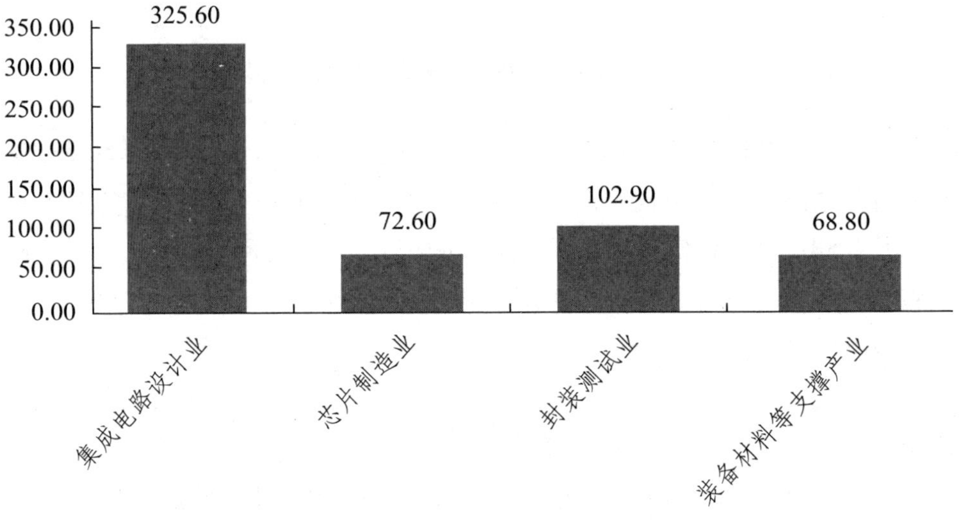

图 3–11 2016 年北京市集成电路企业销售收入比较

人才情况：据《中国集成电路产业人才白皮书》统计，2015 年我国集成电路从业人员 39.4 万人，其中技术人员 14.1 万人（其中博士 0.52 万人，硕士 3.67 万人）。预计 2020 年，集成电路产业人员将达到 79.2 万人，技术人员 32.44 万人（其中博士 1.24 万人，硕士 8.82 万人）。预计 2030 年，集成电路产业人员将达到 170 万人，技术人员 90 万人（其中博士 4.53 万人，硕士 28.75 万人）。根据相关专家估计，截至 2017 年年底，我国集成电路产业人员为 48 万～ 50 万人。

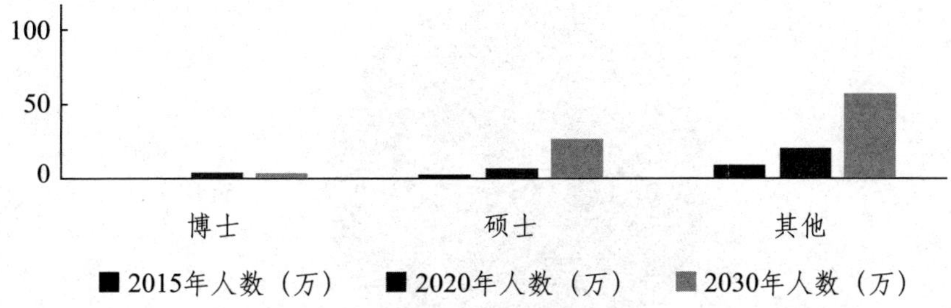

图 3–12　我国集成电路从业人员中专业技术人员各学历层次人数

截至 2017 年年底，北京市集成电路产业从业者约为 7.4 万人，约占全国集成电路从业者的 1/6 强，接近 1/7。具体的各学历层次人数和所占有的百分比详见下图。

由下图可见，本科以下学历人数占到了 55% 以上。

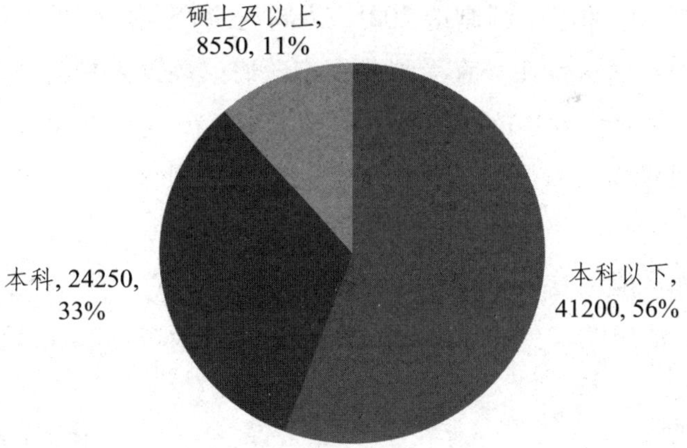

图 3–13　2017 年北京市集成电路从业者各学历层次人员分布情况

预计未来三年，北京集成电路产业将会保持 20% 左右的增长速度，其中集成电路设计环节增长最快，会达到 30% 左右，集成电路生产和测试环节会保持平稳，大致保持 10% 左右的增长，而原材料生产和设备制造会保持 20% 以上的增长。预计 2020 年北京集成电路对新增从业人员的需求将达到 8600 人左右。其中对硕士和博士的需求最大，而对本科毕业生的需求相对较小。

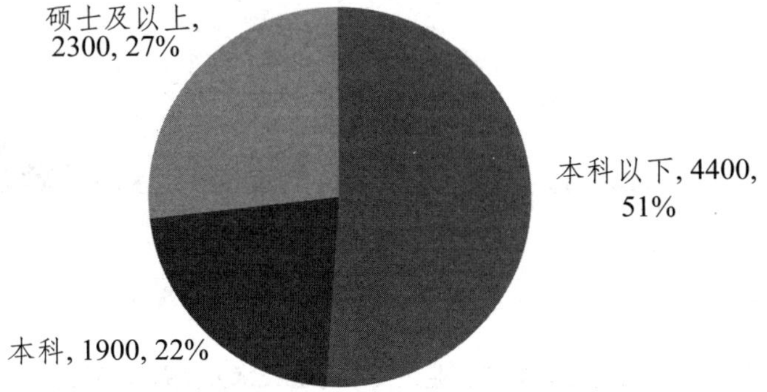

图 3–14　2020 年北京集成电路从业者学历结构需求预测

三、新材料行业

作为高新技术发展的先导，新材料产业是战略性新兴产业的基础产业。当前，“互联网 +”和“中国制造 2025”为新材料产业发展带来新的挑战与机遇。近年来，新材料行业一直受到北京市政府的高度重视，在多项战略规划中均被列为北京重点发展的高新技术产业之一。在 2016 年北京市鼓励发展的高精尖产品目录中，石墨烯、碳纳米管、生物医用材料、超导材料等前沿材料赫赫在列。

从规模和产值来看，2013 年北京新材料行业产值 1800 多亿元，据北京新材料发展中心的研究人员估计，北京新材料产业的现有产值已超过 2000 亿元。

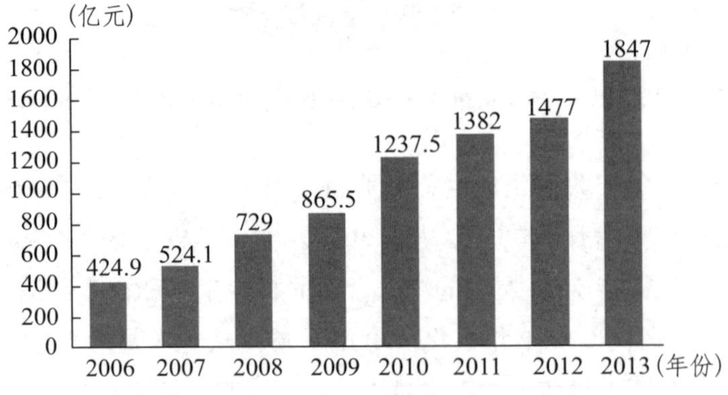

图 3–15　截至 2013 年北京新材料产业历年产值

2016年，中关村新材料行业产业企业总数超过220家，总产值突破890亿元。如果将新材料行业的现代服务业、新材料领域的技术交易及新材料的工程服务业也计算在内，那么2016年中关村新材料行业总产值达到约1200亿元。2016年，北京新材料产业上亿元企业总数约90家。

表3–13　海淀园新材料及应用技术产业情况①

（单位：亿元）

年份	2017	2016	2015	2014
总收入	1099.7	1016.9	875.5	1186.2
利润总额	64.7	45.2	51.4	70.9
实缴税费总额	21.8	19.3	14.9	16.8
出口创汇总额	7.7	7.5	7.5	9.3

表3–14　2010—2016年北京市生物材料产销规模分析

（单位：亿元，%）

年份	2010	2011	2012	2013	2014	2015	2016
工业总产值	34.28	41.02	44.56	48.46	53.01	58.25	63.45
工业总产值同比增长	8.75	19.64	8.65	8.75	9.39	9.88	8.93
销售收入	35.85	42.22	46.84	50.29	54.04	58.54	62.58
销售收入同比增长	9.29	19.64	10.94	7.37	7.46	8.32	6.91

由以上图表可见，从2013年到2016年，北京生物材料行业每年增长都在8%以上，这也可以从一个分支反映出北京整个新材料产业的发展情况。

从行业分布来看，北京新材料产业发展各具形态，以特种金属功能材料、先进高分子材料、新型无机非金属材料、高性能复合材料领域发展优势明显，

① 2018年北京海淀统计年鉴。

有着雄厚的科技创新实力，产业基础好，产品竞争力强，纳米材料、生物材料等前沿材料居于全国领先地位。此外，新材料行业相关的检测服务、技术服务等新材料服务业虽然产值较小，但企业数量众多，且发展迅速，依附于首都科技的强大支撑，成为最具潜力的产业。

从产业布局来看，呈现两个方面的特点：一是发展集聚态势初显，已初步形成以中关村科学城为材料创新高地，以石化新材料基地和永丰新材料基地为核心的产业集群。《北京市加快科技创新发展新材料产业的指导意见》指出，要推动新材料产业集聚发展，优化产业空间布局，合理配置要素资源，完善营商环境，推动关键战略材料产业集聚发展，推动科技创新重点集聚于中关村科学城、怀柔科学城，产业承载重点集聚于顺义区、房山区。二是产业结构升级效果显著，布局合理、特色鲜明、多点支撑、绿色安全的产业发展格局逐步形成。目前，大多新材料企业都依托科研院所，除生产板块外，还有科研板块，有自主知识产权。随着京津冀协同发展战略的推进，首都功能疏解的要求以及公司的战略考虑，很多新材料企业在京津冀（环渤海）整体布局公司产业生态，河北涿州、石家庄、霸州、天津宝坻等环北京地区均有分布。北京逐渐以管理为主，除总部、研发及销售主体外，其他生产性工作逐步转出北京，这也成为新材料行业产业区域分布的趋势。

表 3–15　上亿元企业产值与园区分布

分布	产值（亿元）
亦庄	59.43
顺义	24.89
通州	16.02
丰台	47.82
昌平	75.4
延庆	4.67
海淀	399.6
朝阳	16.47

续表

分布	产值（亿元）
怀柔	15.17
平谷	3.24
西城	21.91
东城	1.65
房山	56.66
密云	2.31
石景山	3.22

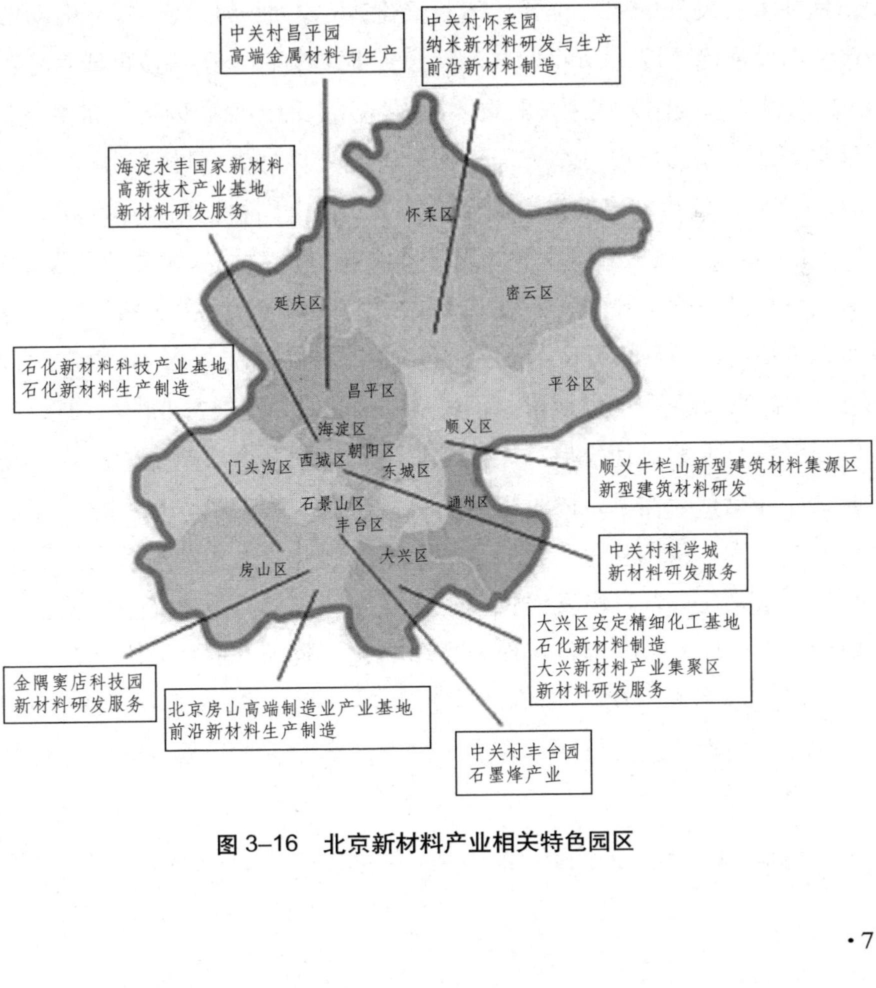

图 3–16　北京新材料产业相关特色园区

虽然北京新材料行业发展迅速，但也要看到发展中存在的瓶颈与问题①：一是科技与产业要素之间整合不够，产学研用结合不够紧密，新材料的研发、生产与应用之间尚未建立有效结合机制。二是有序疏解北京非首都功能，促使北京新材料产业结构不断调整优化，同时也使得一些具有较高附加值的相关产业链上的配套企业向外转移。三是技术创新潜能没有得到有效激发，配套工艺装备水平亟待提高。北京新材料产业产品模仿多，独创性不够，核心技术依赖进口，受制于人，缺乏有自主知识产权的新材料产品和技术。同时北京新材料工艺技术发展滞后，配套能力差，严重制约了北京新材料产业的快速发展。

未来产业发展趋势：一是全国科技创新中心建设成为发展新定位。按照习近平总书记视察北京的重要讲话精神，北京市高度重视科技创新，将科技创新摆在首都发展的核心位置，不断深化改革，推动科技创新，推动首都创新优势向发展优势转变。《北京市“十三五”时期加强全国科技创新中心建设规划》将新材料领域作为规划中的重要组成部分，围绕原始创新、高端产业培育和优势产业竞争力提升三个方面工作，着力先导与优势材料创新发展，支撑“高精尖”经济结构构建的重要内容，助推北京全国科技创新中心建设。二是《京津冀协同发展规划纲要》成为区域布局指导。按照京津冀协同发展战略，北京新材料产业的发展受到了很大的冲击。新材料产业中的高污染、高能耗、高水耗的“三高”产业将不会保留，而发挥“智能制造”业的抓手作用，探索“集约、绿色、循环”的发展模式，将是未来北京新材料行业发展的重点。

新材料行业的迅速发展，尤其是京津冀协同发展战略下的产业布局，对技能人才提出巨大需求，同时也对新材料产业人才的培养与产业的契合度提出更高的要求。从调查中，我们了解到不同产业在人才的需求上体现出不同的数量要求。比如，在研发岗位比较多的新一代信息技术产业领域，基本以外地的211工程大学的本科生作为招聘的起点要求，还需要附加在达内、安博这一类高端集中强化培训机构经过系统培训的，进入企业后还需要内训。大专及以下层次的员工就需要有十年以上的行业从业经验。而像新材料产业

① 杨晓丽．北京市新材料产业发展现状及展望 [J]．新材料产业，2014 (1).

这类有制造环节的高科技产业，对高技能人才有大量的需求。比如，我们曾经深度调研的两家企业从蓄力结构体现出，大专及以下占到企业员工总数的2/3以上。通过调查，新材料企业都表示出对技能人才的迫切需求，并且将技能人才的水平和留存作为企业“良品率”和竞争力的关键要素来考量。

本研究对中关村科技园区海淀园管委会、永丰科技园区、海淀区中小企业协会以及多家企业进行访谈，并在此基础上选择了金属材料代表企业A和非金属材料代表企业B进行深入调研，现就A、B企业人才需求案例进行简要分析①：

从学历结构来看，A公司现有职工5000余人，其中60%～70%为大专及以下学历，本科及以上学历占比仅三分之一左右。B公司现有职工大约1.8万名，68%为大专及以下学历，超过三分之二。虽然两家企业都是高科技公司，但由于企业有一大部分生产制造环节，仍然需要大量的技能型人才。可见，新材料行业对职业教育与技能人才有一定的需求。

表3–16　A公司岗位分类及人员学历层次分布情况

岗位分类	人员构成	学历层次要求
管理系列	基本都是干部	中层以上的干部基本都是本科以上的学历
专业职能系列	比如人力、财务、法律、战略管理等公司的职能部门人员	一般都是本科或者是硕士研究生
专业技术系列	主要包括技术研发、科研人员	百分之百都是本科以上的，还有许多是研究生
专业营销系列	与销售有关的，营销策划的也属于这一类	本科生或者大专及以下
生产操作系列	各个生产环节上跟生产有关的	大部分在大专及以下

① A、B两家企业的管理总部都在中关村科学城（海淀区）区域内，都是集研发、设计、产品制造与销售、技术装备集成于一体的国家级高新技术企业。业务产品紧扣新能源、航空航天、节能减排、生物医疗、信息技术产业、船舶、轨道交通、国防军工等应用领域，重点服务于战略性新兴产业和《中国制造2025》。两家企业都是上市的高科技企业，依托科研院所，除生产板块外，还有科研板块，有自身的自主知识产权。主营业务在全国范围布局，主要分布在北京周边地区，特别是生产环节在北京周边的津冀地区都有比较大比重的安排，比如，天津宝坻、河北石家庄、邯郸、涿州、霸州等地。

从专业结构来看，在生产制造环节，技能型专业人才占比较高。新技术成果的工程转化和产业化需要工程技术人员的配合，新工艺技术应用需要技能人员的操作使用，研发后进行生产操作需要材料工艺设计等方面的人才，但是却很少有高职院校开设相关专业，导致企业技能型人才缺口较大，对工程技术人才、技能人才提出了迫切需求。从专业结构来看，公司仍有一大部分生产制造环节，技能型专业占比应较高。除此之外，A 公司为与自身业务相匹配，材料学相关专业、机械工程、数学等专业也占有一定的比重。B 公司主要倾向于具有材料背景的人才，主要来源于材料学科比较靠前的大学，比如济南大学、西南大学、西安建筑学院、武汉理工大学、南京工业大学等，招聘结构力学、机械、电气等相关专业的毕业生。

A、B 两家公司内部对技能人才都设置了职级。职级的评定规范既参考人社部通行的五级分类，同时根据每个产业对不同工种的要求设置自身的技能人才职级。A 公司的最高级别是首席技师，以下还设定了高级技师、技师、高级工（细化为一级高级工，二级高级工），再往下就是中级工（细化为一级中级工、二级中级工）、初级工，还有辅助工。在职级评定中，技能职称的评比规范是结合自己的行业标准来制定的，外部证书只是参考，学历限制较松，对工作经验也有一定的要求，最重要的是为企业做出的成绩和贡献。调研中，两家企业对技能人才都表示比较迫切的需求，将技能人才的水平和留存作为企业“良品率”和竞争力的关键要素来考量。为了给技能人才在企业内部提供上升空间和持续成长的动力，都进行了这类人才的职级评定。这给“产教融合”“校企合作”提供了又一个新的视角和维度，职业院校针对某一个行业可以提前参与其中，将行业、企业的职级评定的规范和标准融入人才培养方案，使学生在院校求学期间就能够按照职级的要求参评，进一步深化院校和行业企业的合作。

从产业分布来看，按照疏解功能的要求以及公司的战略考虑，两家公司都在京津冀（环渤海）布局自身的主营业务。A 公司在北京顺义、昌平、永丰、空港；河北涿州、石家庄、霸州；天津宝坻等环北京地区均有分布；除环北京地区之外，在深圳、陕西太白、山东威海（环渤海）等地也有分布。B

公司在北京的海淀、朝阳、延庆、河北邯郸、山东滕州、泰山、辽宁、内蒙古等地进行业务的战略扩张和布局。随着京津冀协同发展战略的推进，两家公司在京津冀（环渤海）整体布局公司产业生态，配合国家发展战略、满足环保要求，是公司的产业区域分布的趋势，人才的支撑安排也需要按照这样的整体区域进行设计安排，特别是北京周边河北省的部分城市人才的“本土化”可以很好地解决“职住”配套的问题。从人才分布来看，目前两家公司的区域分布主要在京津冀，为了响应国家向外走的政策，北京地区逐渐以管理为主，生产性工作会逐步地转出北京。调研中，A 公司表示，虽有诸多二级单位，但重点还是在北京及周边地区，比如保定、涿州等地，公司仍希望招聘更多的北京本地员工，但是在实际招聘中还是很困难。

第四章　人才需求结构下技术技能人才供给侧分析

第一节　技术技能人才与高新技术产业发展

一、技术技能人才对高新技术产业发展的影响

人才资源是经济社会发展的第一资源，无论是在农业经济、工业经济时代，还是在现在的知识经济时代都发挥着重要作用。不同的经济发展阶段对人才的需求结构不同，而人才的供给情况也决定着产业发展水平。

随着高新技术产业的发展，人才的供给更是为产业发展提供了高效的生产要素。《高技能人才队伍建设中长期规划（2010—2020 年）》提出，“技术技能人才是我国人才队伍的重要组成部分，在加快转变经济发展方式、促进产业结构优化升级、提高企业竞争力、推动技术创新和科技成果转化等方面具有重要作用”。目前，我国经济发展进入新阶段，对高技术技能人才的需求也越来越迫切。

第一，技术技能人才的规模、结构与质量水平直接影响高新技术产业发展的速度与规模。人才是重要的生产要素之一，是生产活动的重要参与者，对产业发展起着支撑作用。高技能人才数量的增加、质量的提高，直接决定了人才结构与产业结构之间的匹配度。高质量发展以人才为支撑，需要充足的人才储备。同时，技术技能人才的职业技能、技术熟练程度等直接影响生产效率，影响产业发展。在高新技术产业中，人才更是产业创新的源泉，技

术技能人才在其掌握的知识技能的基础上，通过外部性激发创新，推动技术进步，增强产业优势。

第二，技术技能人才是产业结构调整与升级的重要基础。一定区域内，人才的数量和质量是产业结构调整优化的重要基础，甚至是决定性因素。产业结构转换能力取决于人才数量、质量和结构状况。人才的数量结构是保证产业转型的必要支撑，质量水平是产业能够顺利转型的关键。如果人才的数量、结构与质量水平与产业结构的优化调整不匹配，那么产业升级很难顺利进行。可以说，人才是产业转型升级的主要推动力，是催生高技术及高新技术产业的关键。一般情况下，人才的质量、结构对劳动密集型产业的影响较小，对知识、技术密集型产业影响较大。因此，高新技术产业更需要高素质、高质量的技术技能人才。

第三，技术技能人才的合理流动可以促进不同区域间产业发展，缩小区域发展差距。人才集聚效应是推动产业发展和产业革新的主要力量。高技能人才掌握了丰富的技术技能知识，具有外部效应和溢出效应，从而推动整个产业的发展。根据经济学“极化—涓滴效应”，通常经济发展初期，欠发达地区人力资本向发达地区流动、集聚，发达地区对不发达地区极化效应显著，人力资本在经济发达地区不断积累；当经济发展到一定阶段之后，人力资本开始向欠发达地区回流，从而带动欠发达地区经济发展。技术技能人才的自由流动、在市场中的重新配置，有助于高新技术产业向不发达地区扩散。

二、高新技术产业发展对技术技能人才的影响

第一，高新技术产业的高速发展需要大量技能人才支撑。近年来，我国高新技术产业高速发展，产业规模不断扩大，对技术技能人才的需求也不断扩大。而且，高新技术产业的发展，新技术、新设备的引进与使用要求技术技能人才不断更新自己的专业知识和技能水平。企业如果缺少高技能人才，其先进的生产设备得不到有效利用，其生产率就会大幅降低，从而影响产业发展。目前，虽然高新技术产业技术技能人才总量不断攀升，人才规模不断

扩大，但依然不能满足产业发展需求，甚至限制产业发展。2018 年，中兴事件引发了业内对“缺芯之痛”的大讨论，所谓芯片，并不是做一块集成电路这么简单。它的产业结构长且复杂，我们缺少的不仅是技术、资金，更是人才。目前，稀缺的人才成为影响产业发展第一短板。相关数据显示，2017 年全球集成电路产业市场规模增速创近年新高，达到 3432 亿美元，同比增长 24%。我国集成电路产业规模高速增长，2017 年产业销售额达到 5411.3 亿元，同比增速达 24.8%。产业的高速发展，相应的，集成电路产业人才的需求也在急剧扩大。数据显示，人才是集成电路产业发展的第一短板：2020 年需求规模预估 72 万人，目前缺口高达 32 万人①。

第二，高新技术产业的发展与调整优化可以促进人才的发展与结构的调整。“水积而鱼聚，木茂而鸟集”，产业结构决定人才需求结构，产业发展与优化调整对人才也有一定的促进作用。高新技术产业的结构与规模反映了人才的结构与规模，同时也可以反馈出在服务产业发展中，人才培养与供应所存在的不足，从而为调整人才结构提供了依据。而且，随着经济发展和高新技术产业的不断优化，急需大批高技能人才作支撑，同时对技术技能人才的整体素质也提出新的更高要求。对于北京来说，京津冀协同发展的国家战略，尤其是北京非首都功能的疏解，为北京产业发展和产业布局带来新的机遇和挑战，很多高新技术产业开始在京津冀（环渤海）整体布局公司产业生态，北京逐渐以管理为主，除总部、研发及销售主体外，其他生产性工作逐步转出北京，这种新的产业布局与产业结构调整，对北京及天津、河北地区的人才结构需求了提出新的要求。

三、高新技术产业与技术技能人才的互动关系分析

经济学家唐纳德•博拉提出人口转移的“推拉理论”，在人才与产业协调发展中，则“推力”则表现为人才与产业之间互为推动作用，“拉力”则表

① 人才是集成电路产业发展的第一短板：目前缺口高达 32 万人 [EB/OL]．中国财经，2018-08-24．http: // finance.china.com0cn/industry/20180823/4739435.shtml．

现为产业发展与人才发展之间互为拉力作用，两种力量共同作用，是促进人才与产业协调发展的主要动力。当高新技术产业发展迅速，为人才提供良好的就业机会、福利待遇的时候，就会拉动人才向该产业集聚。同样，人才的发展也会对产业发展产生推动作用，当某领域培养大量高质量专业人才，能够满足产业发展需要的时候，就会对产业产生拉力作用，促进产业更快发展。

因此，高新技术产业发展与技术技能人才之间可以说是互相依存与制约的辩证关系。具体来说，这种互动关系可以表现为两个方面：一是人才集聚与产业集聚的互动关系，即人才集聚促进产业集群发展，产业集聚吸引更多人才入驻；二是人才结构与产业结构优化互动，即，人才素质结构提升促进产业发展动力转变，不同产业需要不同结构的人才。产业结构调整必然需要更多高素质、高层次的人才，这就对人才结构与质量提出新的需求。这就要求我们一定要协调好产业结构与人才结构二者之间的关系，形成良性互动，才能保持经济持续稳定地发展。

第二节　发达国家后工业化阶段对人才结构的要求

一、技能型人力资本和研发型人力资本

综合国内学者的研究成果，我们一般把人力资本分为管理型人力资本和技术型人力资本以及一般型人力资本。一般型人力资本是指在生产、工作过程中只从事简单劳动或技术技能要求较低的辅助性工作岗位的人力资本。技术型人力资本一般是指凝结在人身上的与技术直接相关的专业知识、技能、经验和创新能力。技术型人力资本可以细分为技能型人力资本和研发型人力资源两类。技能型人力资源是指具备必要的专业理论知识，并掌握较高水平

的技术知识、特殊操作技能，并且具有一定创新能力的人力资本。研发型人力资本是指具有较高的理论积累和较强的技术创新能力，能够通过研发活动突破既定技术的“瓶颈”约束，实现对技术的改进和创新的人力资本。

见下图：

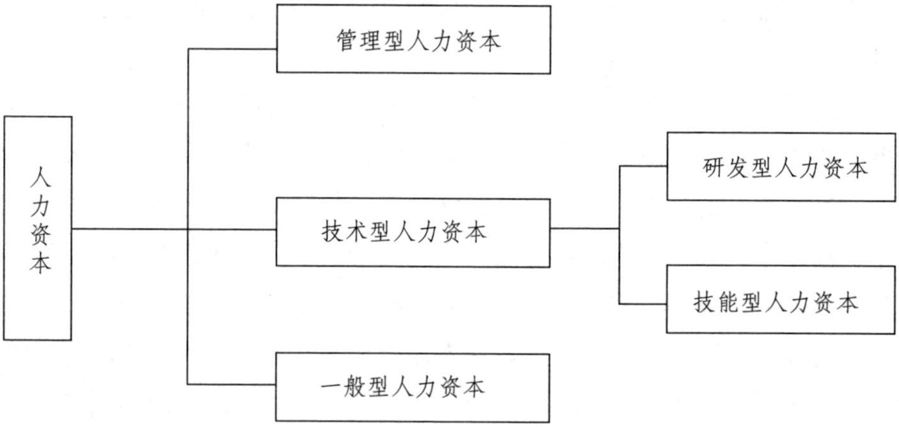

图 4–1　人力资本结构图

二、不同经济发展阶段的人才结构需求

众多学者通过对发达国家 20 世纪 60 年代以来教育与经济发展的协调性进行了研究，特别是叶飞文（2004）根据库兹涅茨和罗斯托的经济增长阶段论对美国、日本、德国等国家的人均 GDP、产业结构与产业就业结构进行了对比分析，得出一致性结论：

在工业化后期，现代化起飞阶段，此时人均国民生产总值在 6000 ～ 1.1 万美元，经济增长主要依靠投资和创新驱动，但更多的是强调技术进步，产业内部结构趋于集约化和高智能化，服务业比重最大（叶堂林，2010），此阶段主要需要创新型人力资本和高技能人力资本。此时需要的人力资本中技术型人力资本就上升到更高的比例，一般型人力资本所占比例较少。这个时期其技术型人力资本中研发型人力资本以硕士和博士层次为主，兼有少量本科层次；而技能型人力资本所要求的学历结构则调整为中职、专科高职及本科三个层次。

所以，在经济发展的不同阶段，产业结构转换与升级中，不同的增长方式也需要不同的人力资本结构。

表 4–1 发达国家经济发展不同阶段其技术型和一般型人力资本的需求结构

经济社会发展阶段	工业化初期（现代化准备）	工业化中期（现代化起步）	工业化后期（现代化起飞）	后工业化时期（实现现代化）
人均国民生产总值 GDP（美元）	3000 以下	3000 ～ 6000	6000 ～ 11000	11000 以上
经济发展对研发型人力资本的层次和数量需求	以中专和大学专科层次为主，兼有少量本科层次	以本科层次为主，兼有少量硕士以上层次	以硕士和博士学位层次为主，兼有少量本科层次	硕士、博士学位层次以上
经济发展对技能型人力资本的层次和数量需求	中职层次	中职、专科高职层次	中职、专科高职、本科层次兼有	以专科高职和本科层次为主，兼有少量中职层次
经济发展对一般型人力资本的层次和数量需求	数量较大，多为小学、初中层次	数量与技能型人力资本大体相当，主要为初中层次和少量中职层次	数量低于技能型人力资本，主要以中职或高中层次为主	数量较少，仅为中职层次

三、产业结构与人才培养的层次和数量结构

产业结构对人才结构的要求，决定了人才培养的层次和规模。不同的生产部门以及不同的生产环节对劳动者的要求也不同。使用的设备越尖端，对人才的技能水平和文化素质要求也越高。对于整个社会，不同档次的设备或不同层次的技术水平具有一定的比例分布，从而决定了高等教育及职业教育

各层次的结构比例。

根据培养目标与规格，高等教育层次结构中学术型和工程型研究生教育直接推动科技进步和技术创新，但科技创新成果转化为生产力、先进的装备和产品则需要大量技术技能人才。因此，就需要高等教育中本科教育为科技进步和创新培养大量的技术应用型技术技能人才，并为研究生教育提供后备力量。同时，职业教育也是科技进步的转化与应用推广的必要的推动力量。产业结构决定和制约了人才培养的层次结构、规模结构。

从 20 世纪 60 年代开始，世界上主要资本主义国家先后进入到工业化后期，与之相适应的高等教育则开始进入大众化和普及化时期。一方面劳动人口中接受过高等教育人数的比例不断增加；另一方面高等教育毕业生中的专科技术技能人才的比例不断增加，同时硕士以上研究生的比例也不断增加。从发达国家学位授予来看，据不完全统计，20 世纪 60 年代，学士学位授予人数与硕士及以上学位（含硕士、博士学位）人数的比例是 1∶0.1 ~ 0.15，高等教育年毕业生中硕士以上层次所占比重为 13% 左右；专科层次毕业生约占大学毕业生总数的 15%；此时，高等教育仍然是以本科教育为主。

随着高等教育绝对数量的增长及进一步向普及化发展，研究生教育逐步加强。在高等教育大众化的后二十年内，从授予学士学位授予人数与硕士及以上学位（含硕士、博士学位）人数的比例来看，基本维持在 1∶0.35 左右，高等教育年毕业生中硕士以上层次所占比重为 26% 左右；高等专科层次毕业生占大学毕业生总数的比例由大众化的初期 15% 逐步上升至 25% 左右。

吴晓川提出，从世界发达国家高等教育发展的进程中，尤其是在经济高速发展、高等教育大众化的过程中，其高等教育层次结构和规模结构均呈现出以下特点：

一是加大了职业教育特别是专科高等职业教育发展的力度，培养大量的技能型、服务型人才。二是硕士学位以上毕业生占当年本科以上毕业生的比重明显增加；科技发明及从事工程设计及技术研发人才的学历层次从本科为主转变为硕士以上为主。三是高等教育本科阶段的培养目标逐步转变为培养技术应用型高端技术技能人才，并为更高阶段的学习打基础（见表 4–2）。

表 4-2 发达国家经济社会发展不同阶段与高等教育结构特征

经济社会发展阶段	工业化初期（现代化准备）	工业化中期（现代化起步）	工业化后期（现代化起飞）	后工业化时期（实现现代化）
人均国民生产总值 GDP（美元）	3000 以下	3000 ~ 6000	6000 ~ 11000	11000 以上
三次产业结构	第一产业大于25%，且第一产业小于第二产业	第一产业小于25%，且第二产业大于第三产业	第一产业小于10%，且第二产业大于第三产业	第一产业小于10%，且第二产业小于第三产业
高等教育发展阶段	精英化阶段	精英化阶段	大众化阶段	普及化阶段
高等教育毛入学率	5% 以下	5% ~ 15%	15% ~ 50%	50% 以上
主要劳动年龄人口受过高等教育的比例	1% 以下	1% ~ 10%	10% ~ 25%	25% 以上
主要劳动年龄人口平均受教育年限	8 年以下	8 ~ 10 年	10 ~ 12 年	14 年以上
高等教育本科以上毕业生中，硕士以上学位所占比例	10% 以下	10% ~ 15%	15% ~ 25%	25% 以上
高等教育中本科层次的培养目标	学术型和工程型人才	学术型和工程型人才	1. 学术和工程基础（硕士学位基础）教育；2. 工程型人才；3. 高端技术技能型人才	1. 学术和工程基础（硕士学位基础）教育；2. 高端技术技能型人才

第三节　全国科技创新中心核心区技术技能人才供给

契合度泛指事物之间的相互联系，通常作为判明现象因果联系程度的一种方法。这种因果联系越紧密，则契合度越高。职业教育与产业发展的契合度问题，是一个比较复杂的教育经济学问题。教育与产业的良性互动，有助于实现教育与产业的“双赢”。然而，没有证据表明，教育发展与产业发展之间存在因果关系。因此，本书谈及的职业教育与产业发展的契合度，主要指作为供给方的职业教育与作为需求方的人才市场，供需双方之间的吻合度或匹配度。本书着重探讨三个方面问题：一是专业布局方面的供需双方的契合度问题；二是毕业生数量方面的供需双方的契合度问题；三是学历层次方面的供需双方的契合度问题。

一、信息安全行业

（一）信息安全行业人才培养情况

从专业开设情况来看，本研究调查了北京中高职学校开设网络信息安全及相关专业的情况，调查发现：北京市 94 所中职院校中尚无正式开设网络信息安全专业或方向的学校；北京市属 24 所高职院校，据了解只有北京信息职业技术学院、北京科技职业学院以及北京电子科技职业技术学院 3 所院校开设有网络信息安全及其相关的专业方向，占 12.5%；在北京市属的 23 所高等院校中，有 7 所院校开设了网络信息安全相关的专业及方向，占 30.43%。详见下表：

表 4–3　北京市属院校开设网络信息安全相关专业或方向情况

院校类型	学校总数	开设网络信息安全相关专业或方向的学校	开设网络信息安全相关专业或方向的学校所占比例
中职院校	94	0	0
高职院校	24	3	12.5%
高等院校	23	7	30.43%

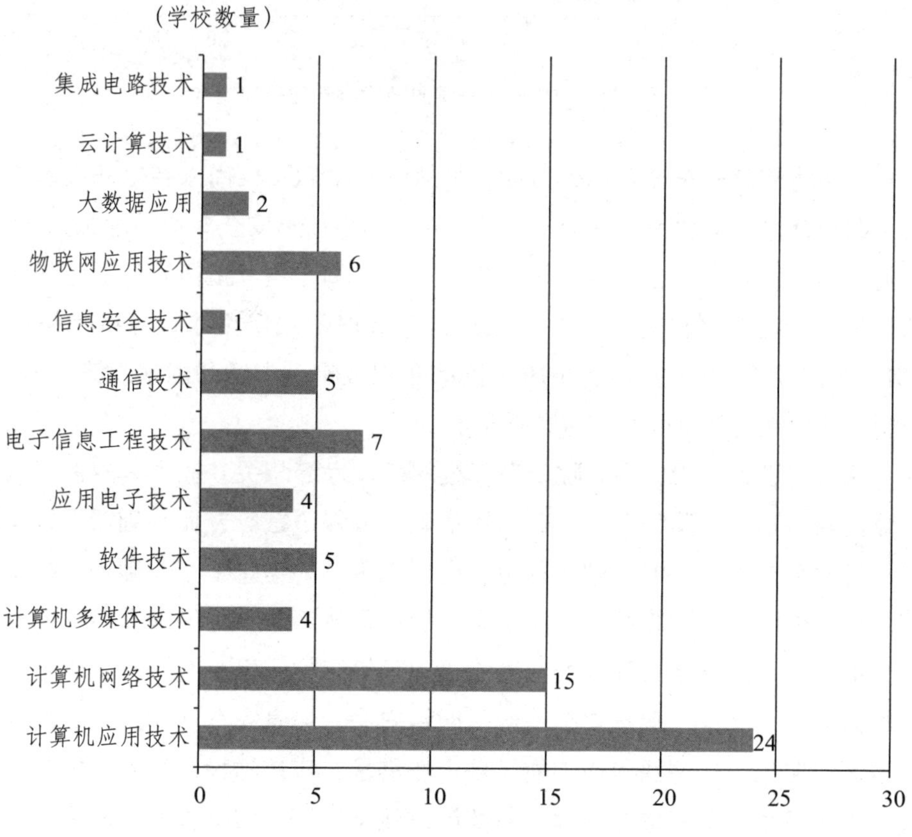

图 4–2　北京市高职院校信息技术类专业布局情况

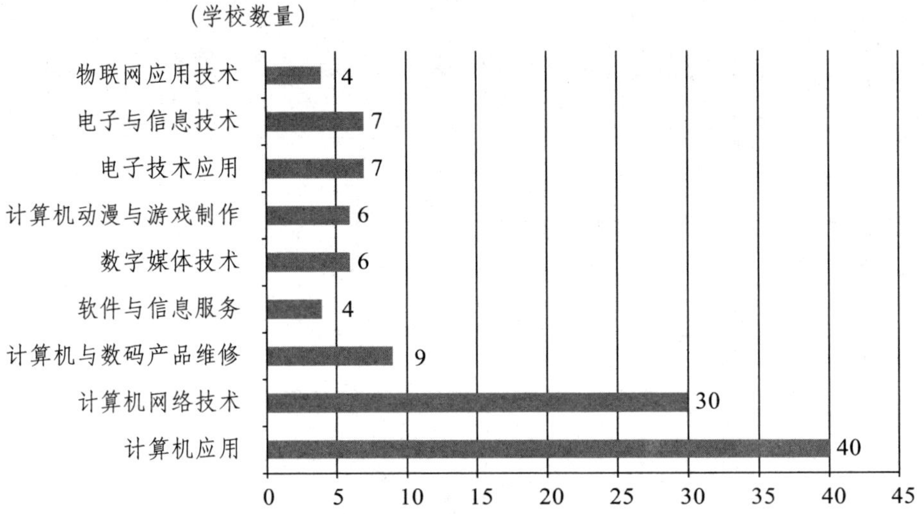

图 4–3　北京市中职学校信息技术类专业布局情况

在网络信息安全专业建设方面，虽然北京中职院校尚未招生开班，但在实际调研过程中了解到一些学校已经有开设网络信息安全专业的意愿和计划。目前，丰台职教中心已经申报了互联网安全防御专业，正在筹备下一年度的招生计划，北京经济管理学校、北京信息管理学校申报了计算机网络技术（网络信息安全方向）。多所中职院校都在积极响应市场和国家政策的号召，着手培养网络信息安全方面的专业人才。

从课程设置上看，中职院校计算机网络技术等相关专业中基本都开设了计算机网络基础、操作系统、数据库基础、编程语言等专业基础课程，与网络信息安全专业相关的基础课程也会有所涉猎，如信息安全基础、网络安全等。目前中职院校计算机网络技术方面的课程体系基本仍停留在传统的课程上，培养的主流是系统管理员、网络管理员等岗位。但也有一些中职院校意识较为先进，开设了信息安全基础、网络安全、信息安全法律法规等网络安全方面的课程；这些课程还不能满足市场需求，应该增设网络安全配置与测试、操作系统安全配置与管理、系统渗透测试、Web 安全技术、网络安全攻击与防御、网络协议分析等核心课程。

从师资情况来看，中职院校开设网络空间安全专业师资力量相对薄弱。计算机网络技术等相关专业的老师基本都是计算机相关专业毕业的，有着相关的教育背景，且有将近一半的老师在近两年关注或参加过信息安全方面的培训，但就近两年的企业实践经验而言，还是稍显薄弱。总体来说，在师资条件方面，北京相较于其他省份的老师，师资力量还是比较优秀的，近两年都接受过这方面的培训和提升；在实训方面，实训条件在一定程度上还是与市场对人才的需求不匹配，还比较基础，存在设备更新调整的必要性。

整体而言，网络空间安全学科的设立为网络安全人才的培养提供了更为广阔的平台，但由于确立时间较短，网络空间安全学科人才的培养标准、知识和课程体系、培养方法还亟待深入研究，但对于院校而言，都在积极尝试迈开探索的一步，以满足未来行业对综合安全素质和能力的人才需求。

（二）信息安全行业人才培养与行业发展契合情况分析

从学历层次来看，网络信息安全行业从业者数量主要聚集在高职、本科、硕士学历，中职和博士学历人员需求非常少。用人单位对本科毕业生的需求量与对大专毕业生的需求量相差不大。但与求职者的学历结构相比，本科毕业生的供给略显结构性过剩，而大专毕业生的供给则明显的相对不足。无论从绝对数量还是比例来看，网络信息安全行业所需人才主要集中在本科及本科以下学历。由此可见，中职院校应加强与高职、本科院校合作，通过“3+2”“3+4”模式中高职、本科衔接，培养网络信息安全行业所需人才。

从专业设置方面，网络安全或信息安全的学科建设滞后，网络安全岗位求职者更多地来自计算机、通信与信息工程、网络工程等兄弟专业，仅有 11.0% 的求职者有网络安全或信息安全的学科教育背景。此外，调研发现，研发类和测试类人才饱和，市场迫切需求安全运维工程师、安全渗透工程师。

从技能结构契合度方面来看，针对中职教育，在网络安全教育领域希望开展网络安全素养培训和传播以及兴趣爱好社团以及网络安全创客空间领域，契合度逐年增加。由于大型企业教育和培训的优化以及校企合作的深入开展，教育与网络信息安全行业从业者技能越来越呈现契合度提升的现象。

而从综合素质角度来看，随着网络信息技术的发展，企事业单位对从业者提出了新的要求，更加关注从业者的实践动手操作技能和良好的职业素养。根据调研了解到企事业单位对职业院校的毕业生表示充分认可，用人单位对学生的思想政治素质、学习能力、责任心、沟通协调、团队意识也给出了好评。

总体来说，信息安全专业在专业建设和发展的过程中存在的问题主要表现在以下几个方面：首先，校企合作不够深入，尤其是在人才培养方面企业参与较少；其次，信息安全专业课程设置与企业需求不匹配，落后于产业发展需求，导致培养的学生不符合岗位需求，学生进入工作岗位后不能尽快适应工作岗位；最后，教学内容与企业用人标准不匹配，契合度不高，职业院校往往重视理论知识而轻视实践操作，导致学生的实践操作技能与岗位技能要求不匹配。

二、集成电路行业

（一）集成电路专业人才培养情况

调研发现，在专业设置方面，北京无论从专科层次还是本科层次，相对于集成电路产业发展较好的江苏、广东、上海等地的高校相比，专业细分程度还不能够适应产业发展的要求，而更倾向于涉及面较广专业设置，对产业需求的针对性不强。

从相关专业各层次毕业生情况来看，专科层面的毕业生明显不足。根据2018年毕业生生源数据，北京高校与集成电路产业契合专业人才的培养情况，专科层次与集成电路相关10个专业的招生人数为637人；本科层次的17个专业招生人数为17548人，研究生层次的23个专业招生人数为45270人。本科以下学历：本科学历：研究生学历2018年三个层次招生人数比例基本为1 : 27.55 : 71.07。详见下表：

表 4–4　集成电路相关专业各层次招生规模

层次	专业数	招生人数
专科	10	637
本科	17	17548
研究生	23	45270

由以上图表可见，集成电路专业专科学历招生规模较小。据《2017 年北京地区高校毕业生就业质量年度报告》统计数据显示，2017 年北京地区专科毕业生所属专业共包括十九个大类，其中电子信息大类和制造大类总计毕业人数 6841 人，占总毕业生总数的 20.09%，接近毕业生人数的 1/5。根据行业内的相关就业统计，进入集成电路相关领域的专科层次毕业生不足 10%，也就是说，2017 年的 6841 名相关专业的专科毕业生中，进入集成电路行业不足 680 人。

以专科毕业生为例，与集成电路相关的各项就业质量指标得分较低，行业在人才竞争方面的能力较差。据《2017 年北京地区高校毕业生就业质量年度报告》数据统计显示，专科毕业生就业大类共十八个，在落实工作的满意度方面，制造业和电子信息大类的排序分别为第 2 位和第 15 位；在专业相关度方面，制造业和电子信息大类的排序分别为第 12 位和第 14 位；在落实工作与期望相符情况上，制造业和电子信息大类的排序分别为第 12 位和第 15 位；对工作发展空间的评分上，制造业和电子信息大类的排序分别为第 12 位和第 11 位；获得相关社会保障方面，制造业和电子信息大类的排序分别为第 7 位和第 9 位。

（二）集成电路专业人才培养与行业发展契合情况分析

从数量上来看，本科及研究生以上学历毕业生基本能够满足需求，而专科层次的毕业生缺口较大。从产业需求的角度分析，2018 年和 2020 年集成电路相关产业新增人才需求及相应的学历结构如下表所示。

表 4–5 2018 年及 2020 年北京集成电路相关产业对各层次从业者需求分析与预测

（单位：人）

学历层次	总数	硕士及以上	本科	本科以下
2018 年新增从业者数量	6900	1000	1700	3800
2020 年新增从业者数量	8600	2300	1900	4400

从供给方面来看，根据相关就业统计，2017 年集成电路相关专业的专科毕业生进入集成电路相关领域的可能不足 10%，也就是 6841 名相关专业毕业生中，进入集成电路行业的可能不足 680 人。而 2018 年北京市集成电路本科学历以下从业者的缺口大约为 3800 人，北京市相关专业人才培养还很难满足集成电路产业发展的要求，人才的供需缺口接近 1∶5.5。但是从本科和研究生层面来看，除非一些特殊的专业，本科毕业生和研究生毕业生的供给基本能够在数量方面满足北京集成电路产业发展的需求。

从学科与专业契合度方面来看，从北京集成电路专业人才的培养总体来看，北京还存在专门针对集成电路的院系专业设置方面的问题，不管在专科层次，还是在本科层次，北京都存在与集成电路相关专业建设滞后方面的问题。根据调研，很多问题发生在课程设置层面：无论是本科层次上的专业设置，还是专科层次的课程设置都普遍存在学科建设雷同，特殊专业较少；课程设置倾向于基础知识传递，而与产业发展要求距离较远；侧重于理论学习，而对实践操作普遍比较漠视；侧重于应用能力的培养，而轻视学生基础能力培养方面的问题。

从从业者素质要求方面来看，企业更关注学生的动手能力和岗位创新能力，相对而言对高职院校毕业生比较认可。对集成电路类相关企业的调研走访和数据收集分析，无论国有企业、民营企业、外资企业，还是其他性质的用人单位，对职校毕业生能否胜任工作，都表示出充分的认可。用人单位对职业院校毕业生的政治素质和道德修养、事业心和责任感、正确面对荣誉和挫折的能力、团结协作精神、实事求是精神等也给予了较好的评价。

三、新材料产业

（一）新材料产业人才培养情况

近五年，北京市普通专科（高职）新材料专业招生规模严重不足。根据中国人力资源市场网发布的《2015 年第二季度全国部分省市人才服务机构市场供求情况分析报告》，2015 年前两个季度材料类专业需求占用人单位专业需求的比例均位列前十，第二季度占比为 2.58%。根据阳光高考信息网信息显示，初步统计得出，2015 年全国有 164 所高职院校（包括本科院校的高职层次）开设材料类专业，招生仅有 10790 人。而且大部分集中在老牌的材料工程技术、材料成型与控制专业等，新材料相关专业的学生数量非常少。

北京地区高职高专层次相关专业的人才培养规模基本为零。2017—2018 学年度北京教育事业发展统计概况显示，普通专科能源动力与材料大类专业基本上退出了高专层次，北京地区在高职高专层次基本没有院校开设相关专业。

表 4–6　北京新材料行业学生人数

年份	毕业生数	招生数	在校生数	预计毕业生数
2017—2018	29	0	7	3
2016—2017	119	4	35	31
2015—2016	84	缺失	131	96
2014—2015	91	35	216	88
2013—2014	101	93	274	92

注：以上资料和数据来源于北京市教委官网公布的近五年“学年度北京教育事业发展统计概况”普通专科分学科学生数（2016—2017 学年度开始为“能源动力与材料大类”，这之前为“材料与能源大类”）

调研发现新材料产业发展不仅需要高素质的技术研发、经营管理人才，还需要大量一线销售服务、生产操作的高技能人才。但根据对 164 所高职院校的材料类专业方向数据统计，我国目前高职院校开设的大部分为传统材料类产业，材料类专业主要还是集中在老牌的材料工程技术专业、材料成型与控制专业等，占比高达92%。新材料类专业如光伏材料生产技术仅1所高职院校设置。北京在这方面存在的问题更为严重，北京市开设相关专业的高职院校很少，即使开设了相关专业，近两年的招生数也基本趋于零，导致新材料产业技术人才极度匮乏，难以支撑未来产业发展升级。这种专业现状与北京市新材料产业的迅猛发展极不匹配。

（二）新材料行业人才培养与行业发展契合情况分析

近年来，我国职业教育发展迅速，职业教育体系日趋完善，为用人单位培养了大批高素质技术技能人才。但是，也要看到当前职业教育在教育结构、教育质量等方面还不能完全适应经济社会发展的需要，尤其是人才培养与企业需求契合度不高，职业教育服务产业发展还需进一步深化。调研中发现北京市新材料人才培养中存在以下问题。

人才培养规模不能满足产业需求。根据中国人力资源市场网发布的《2015年第二季度全国部分省市人才服务机构市场供求情况分析报告》显示，2015年前两个季度材料类专业需求占用人单位专业需求均位列前十，第二季度占比为2.58%。并且，《国家中长期新材料人才发展规划（2010—2020年）》提出，未来十年我国新材料人才发展重点要实现新材料人才资源总量翻番，满足领域发展人才需求，重视技能人才培养，充分利用各类技术职业院校和技工院校培养大批高技能人才，解决技能人才缺乏的问题。但是，近五年北京市普通专科（高职）新材料专业招生规模严重不足。材料类专业主要还是集中在老牌的材料工程技术专业、材料成型与控制专业等，新材料相关专业的学生数量非常少。开设新材料相关专业的高职院校很少，即使开设了相关专业，近两年的招生数也基本趋于零。导致新材料产业技术人才极度匮乏，难以支撑未来产业发展升级。

专业结构与产业结构匹配度不高。2016年7月28日，《国务院关于印发“十三五”国家科技创新规划的通知》（国发〔2016〕43号）指出，围绕重点基础业、战略性新兴产业和国防建设对新材料的重大需求，加快新材料技术突破和应用。发展先进结构材料技术，新材料产业发展不仅需要高素质的技术研发、经营管理人才，还需要大量一线销售服务、生产操作的高技能型人才。但是，调研中发现，尽管有部分高职院校开设的材料类专业是依托当地材料产业建设的，但是细分专业方向还是落后于区域经济发展，不能完全匹配区域经济发展水平。企业人力资源部的负责人也普遍反映从职业院校找到与自身业务能够对口的专业人才比较困难，感觉职业院校没有开设与产业要求符合的专业。尤其是新技术成果的工程转化、新工艺技术应用、研发后生产操作、材料工艺设计等方面的工程技术人才和技能型人才严重欠缺。专业结构与产业发展不匹配，直接导致学校培养的人才不能满足企业需求。可见，现阶段中高职层次的材料类专业结构不能满足新材料产业发展需求，职业教育专业设置与产业发展契合度非常低。

人才质量达不到岗位技能要求。区别于传统材料产业，新材料产业不仅种类繁多，而且还涉及自然科学和工程技术，多学科交叉渗透，知识和技术高度密集，因此新材料产业要求学生不但要懂得专业的理论知识，也要具有相应的生产操作和组织能力，新材料产业需要的是专业理论够用、生产技术操作熟练和组织能力强的复合型人才。但目前高职院校培养的材料类专业技术人才尚不具备这些能力，这主要是由于材料类专业高职教育在课程设置、师资水平等方面存在不足所导致的。调研中，企业也表示希望员工特别是一线的技术技能员工有主动学习成长的意愿，并对相关人员的基本素质提出了更高的要求。可见，职业教育在课程设置、培养方式、师资水平等方面还存在一些不足，导致人才质量还不能满足岗位需求。

第四节　供给侧分析

我们在调研过程中发现，在人才结构中，目前就中关村科学城而言，由于本科院校数量较多，因此，人才培养数量上，本科及以上的毕业生较多，而高职、中职等院校毕业生较少，一方面是造成高学历低配置，人才浪费现象比较严重。部分一线操作类的工作岗位，高职层次学生完全能够胜任，但是，在调研的企业中不乏211学校的本科学生在此类岗位上工作；另一方面是这些一线操作岗位，大都由外来人员从事。所以，通过上述对全国科技创新中心核心区三个产业人才需求及培养情况的介绍，可以发现，中关村科学城教育与相关行业发展契合度是一个不同学历层次人员数量方面的问题，以及与此相伴的相关专业设置、人才培养素质等方面的问题。

目前，高技术技能人才培养中存在的最主要问题是职业院校人才培养与企业用人需求之间的不匹配、不契合，供需矛盾突出。技能人才培养能力严重不足，既有数量不足的问题，又有质量不达标的问题。目前，中职教育面临生源规模不足、规模萎缩和专任教师数量不足的问题。在高职教育方面，国家财政教育经费投入仍更偏重“普通教育”，高职院校生均财政教育经费远远低于高等院校。实践教学薄弱、企业参与意愿不高、校企合作深度不足等问题制约着职业教育的发展①。

职业教育的目标就是培养社会需要和企业需求的多层次技术技能人才。因此，职业教育必须面向企业，服务企业，为企业输送高质量人才，而企业必须依靠职业教育提供人才支撑。只有学校与企业双方密切合作，才能共同完成人才培养的任务。但是，目前，各级职业学校社会服务意识不够，主动联系社会、联系企业、服务社会、服务企业的积极性不够。职业院校没有充分了解企业的用人需求，没有真正关注企业和市场对技术技能人才在量和质上的需求，因此，职业院校在办学思想、专业设置、培养方式、课程设置等方面与市场需求、企业需求有一定差距，甚至是严重脱节，难以根据产业结构的调整、企业的用人需求及时调整相应的专业结构，从而导致技能人才培养中的供需矛盾：学校培养的技术技能人才企业用不了，企业需要的人才学校没有培养。

① 高技能劳动力缺口警钟再次敲响 [EB/OL]. http: // news.ifeng.com/a/20161128/50325973_0.shtml.

具体来说，技术技能人才培养中职业教育与企业用人需求之间的不契合主要表现在以下几个方面。

一、技术技能人才缺口

近年来，在全球化和信息化过程中，中国从产业链低端的“世界工厂”逐渐向高附加值产品生产过渡。在这个过程中，高技能劳动力缺口日益扩大。随着战略性新兴产业发展，对高端技术技能人才的需求日益增长。工信部相关数据显示，目前每年社会上需求的各类网络高端技术技能人才的需求量正以 71.2% 的平均速度递增，“十三五”期间人才需求量将达到 100 万人，而目前的供给及培养速度远远跟不上需求的发展[①]。中国劳动力市场面临着技能型人才供求严重不平衡的问题。

目前，全国技术工人有 1.65 亿，其中高技能人才 4791 万。全国技术工人队伍创新取得成绩，涌现出一批大国工匠和高技能领军人才[②]。2016 年，《中国劳动力市场技能缺口研究》发布，高技能劳动力缺口的警钟再次敲响。《研究》指出，技能劳动者数量占全国就业人员总量的 19%左右，高技能人才仅占 5%，2016 年中国有 1200 多万名本科生和高职院校毕业生求职，但不少雇主依然很难找到合适的人才。据教育部、人力资源和社会保障部等部门 2017 年《制造业人才发展规划指南》显示，中国制造 2025 制造业十大重点领域需求预测，新一代信息技术产业人才缺口 750 万，新材料人才缺口 300 万。

二、职业院校专业设置与市场需求匹配度

近年来，我国的职业教育发展迅速，职业院校培养规模不断扩大，但依然不能满足新兴产业发展的需要。主要是因为职业院校专业设置与市场需求

① 杨燕．基于战略性新兴产业的高端技术技能人才培养方式调整探析 [J]．职教论坛，2016 (7)．

② 高技能领军人才频出人才缺口大待遇有待提高 [EB/OL]．新浪新闻，2018-05-01，http: // news.sina.com.cn/s/2018-05-01/doc-ifzvpatr7362235.shtml．

不匹配，部分职业院校缺少长远的发展规划，教学上偏重理论知识而轻实践技能，而且一些职业院校急功近利，设备、资金投入较少的服务类专业设置较多，而对于制造业急需的一些专业开设的较少，跟不上产业发展的需要。导致职业教育人才培养结构不合理、比例不均衡，对于社会需要又好培养的“热门”专业，重复开设，人才培养供大于求。

其原因主要是：第一，战略性新兴产业相关专业主要是全新领域，对人才培养的标准还不清楚，尤其是在人才培养目标、培养模式等方面还需要进一步探索。第二，对于战略性新兴产业所急需的相关专业，职业院校师资力量不足，实训设备投入力度不够。第三，专业发展、课程建设、教学内容、教材开发都需要人力、物力资源。因此，职业院校对一些与新兴产业技术相关的专业重视不够、投入不够，专业设置与企业需求不匹配，课程内容与新兴产业发展不协调，培养的人才质量与市场需求仍有较大差距，导致学生结构性失业，高技能人才供给结构矛盾突出。

三、高技能、高水平差距

表 4–7　2010—2015 年高职、中职院校数量对比

年份	2010	2011	2012	2013	2014	2015
高职院校	25	25	26	26	25	25
中职院校	107	102	96	97	94	93

数据来源:《中国教育统计年鉴》

表 4–8　2010—2015 年高职、中职院毕业生数量（万人）

年份	2010	2011	2012	2013	2014	2015
高职院校	5.44	4.24	4.14	3.68	3.41	11.76
中职院校	5.13	5.11	5.89	7.56	6.69	4.14

数据来源:《中国教育统计年鉴》

从上表可见，北京中职院校数量明显多于高职院校数量，中职院校将近是高职院校数量的4倍。至2015年，虽然高职院校培养的毕业生数量明显超过中职院校毕业生数量，但是可以看到，中职院校毕业生仍然占到较大比例。

高职院校生源质量低于普通高校，很多学生基础差，学习上缺乏主动性。加上当前许多高职院校简单地把高职教育等同于就业教育，甚至职业培训。对于学生的创新能力培养和素质教育培养重视程度不够，导致学生创新意识和创新精神不足。

战略性新兴产业需要既具有专业能力、职业素养，又要有创造性、创新精神等能力的综合性人才。比如前面介绍的新材料产业不仅种类繁多，而且还涉及自然科学和工程技术，多学科交叉渗透，知识和技术高度密集，因此新材料产业要求学生不但要懂得新材料类专业的基础理论与知识，更应具有企业岗位所需要的生产操作和组织能力，需要的是专业理论够用、生产技术操作熟练和组织能力强的复合型人才。调研中，企业也表示希望员工特别是一线的技术技能员工有主动学习成长的意愿，并对相关人员的基本素质提出了更高的要求。这就需要高职院校人才培养上要注重学生综合能力的提高，尤其是技术技能、职业素养、创新能力、团队协作意识等的锻炼和培养。但通过调查，可以发现目前高职院校培养技术技能人才尚不具备这些能力。

四、人才培养标准与企业需求匹配度

职业院校培养的人才在专业素质、技能水平方面都不能满足企业需求。

首先，产教融合、校企合作流于形式，不够深入。党的十九大报告提出，要完善职业教育和培训体系，深化产教融合、校企合作。2017年12月5日，国务院办公厅印发《关于深化产教融合的若干意见》，提出“深化产教融合，促进教育链、人才链与产业链、创新链有机衔接，是当前推进人力资源供给侧结构性改革的迫切要求，对新形势下全面提高教育质量、扩大就业创业、推进经济转型升级、培育经济发展新动能具有重要意义”。2018年，教育部等六部门印发《职业学校校企合作促进办法》指出，产教融合、校企合作是职业教育的基本办学模式，是办好职业教育的关键所在。《办法》还提出建立“校企主导、政府推动、行业指导、学校企业双主体实施”的校企合作机制，由“政府主导”转为“校企主导”，无疑是一个重大的政策变化，将引领未来校企合作的基本走向。产教融合、校企合作对于职业院校和企业双方来说是一种互利共赢。职业院校需要企业的支持和帮助，同时企业也需要职业院校培养人才。产教融合、校企合作，可以为学生搭建实习实践的平台，促进学生技能培养，同时也可以使人才培养与企业需求更加契合，学生毕业后更容易适应岗位需求。此外，校企合作还可以推动职业学校的改革，可以推动职业学校在专业设置、师资力量、培养模式、教学理念等各方面的改革。但是，目前很多职业院校并没有建立校企合作的长效机制，没有建立与科研机构、政府、企业之间的有效互动，政产学研合作关系松散，合作不够深入。

其次，培养方式重理论轻实践，实习实践流于形式。由于职业院校与用人单位沟通不够，存在偏重理论教学而相对忽视实践锻炼的问题。一些课程内容严重滞后于经济发展与专业技术的更新，导致课程和教学内容不能满足企业需求，毕业生技能与岗位需求不匹配，造成大量毕业生结构性失业，同时新兴企业的用人需求大却又得不到满足。实践教学对师资、设备等硬件以及校企合作平台要求比较高，导致职业院校对实践教学投入不足，设备老化、实践教学师资不足，缺乏相应的实习实践管理制度、评价体系，尤其是对实习缺乏监管，甚至让学生自己联系单位实习，导致实践教学质量难以保证，流于形式。学生的知识能力结构与企业对高技术技能人才的需求不匹配，学生毕业后进入企业适应期长，企业不得不花力气重新培训。

第五章　在高新技术产业发达地区构建产教融合新生态

第一节　中关村科学城创新生态体系

中关村四十年的创新发展取得了巨大的成就，在于其构建了完善的创新生态体系。知识创新层和技术创新层是创新的源头，制度创新层则根据创新主体的实际需求不断优化政策环境、法治环境和市场环境，服务创新层中的创新中介发挥集聚效应，直接提高了创新主体的创新效率，而文化创新层则提供了鼓励创新的精神动力。

一是制度创新成为创新发展的基石。政策支持是中关村创新集群快速发展的基石。中关村科学城坚持在政策方面先行先试，进行了行之有效的政策创新。中关村先后实施了“1+6”“新四条”、境外并购外汇管理、投贷联动、“国际人才 20 条”等七十多项改革举措，涉及创业支持、人才引进、企业融资、商事登记、海关、检验检疫等多个方面，不断形成可复制可推广的政策经验①。2018 年，海淀区发布“创新发展 16 条”，进一步打通深化创新驱动发展的“痛点”和“堵点”，推动高质量跨越式发展。政策中包含原始创新能力跃升、创新型企业“3 × 100”“创新合伙人”、城市空间更新、“科技政府”“科技城市”“科技公民”、创新服务“码上办”等，是海淀区在率先建成具有全球影响力的科学城大背景下，提出的加快支持中关村科学城创新发展的政策体系，着眼于在更高层级和更深程度构建区域创新生态体系，促进原始创新能力的

① 中关村：探路改革，创新潮涌 [N]. 北京日报，2018-07-16.

大幅度跃升。

二是知识创新成果显著。高等院校、科研院所聚集了大量高科技创新人才，具有强大的知识创新能力。从科技部发布的“2017 年度中国科学十大进展”中可以看出，十大进展中共有八项来自海淀驻区高校和科研院所，内容涵盖新材料、医药卫生，清洁能源等多领域的重大突破。中国科学技术发展战略研究院开展了中美科技创新对话，并在此基础上形成了四个平台，分别是中美专家联合研究、中美技术相互转移、中美科技园、中美创新基金；在美国硅谷设立了一个全球创新合作中心；促进了跨国科研机构与企业之间的协同。这些为海淀区就近实现科技成果转化，促进高校、科研院所与企业形成产学研合作提供了良好的基础。同时，高等院校、科研院所培养的人员，也为中关村科学城各类企业提供了强有力的人才支撑。

三是高新技术企业成为技术创新的主力军。技术创新层是中关村创新生态的核心，中关村众多的高新技术产业构成了中关村创新生态系统中的技术创新层。前沿原始创新技术脱颖而出，在人工智能、大数据、虚拟现实等新一代信息技术产业，生物医药、高端医疗器械、新材料行业出现了一批具有自主知识产权的前沿科技企业。高新技术企业整合技术资源下的集成创新百花齐放，驭势科技拥有超越 Waymo 的算法，并搭建国内第一个车规级无人驾驶系统（车脑），形成服务闭环、无人驾驶数据平台、远程监控平台、模拟仿真平台、高精地图平台、复杂路况仿真（云脑）。跨国收购实现技术跨越。联想将 IBM 的 PC 和服务器业务并入其中之后，在 IBM 原有技术上实现二次创新，联想集团形成了遍布全球的研发格局，联想集团服务器技术目前处于世界领先地位。

四是服务创新提高知识、技术创新效率。服务创新层根据知识创新层和技术创新层的实际需求进行服务形式和内容的创新，其主要包括科技资本和创新中介机构。科技资本主要有天使投资基金协会、各类银行贷款机构、风险投资和私募股权投资等。中关村前沿科技与产业服务联盟由金融机构、创新孵化器、创新媒体、产业技术联盟和中关村地区龙头企业组成，引领各种资源向有原创性技术的科技创新企业倾斜，为联盟内的 51 家前沿企业，配套房租减半的扶持政策；帮助小企业做市场做品牌；在技术、产品到行业解决方案上，帮助企业做对接；开展前沿大赛等帮助企业和高校对接。留学人员创业园在宣传示范国家留学人员政策、吸引高层次海外留学人员、培育高新技术企业、促进高科技成果转化等方面发挥了积极作用。如中关村生命科学园留学人员创业园，该园集生命科学基础研究、项目开发、企业孵化、生物技术项目展示发布、风险投资、人员培训等多项功能为一体，有效促进了园区内生物医药科技企业的成长。永丰高新技术产业基地在全国范围内建立了第一家企业加速器，通过建立“三四五”服务体系——三个保障、四大平台、五类服务，助推企业成长，有力地促进了基地内科技型企业的创新产出。创新工场、车库咖啡和天使汇投资等创新型孵化器提供了一个很大的平台，把科技、创业者、资本、市场等资源有效整合，形成完整的创业生态链。

五是企业文化创新引领技术创新。综观中关村四十年的发展，造就了大批企业家，比如柳传志、李彦宏、冯军、雷军、刘强东……他们笃志创新，“敢为天下先”。他们的试错勇气，百折不挠，锲而不舍[①]。中关村企业文化的精髓可以大致概括为“以创新为核心，鼓励冒险，容忍失败，崇尚成功，敢于标新立异”。创新是核心。这种冒险精神不仅使中关村人能忍受创业时的艰难困苦，更有助于提升其勇于冒险的精神以及喜欢标新立异的个性。这种逐渐形成、强化的创新精神已经深深地植入每一个中关村人的心中。独特的企业创新文化成为中关村地区创新发展的精神源头和动力。

中关村创新生态体系中知识创新层、技术创新层、服务创新层、制度创新层和文化创新层五个部分之间彼此联系、相互促进，形成了协同联动、共同催化创新的生动局面。

然而，中关村已有的创新生态体系中还存在高端人才和复合型创新人才不足，难以满足企业创新发展；城市服务创业成本偏高，小微创新企业起步艰难；高校、科研院所与地方企业衔接不够，不能完全发挥他们的知识创新

① 关�武．创新中关村积淀的“软实力”让人热血沸腾 [J]．中关村，2018 (10)．

力量；城市创新文化还未能成为引领中关村科学城创新的力量。这都有待于在科学城的下一步发展中进行提升。

调研发现，中关村科学城发展的主要难点是：体制机制难创新、创新文化难建立、创新企业难招引、创新人才难留住、创新项目难转化、国际合作难推进、外地招商难阻挡；高校为论文而创新，成果难以转化；科研院所为国家项目而创新，成果不能转化；科技企业想为市场创新但没有科研条件。重点堵点是：校企合作壁垒、央地合作壁垒、军民融合壁垒、产学融合壁垒、城教融合壁垒、科教融合壁垒。

第二节　中关村科学城各创新主体存在的主要问题

一、企业创新面临的障碍

核心人才流失。核心研发人员的流失制约着企业的创新发展，企业纷纷表示高端人才招不来、留不住，这样对他们的研发创新就有巨大的影响，尤其是现在做高技术系统研发的企业，比如汉王、大北农，它们已在外地设立了研发中心，比如西安、成都、郑州等以此来缓解人才压力。

经营成本升高。中关村科学城的企业很多成本都在增长，除了人力资源成本外，还有房租、物流、融资、社保等各方面费用的上升，企业在北京的经营成本比京外地区的经营成本要高很多，现在很多企业都在考虑到外地去发展，以降低运营成本。

利润要求与研发投入矛盾。对于上市公司，既要保证当期的利润，要给股东有回报，同时又要关注研发资金的投入，这两者间会产生冲突，一旦研发的投入增大，利润就会降低；反之，把利润保住了，研发投入就将减少。

二、高校创新遇到的困惑

科技成果评价指标不科学。论文导向的科技成果评价指标体系制约科技成果转化。现在高校的科技成果都以论文作为评价的依据，出现了很多低水平、重复率高的论文海量发表，但实际上能真正沉下心来搞研究的很少，导致没有重大的科研成果突破。把论文作为评职称、评院士以及博士、硕士获得学位的一个非常重要的依据，长期以来制约着高校科研创新的发展。

科研资源浪费，学术氛围差。首先，很多教授要花大量的时间去处理票据、研究如何获得一些课题和项目以及研究如何能够比较顺利地通过专家的评审，而不是说真正地去做研究，因此，这样一种科研环境导致了大量的教授，甚至很多研究生把大量的时间花在了贴票据、课题报销上。其次，自中央八项规定以来，政府和高校在国有资产管理上存在“一刀切”的问题，由此造成了很多资源的浪费，以公车为例，现在不允许单位用公车，导致很多单位的公车被封存，而当科研人员要外出做科研项目需要用车时，只能花钱去租车，从而导致资源的双重浪费。科研人员利益难以保障。即研究成果如何和个人利益挂钩，虽然现在有政策，但是在政策的执行过程中还有若干的限制，有的学校执行得好，有的执行得不到位，科研人员的个人利益就没有办法得到保障，导致很多老师创新动力不足。

三、科研机构创新阻力

科研时间碎片化。争名逐利的诱惑使年轻科研人员的时间碎片化，导致年轻人没有办法集中精力进行创新。国际合作约束条件太多。能否在海淀区放开注册国际科技组织的一些条件，而引进一些国际上的大学和科技组织，这不仅能够改变我们的观念，而且能够解决一些“卡脖子工程”。

由此可见，企业、高校、科研机构都存在创新发展的瓶颈，急需深化产教融合、加强校企合作，建构一种新的创新生态体系。

第三节　在高新技术产业发达地区建构产教融合新生态

在高新技术产业发达地区，企业驱动人才，人才驱动教育。

企业驱动人才。新兴产业领域的规模企业发展成为领军企业之时，具备了定义人才标准的权利，它们招聘的条件就成为人才追求的方向。2001 年新浪、搜狐、网易等互联网企业已经成为行业巨头，懂互联网的软件人才成为发展的瓶颈。他们到企业、到学校进行大量招聘，希望有懂软件、懂互联网的人才归其所用。但并没有发现与其企业发展相应的专业和学科，他们只能到传统企业挖相关专业的人才。对科研院所、国有企业和事业单位中与计算机技术相关的人才，这些互联网企业用高出原单位几倍的薪酬吸引人才。通过这些方式，这些互联网巨头瞬间把周围的一些人才聚集到新兴产业领域。后来，他们中有很多人成为公司的主要负责人，甚至再次创业开辟出了一番天地。显然，此时的新兴产业人才极度稀缺，没有相应的互联网发展的人才。可见，企业驱动人才的特征就是领军企业来定义人才标准，按照这个标准来去到社会上的各类单位挖掘人才。此时，大企业基本上主导着整个行业的人才流动方向，主导着整个人才需求的发展趋势。中关村的企业发展便是这样的一个典型。因此，各类人才会聚集到新兴产业，形成企业驱动人才，以人才为抓手的创新创业战略。

人才驱动教育。新兴产业这种高薪就业诱发了社会培训的热潮。2000 年前后，有人看到了互联网人才培养的商机，成立了专门培训 IT 技能、互联网技术人才的机构。培训机构高收费培养人，大量企业高薪挖掘人才。新兴产业快速增长的人才的需求带动了相关专业的教育发展。2003 年，教育部批准了第一批国家级示范性软件学院，共 37 所，其中北京有 9 所，有了软件专业的规模人才培养体系。

2017 年 12 月，国务院办公厅《关于深化产教融合的若干意见》指出，“深化产教融合，促进教育链、人才链与产业链、创新链有机衔接，是当前推进人力资源供给侧结构性改革的迫切要求”。并提出要“深化职业教育、高等教育等改革，促进人才培养供给侧和产业需求侧结构要素全方位融合，培养大批高素质创新人才和技术技能人才，加快建设实体经济、科技创新、现代金融、人力资源协同发展的产业体系”。

上述高新技术产业中技术技能人才需求情况以及人才培养中存在的问题，归根到底是职业教育生态与产业生态之间的不匹配、不契合问题。因此，职业教育要建构校企合作、产教融合的新生态，要服务产业生态，以面向市场、服务发展、促进就业为目标，适应经济发展和社会进步的需要，要根据产业结构调整的方向，以及对人才数量、结构、质量的需求标准，适时调整办学目标、招生规模、专业设置、培养方式，从而提高人才培养的针对性和实效性。这就要打造人才与产业互相依存、动态平衡的“生态系统”，实现人才链与产业链的匹配，构建产教融合的新生态。

一、产教融合成为构建职业教育新生态的重要方式与途径

前文所述的中关村科学城创新生态体系为在海淀区（中关村科学城）构建职业教育新生态打下了创新的“底色”。这种职业教育新生态构建旨在提高高科技发达地区技术技能人才的培养质量，因此在论述产教融合之前，先讨论一下生态学的一个方面——质量生态学。

（一）质量生态学

质量生态学（Quality Ecology）主要是基于生态学的研究对象是复杂的非线性、不稳定系统，与质量系统范畴逐渐演化为复杂网络、不仅呈现出复杂的非线性特性，而且在市场环境中失去了稳定演化的条件三方面的相似性，而以生态系统演化的视角来看待和研究质量系统，并把质量生态系统作为质量系统的最好描述，进而对其内部结构和功能属性的形成、演变与质量环境之间的相互影响和相互作用机制进行研究；对由质量生态位所表达的质量系

统在质量群落中的地位和作用以及质量群落中质量系统间的相互关系进行研究；对质量群落中相互关联或相互竞争、共生以及协同进化规律等进行研究的一门学科。

（二）职业教育生态系统

质量生态系统是质量生态学研究的基本对象单元。从质量系统的一般构成角度看，质量生态系统是由顾客、供应商和合作伙伴、员工、股东以及社会五大利益相关方组成的价值交换和利益相关的复杂系统，其中每一利益相关方在质量系统中都拥有各自的利益。

基于上述对质量系统的分析，在系统科学思想的指导下，我们认为，将质量生态学的观点和方法引入对高科技发达地区技术技能人才的培养质量问题的研究中有其合理性。

首先，从质量生态系统的构成看，高科技发达地区技术技能人才的培养质量系统也可看成是由顾客（用人单位、受教育者）、供应商和合作伙伴（受教育者、企业）、员工（教师）、股东（办学主体）以及社会五大利益相关方构成。

其次，高科技发达地区技术技能人才的培养质量系统在整体上也是由利益相关方所组成的系统，各相关方的复杂关系是系统与环境互动演化的结果。

再次，高科技发达地区技术技能人才的培养质量系统中各个利益相关方的相互关系，一方面表现为相互依存，各个利益相关方之间存在着相互合作的基础；另一方面，由于各利益相关方侧重点不同，相互之间又存在着冲突和对抗的因素。

最后，由于科学技术的迅猛发展，高科技发达地区技术技能人才的培养质量环境从相对稳定的缓慢变迁状态转变为不稳定状态，使得高科技发达地区技术技能人才的培养质量系统对于环境因素变化的响应从过去一个相对长期的演化过程变为现在的短期过程，也即迅速变化的环境迫使质量系统必须对环境变化做出及时的反应和调整。

（三）职业教育新生态：产教融合

党的十八大关于“推动高等教育内涵式发展”“加快发展现代职业教育”的重要论述，为新时期高等职业教育发展指明了方向，经济发展方式转变和产业转型升级，为新时期高等职业教育发展创造了机遇。“产学研结合发展”是我国近十年来高等职业教育改革与发展实践的基本经验与办学方针，也是新时期高职教育内涵式发展的着力点和创新点。[①]

党的十九大提出，深化产教融合，促进教育链、人才链与产业链、创新链有机衔接，是当前推进人力资源供给侧结构性改革的迫切要求，对新形势下全面提高教育质量、扩大就业创业、推进经济转型升级、培育经济发展新动能具有重要意义。此外，党的十九大还提出，深化产教融合的主要目标是，逐步提高行业企业参与办学程度，健全多元化办学体制，全面推行校企协同育人，用十年左右时间，教育和产业统筹融合、良性互动的发展格局总体形成，需求导向的人才培养模式健全完善，人才教育供给与产业需求重大结构性矛盾基本解决，职业教育、高等教育对经济发展和产业升级的贡献显著增强。

1. 产教融合的含义

党的十九大报告明确提出“深化产教融合、校企合作”。从 2014 年《国务院关于加快发展现代职业教育的决定》首次在国家层面文件提出“产教融合”，到 2017 年国务院办公厅印发《关于深化产教融合的若干意见》（以下简称《意见》），产教融合成为国家教育改革和人才开发的整体制度安排，产教融合迈入了新阶段。[②]

“产教融合”这一概念是由产学研结合、校企合作、产教合作逐渐演变而来。毫无疑问，“产”是产业的简称。相应地，“教”是教育的简称，但在这里特指职业教育。陈年友在《产教融合的内涵与实现路径》[③] 中提出：“产教融合

① 王丹中．基点•形态•本质：产教融合的内涵分析职教论坛，2014 (35)：79-82

② 陈锋：产教融合：深化与演化的路径 [J]．中国高等教育，2018 (Z2)，13-16

③ 陈年友，周常青，吴祝平．产教融合的内涵与实现途径 [J]．中国高校科技，2014 (08)：40-42．

就是职业教育与产业深度合作，是职业院校为提高其人才培养质量而与行业企业开展的深度合作。产教融合本身不是目的，目的是提升人才培养质量和企业生产效率。因此产教融合并不意味着学校和行业企业要在组织上融为一体，而是业务上相互补充和融合。对于职业院校来说，就是五个对接：即专业与产业对接、学校与企业对接、课程内容与职业标准对接、教学过程与生产过程对接、学历证书与职业资格证书对接。”

产教融合上升为国家战略的原因如下：一是高等教育和职业教育自身发展面临问题；二是我国进入了创新驱动发展的新阶段；三是技术革命的加速和新技术的集群突破。

产教融合有三个基本点：第一，是以创新为核心的价值链重组；第二，以技术进步为融合发展的主轴；第三，建设技术技能积累创新共同体。

2. 产教融合的实现路径

陈年友在《产教融合的内涵与实现路径》中提出：“产教融合不同于一般的产业融合，它不会融为一体，也不会产生新的产业，而只是职业教育与产业相互渗透、相互支持，是一种深度合作。这种合作从理论上有两条实现途径，一是要素整合，二是契约合作。”要素整合包含如下三种方式：(1) 企业对职业教育的投资，形成校企合作办学模式；(2) 学校为企业提供土地、劳动力，形成校中厂模式；(3) 学校为企业提供劳动力、技术，形成厂中校模式。契约合作要满足以下要求：(1) 契约合作的关键是学校与企业在业务领域的全面合作；(2) 保障契约合作的关键是校企双方的能力。

王万川在《产教融合发展和内涵的实践路径研究——以扬州软件信息产业为例》中提出产教融合的实现方式有如下几种：(1) 构建“政府主导、行业指导、企业参与、学校主体”的四方联动的产教融合体制机制；(2) 深化专业课程体系改革，推动校企协同育人；(3) 建立“人才共培、责任共担、成果共享”的双赢合作保障机制。

总之，产教融合已然成为构建职业教育新生态的重要方式与途径。

链接

国务院办公厅关于深化产教融合的若干意见

国办发〔2017〕95号

各省、自治区、直辖市人民政府，国务院各部委、各直属机构：

进入新世纪以来，我国教育事业蓬勃发展，为社会主义现代化建设培养输送了大批高素质人才，为加快发展壮大现代产业体系作出了重大贡献。但同时，受体制机制等多种因素影响，人才培养供给侧和产业需求侧在结构、质量、水平上还不能完全适应，"两张皮"问题仍然存在。深化产教融合，促进教育链、人才链与产业链、创新链有机衔接，是当前推进人力资源供给侧结构性改革的迫切要求，对新形势下全面提高教育质量、扩大就业创业、推进经济转型升级、培育经济发展新动能具有重要意义。为贯彻落实党的十九大精神，深化产教融合，全面提升人力资源质量，经国务院同意，现提出以下意见。

一、总体要求

（一）指导思想。全面贯彻党的十九大精神，坚持以习近平新时代中国特色社会主义思想为指导，紧紧围绕统筹推进"五位一体"总体布局和协调推进"四个全面"战略布局，坚持以人民为中心，坚持新发展理念，认真落实党中央、国务院关于教育综合改革的决策部署，深化职业教育、高等教育等改革，发挥企业重要主体作用，促进人才培养供给侧和产业需求侧结构要素全方位融合，培养大批高素质创新人才和技术技能人才，为加快建设实体经济、科技创新、现代金融、人力资源协同发展的产业体系，增强产业核心竞争力，汇聚发展新动能提供有力支撑。

（二）原则和目标。统筹协调，共同推进。将产教融合作为促进经济社会协调发展的重要举措，融入经济转型升级各环节，贯穿人才开发全过程，形成政府企业学校行业社会协同推进的工作格局。

服务需求，优化结构。面向产业和区域发展需求，完善教育资源布局，加快人才培养结构调整，创新教育组织形态，促进教育和产业联动发展。

校企协同，合作育人。充分调动企业参与产教融合的积极性和主动性，强化政策引导，鼓励先行先试，促进供需对接和流程再造，构建校企合作长效机制。

深化产教融合的主要目标是，逐步提高行业企业参与办学程度，健全多元化办学体制，全面推行校企协同育人，用10年左右时间，教育和产业统筹融合、良性互动的发展格局总体形成，需求导向的人才培养模式健全完善，人才教育供给与产业需求重大结构性矛盾基本解决，职业教育、高等教育对经济发展和产业升级的贡献显著增强。

二、构建教育和产业统筹融合发展格局

（三）同步规划产教融合与经济社会发展。制定实施经济社会发展规划，以及区域发展、产业发展、城市建设和重大生产力布局规划，要明确产教融合发展要求，将教育优先、人才先行融入各项政策。结合实施创新驱动发展、新型城镇化、制造强国战略，统筹优化教育和产业结构，同步规划产教融合发展政策措施、支持方式、实现途径和重大项目。

（四）统筹职业教育与区域发展布局。按照国家区域发展总体战略和主体功能区规划，优化职业教育布局，引导职业教育资源逐步向产业和人口集聚区集中。面向脱贫攻坚主战场，积极推进贫困地区学生到城市优质职业学校就学。加强东部对口西部、城市支援农村职业教育扶贫。支持中部打造全国重要的先进制造业职业教育基地。支持东北等老工业基地振兴发展急需的职业教育。加强京津冀、长江经济带城市间协同合作，引导各地结合区域功能、产业特点探索差别化职业教育发展路径。

（五）促进高等教育融入国家创新体系和新型城镇化建设。完善世界一流大学和一流学科建设推进机制，注重发挥对国家和区域创新中心发展的支撑引领作用。健全高等学校与行业骨干企业、中小微创业型企业紧密协同的创新生态系统，增强创新中心集聚人才资源、牵引产业升级能力。适应以城市群为主体的新型城镇化发展，合理布局高等教育资源，增强中小城市产业承载和创新能力，构建梯次有序、功能互补、资源共享、合作紧密的产教融合网络。

（六）推动学科专业建设与产业转型升级相适应。建立紧密对接产业链、创新链的学科专业体系。大力发展现代农业、智能制造、高端装备、新一代信息技术、生物医药、节能环保、新能源、新材料以及研发设计、数字创意、现代交通运输、高效物流、融资租赁、电子商务、服务外包等产业急需紧缺学科专业。积极支持家政、健康、养老、文化、旅游等社会领域专业发展，推进标准化、规范化、品牌化建设。加强智慧城市、智能建筑等城市可持续发展能力相关专业建设。大力支持集成电路、航空发动机及燃气轮机、网络安全、人工智能等事关国家战略、国家安全等学科专业建设。适应新一轮科技革命和产业变革及新经济发展，促进学科专业交叉融合，加快推进新工科建设。

（七）健全需求导向的人才培养结构调整机制。加快推进教育“放管服”改革，注重发挥市场机制配置非基本公共教育资源作用，强化就业市场对人才供给的有效调节。进一步完善高校毕业生就业质量年度报告发布制度，注重发挥行业组织人才需求预测、用人单位职业能力评价作用，把市场供求比例、就业质量作为学校设置调整学科专业、确定培养规模的重要依据。新增研究生招生计划向承担国家重大战略任务、积极推行校企协同育人的高校和学科倾斜。严格实行专业预警和退出机制，引导学校对设置雷同、就业连续不达标专业，及时调减或停止招生。

三、强化企业重要主体作用

（八）拓宽企业参与途径。鼓励企业以独资、合资、合作等方式依法参与举办职业教育、高等教育。坚持准入条件透明化、审批范围最小化，细化标准、简化流程、优化服务，改进办学准入条件和审批环节。通过购买服务、委托管理等，支持企业参与公办职业学校办学。鼓励有条件的地区探索推进职业学校股份制、混合所有制改革，允许企业以资本、技术、管理等要素依法参与办学并享有相应权利。

（九）深化“引企入教”改革。支持引导企业深度参与职业学校、高等学校教育教学改革，多种方式参与学校专业规划、教材开发、教学设计、课程设置、实习实训，促进企业需求融入人才培养环节。推行面向企业真实生产环境的任务式培养模式。职业学校新设专业原则上应有相关行业企业参与。鼓励企业依托或联合职业学校、高等学校设立产业学院和企业工作室、实验室、创新基地、实践基地。

（十）开展生产性实习实训。健全学生到企业实习实训制度。鼓励以引企驻校、引校进企、校企一体等方式，吸引优势企业与学校共建共享生产性实训基地。支持各地依托学校建设行业或区域性实训基地，带动中小微企业参与校企合作。通过探索购买服务、落实税收政策等方式，鼓励企业直接接收学生实习实训。推进实习实训规范化，保障学生享有获得合理报酬等合法权益。

（十一）以企业为主体推进协同创新和成果转化。支持企业、学校、科研院所围绕产业关键技术、核心工艺和共性问题开展协同创新，加快基础研究成果向产业技术转化。引导高校将企业生产一线实际需求作为工程技术研究选题的重要来源。完善财政科技计划管理，高校、科研机构牵头申请的应用型、工程技术研究项目原则上应有行业企业参与并制订成果转化方案。完善高校科研后评价体系，将成果转化作为项目和人才评价重要内容。继续加强企业技术中心和高校技术创新平台建设，鼓励企业和高校共建产业技术实验室、中试和工程化基地。利用产业投资基金支持高校创新成果和核心技术产业化。

（十二）强化企业职工在岗教育培训。落实企业职工培训制度，足额提取教育培训经费，确保教育培训经费 60% 以上用于一线职工。创新教育培训方式，鼓励企业向职业学校、高等学校和培训机构购买培训服务。鼓励有条件的企业开展职工技能竞赛，对参加培训提升技能等级的职工予以奖励或补贴。

支持企业一线骨干技术人员技能提升，加强产能严重过剩行业转岗就业人员再就业培训。将不按规定提取使用教育培训经费并拒不改正的行为记入企业信用记录。

（十三）发挥骨干企业引领作用。鼓励区域、行业骨干企业联合职业学校、高等学校共同组建产教融合集团（联盟），带动中小企业参与，推进实体化运作。注重发挥国有企业特别是中央企业示范带头作用，支持各类企业依法参与校企合作。结合推进国有企业改革，支持有条件的国有企业继续办好做强职业学校。

四、推进产教融合人才培养改革

（十四）将工匠精神培育融入基础教育。将动手实践内容纳入中小学相关课程和学生综合素质评价。加强学校劳动教育，开展生产实践体验，支持学校聘请劳动模范和高技能人才兼职授课。组织开展"大国工匠进校园"活动。鼓励有条件的普通中学开设职业类选修课程，鼓励职业学校实训基地向普通中学开放。鼓励有条件的地方在大型企业、产业园区周边试点建设普职融通的综合高中。

（十五）推进产教协同育人。坚持职业教育校企合作、工学结合的办学制度，推进职业学校和企业联盟、与行业联合、同园区联结。大力发展校企双制、工学一体的技工教育。深化全日制职业学校办学体制改革，在技术性、实践性较强的专业，全面推行现代学徒制和企业新型学徒制，推动学校招生与企业招工相衔接，校企育人"双重主体"，学生学徒"双重身份"，学校、企业和学生三方权利义务关系明晰。实践性教学课时不少于总课时的50%。

健全高等教育学术人才和应用人才分类培养体系，提高应用型人才培养比重。推动高水平大学加强创新创业人才培养，为学生提供多样化成长路径。大力支持应用型本科和行业特色类高校建设，紧密围绕产业需求，强化实践教学，完善以应用型人才为主的培养体系。推进专业学位研究生产学结合培养模式改革，增强复合型人才培养能力。

（十六）加强产教融合师资队伍建设。支持企业技术和管理人才到学校任教，鼓励有条件的地方探索产业教师（导师）特设岗位计划。探索符合职业教育和应用型高校特点的教师资格标准和专业技术职务（职称）评聘办法。允许职业学校和高等学校依法依规自主聘请兼职教师和确定兼职报酬。推动职业学校、应用型本科高校与大中型企业合作建设“双师型”教师培养培训基地。完善职业学校和高等学校教师实践假期制度，支持在职教师定期到企业实践锻炼。

（十七）完善考试招生配套改革。加快高等职业学校分类招考，完善“文化素质＋职业技能”评价方式。适度提高高等学校招收职业教育毕业生比例，建立复合型、创新型技术技能人才系统培养制度。逐步提高高等学校招收有工作实践经历人员的比例。

（十八）加快学校治理结构改革。建立健全职业学校和高等学校理事会制度，鼓励引入行业企业、科研院所、社会组织等多方参与。推动学校优化内部治理，充分体现一线教学科研机构自主权，积极发展跨学科、跨专业教学和科研组织。

（十九）创新教育培训服务供给。鼓励教育培训机构、行业企业联合开发优质教育资源，大力支持“互联网＋教育培训”发展。支持有条件的社会组织整合校企资源，开发立体化、可选择的产业技术课程和职业培训包。推动探索高校和行业企业课程学分转换互认，允许和鼓励高校向行业企业和社会培训机构购买创新创业、前沿技术课程和教学服务。

五、促进产教供需双向对接

（二十）强化行业协调指导。行业主管部门要加强引导，通过职能转移、授权委托等方式，积极支持行业组织制定深化产教融合工作计划，开展人才需求预测、校企合作对接、教育教学指导、职业技能鉴定等服务。

（二十一）规范发展市场服务组织。鼓励地方政府、行业企业、学校通过购买服务、合作设立等方式，积极培育市场导向、对接供需、精准服务、规范运作的产教融合服务组织（企业）。支持利用市场合作和产业分工，提供专业化服务，构建校企利益共同体，形成稳定互惠的合作机制，促进校企紧密联结。

（二十二）打造信息服务平台。鼓励运用云计算、大数据等信息技术，建设市场化、专业化、开放共享的产教融合信息服务平台。依托平台汇聚区域和行业人才供需、校企合作、项目研发、技术服务等各类供求信息，向各类主体提供精准化产教融合信息发布、检索、推荐和相关增值服务。

（二十三）健全社会第三方评价。积极支持社会第三方机构开展产教融合效能评价，健全统计评价体系。强化监测评价结果运用，作为绩效考核、投入引导、试点开展、表彰激励的重要依据。

六、完善政策支持体系

（二十四）实施产教融合发展工程。“十三五”期间，支持一批中高等职业学校加强校企合作，共建共享技术技能实训设施。开展高水平应用型本科高校建设试点，加强产教融合实训环境、平台和载体建设。支持中西部普通本科高校面向产业需求，重点强化实践教学环节建设。支持世界一流大学和一流学科建设高校加强学科、人才、科研与产业互动，推进合作育人、协同创新和成果转化。

（二十五）落实财税用地等政策。优化政府投入，完善体现职业学校、应用型高校和行业特色类专业办学特点和成本的职业教育、高等教育拨款机制。职业学校、高等学校科研人员依法取得的科技成果转化奖励收入不纳入绩效工资，不纳入单位工资总额基数。各级财政、税务部门要把深化产教融合作为落实结构性减税政策，推进降成本、补短板的重要举措，落实社会力量举办教育有关财税政策，积极支持职业教育发展和企业参与办学。企业投资或与政府合作建设职业学校、高等学校的建设用地，按科教用地管理，符合《划拨用地目录》的，可通过划拨方式供地，鼓励企业自愿以出让、租赁方式取得土地。

（二十六）强化金融支持。鼓励金融机构按照风险可控、商业可持续原则支持产教融合项目。利用中国政企合作投资基金和国际金融组织、外国政府贷款，积极支持符合条件的产教融合项目建设。遵循相关程序、规则和章程，推动亚洲基础设施投资银行、丝路基金在业务领域内将“一带一路”职业教育项目纳入支持范围。引导银行业金融机构创新服务模式，开发适合产教融合项目特点的多元化融资品种，做好政府和社会资本合作模式的配套金融服务。积极支持符合条件的企业在资本市场进行股权融资，发行标准化债权产品，加大产教融合实训基地项目投资。加快发展学生实习责任保险和人身意外伤害保险，鼓励保险公司对现代学徒制、企业新型学徒制保险专门确定费率。

（二十七）开展产教融合建设试点。根据国家区域发展战略和产业布局，支持若干有较强代表性、影响力和改革意愿的城市、行业、企业开展试点。在认真总结试点经验基础上，鼓励第三方开展产教融合型城市和企业建设评价，完善支持激励政策。

（二十八）加强国际交流合作。鼓励职业学校、高等学校引进海外高层次人才和优质教育资源，开发符合国情、国际开放的校企合作培养人才和协同创新模式。探索构建应用技术教育创新国际合作网络，推动一批中外院校和企业结对联合培养国际化应用型人才。鼓励职业教育、高等教育参与配合“一带一路”建设和国际产能合作。

七、组织实施

（二十九）强化工作协调。加强组织领导，建立发展改革、教育、人力资源社会保障、财政、工业和信息化等部门密切配合，有关行业主管部门、国有资产监督管理部门积极参与的工作协调机制，加强协同联动，推进工作落实。各省级人民政府要结合本地实际制定具体实施办法。

（三十）营造良好环境。做好宣传动员和舆论引导，加快收入分配、企业用人制度以及学校编制、教学科研管理等配套改革，引导形成学校主动服务经济社会发展、企业重视“投资于人”的普遍共识，积极营造全社会充分理解、积极支持、主动参与产教融合的良好氛围。

附件　重点任务分工

序号	工作任务	主要内容	责任单位
1	构建教育和产业统筹融合发展格局	同步规划产教融合与经济社会发展。	国家发展改革委会同有关部门，各省级人民政府
2		统筹职业教育与区域发展布局。	教育部、国家发展改革委、人力资源社会保障部，各省级人民政府
3		促进高等教育融入国家创新体系和新型城镇化建设。	教育部、国家发展改革委、科技部，有关省级人民政府
4		推动学科专业建设与产业转型升级相适应。建立紧密对接产业链、创新链的学科专业体系。加快推进新工科建设。	教育部、国家发展改革委会同有关部门
5		健全需求导向的人才培养结构调整机制。严格实行专业预警和退出机制。	教育部会同有关部门
6	强化企业重要主体作用	鼓励企业以独资、合资、合作等方式依法参与举办职业教育、高等教育。坚持准入条件透明化、审批范围最小化，细化标准、简化流程、优化服务，改进办学准入条件和审批环节。	教育部会同有关部门
7		鼓励有条件的地区探索推进职业学校股份制、混合所有制改革，允许企业以资本、技术、管理等要素依法参与办学并享有相应权利。	有关省级人民政府
8		深化“引企入教”改革，促进企业需求融入人才培养环节。	教育部、人力资源社会保障部、工业和信息化部会同有关部门
9		健全学生到企业实习实训制度，推进实习实训规范化。	教育部、国家发展改革委、人力资源社会保障部会同有关部门

续表

序号	工作任务	主要内容	责任单位
10	强化企业重要主体作用	引导高校将企业生产一线实际需求作为工程技术研究选题的重要来源。高校、科研机构牵头申请的应用型、工程技术研究项目原则上应有行业企业参与并制订成果转化方案。完善高校科研后评价体系，将成果转化作为项目和人才评价重要内容。	教育部、科技部会同有关部门
11		继续加强企业技术中心和高校技术创新平台建设，鼓励企业和高校共建产业技术实验室、中试和工程化基地。利用产业投资基金支持高校创新成果和核心技术产业化。	国家发展改革委、教育部、科技部、财政部会同有关部门
12		强化企业职工在岗教育培训。	全国总工会、人力资源社会保障部会同有关部门
13		鼓励区域、行业骨干企业联合职业学校、高等学校共同组建产教融合集团（联盟），带动中小企业参与，推进实体化运作。	有关部门和行业协会，各省级人民政府
14		注重发挥国有企业特别是中央企业示范带头作用，支持各类企业依法参与校企合作。	国务院国资委、全国工商联
15		结合推进国有企业改革，支持有条件的国有企业继续办好做强职业学校。	国务院国资委、国家发展改革委、财政部
16	推进产教融合人才培养改革	将工匠精神培育融入基础教育。深化全日制职业学校办学体制改革，在技术性、实践性较强的专业，全面推行现代学徒制和企业新型学徒制。	教育部、人力资源社会保障部、国家发展改革委、全国总工会会同有关部门
17		健全高等教育学术人才和应用人才分类培养体系，提高应用型人才培养比重。	教育部、国家发展改革委会同有关部门

续表

序号	工作任务	主要内容	责任单位
18	推进产教融合人才培养改革	加强产教融合师资队伍建设。支持企业技术和管理人才到学校任教，鼓励有条件的地方探索产业教师（导师）特设岗位计划。	教育部，各省级人民政府
19		适度提高高等学校招收职业教育毕业生比例，建立复合型、创新型技术技能人才系统培养制度。逐步提高高等学校招收有工作实践经历人员的比例。	教育部会同有关部门
20		加快学校治理结构改革。创新教育培训服务供给。	教育部会同有关部门
21	促进产教供需双向对接	强化行业协调指导。规范发展市场服务组织。打造信息服务平台。健全社会第三方评价。	国家发展改革委、教育部、有关部门和行业协会，有关省级人民政府
22	完善政策支持体系	实施产教融合发展工程。	国家发展改革委、教育部、人力资源社会保障部
23		落实财税用地等政策。	财政部、税务总局、国土资源部、国家发展改革委，各省级人民政府
24		强化金融支持。	人民银行、银监会、证监会、保监会、国家发展改革委、财政部
25		开展产教融合建设试点。	国家发展改革委、教育部会同有关部门，各省级人民政府
26		加强国际交流合作。	教育部会同有关部门

国务院办公厅
2017年12月5日
（此件公开发布）

二、市场调节、政府调控，搭建技术技能人才培养外部生态链

2018年2月5日，教育部等六部门《关于印发〈职业学校校企合作促进办法〉的通知》，指出“产教融合、校企合作是职业教育的基本办学模式，是办好职业教育的关键所在”，并且提出：“校企合作实行校企主导、政府推动、行业指导、学校企业双主体实施的合作机制。”职业教育系统是一个开放的系统，要实现职业教育生态与外部生态的平衡，形成学校、企业、政府、行业之间的生态链。

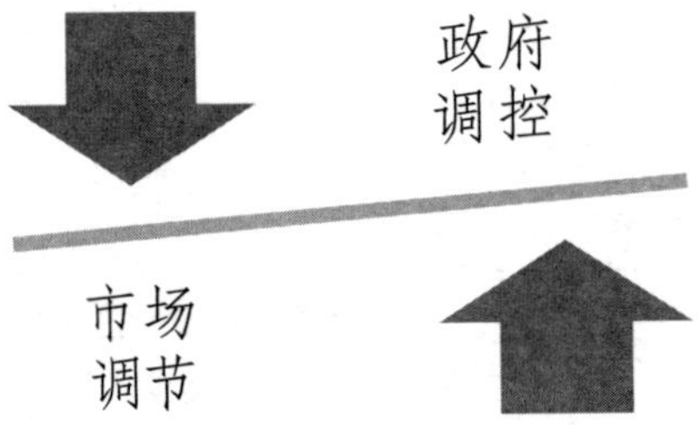

图5–1 职业教育政府、市场的双元调控模式

要实现学校、企业、政府、行业之间的生态平衡，确保职业教育培养的人才契合企业需求，就需要依靠市场调节、政府调控的双重力量。美国高等教育学家伯顿•R. 克拉克指出，在整个高等教育体系内有三个主体系统发挥着重要的作用，它们就是国家体制、市场体制和专业体制（高等学校），这三种体制制约着高等教育的活动①。职业教育同样如此，而且职业教育培养的技术技能人才与市场需求结合更加紧密。职业教育要服务产业发展，精准对接企业需求，既要依靠市场调节、又要依靠政府调控。市场调节就是根据市场的变化、企业对人才的需求变化对职业教育的供求进行调节，企业需要什么样的才，职业教育就培养什么样的人。通过人才供求“不平衡→平衡→新的不平衡→新的平衡”连续变动的动态过程，调整人才培养的数量和规模，从而增加技术技能人才的有效供给来实现职业教育与劳动力市场需求的匹配和契合。

① 伯顿•R. 克拉克. 高等教育系统：学术组织的跨国研究 [M]. 杭州：杭州大学出版社，1994(4)：159.

市场调节是一种自发的调节活动，主要依靠劳动力的价格和供求关系使人才得到合理配置。市场经济条件下，就业是以劳动力市场需求为导向的“双向选择”，因此职业院校人才培养的规模、方向、质量等要以市场信号为导向。市场调节比较灵活，可以增强职业教育的灵活性、多样性、自主性，有其一定的优势，但市场调节不是万能的，也有局限性，因此，市场经济也需要政府调控，而教育事业不是纯粹的经济行为，它更需要政府干预。政府干预主要是通过教育投入、政策引导控制职业教育市场的运行方向，补充市场调节的不足。通过政府的宏观调控，可以从社会经济发展的全局出发，把握市场对人才的需求，从而进行顶层设计和统筹安排，制定相应的职业教育发展规划和技术技能人才培养计划，确定职业教育的培养目标、招生规模、专业设置、培养方式等。政府的干预行为对于职业教育的引导，对整个职业教育系统的平衡至关重要。因此，职业教育要想与劳动力市场需求相契合，服务于经济社会发展和产业需求，就应该形成市场调节为主体、政府调控为主导的政府、企业双元协调的发展模式。

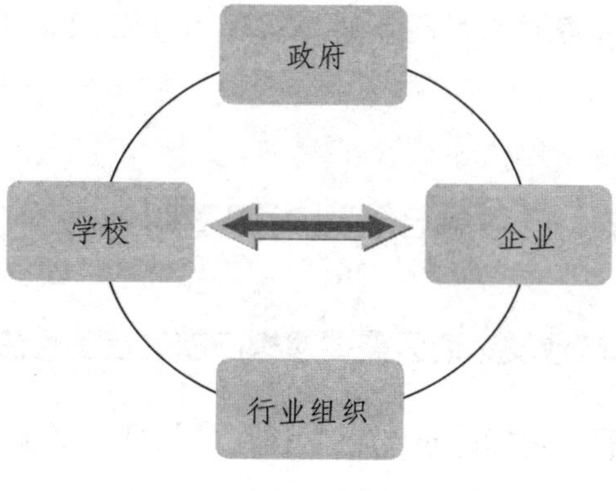

图 5–2　职业教育外部生态链

具体来说，首先，政府部门要继续出台、完善相应的法规条例和政策引导，积极推动产教融合、校企合作，既要关注公办职业院校，也要重视民办职业教育学校和民办培训机构、企业办学，要制定职业教育发展整体规划，鼓励社会力量捐资、出资兴办职业教育。其次，行业组织应定期发布行业人才需求预测、职业院校毕业生就业情况，推进校企合作，开展质量评价。同时，相关部门应当加强对行业组织的指导和监管，支持行业组织发挥服务功能。最后，职业院校与企事业单位、社会团体、行业组织开展深度合作，在人才培养、资源共享、技术创新、就业创业、社会服务等方面不断创新合作方式，尤其是要与相关企业在人才培养、技术研发与推广、科技成果转化等方面开展深度合作。建设校企合作、产学研一体化实训基地，开展订单、定向培养和“学历教育＋企业实训”培养。职业学校、行业组织和企业开展现代学徒制和企业新型学徒制培养，明确学校、企业和学生三方的权利和义务，共同制订人才培养方案、开发课程和教材、设计实施教学、组织考核评价、开展教学研究。开放重点实验室、工程技术研究中心、企业中试基地、科技孵化机构等，共建统一的成果转移转化、科学仪器开放和技术交易平台，打造协同创新载体，实现资源等共享，开展人才交流合作，服务企业。可以打造诸如“中关村软件园云计算实践教育京津冀协同发展中心”之类的区域职业教育资源共享平台，对区域职业教育资源进行集中管理，实现政府、学校、企事业单位职业教育资源的互联互通，实现教学资源尤其是课程开发和师资的共享。

三、校企合作、产教融合，适时调整职业教育内部生态环境

（一）高新技术产业发达地区需要建构产教融合良性生态

从学校层面来看，要通过更为科学详尽的调研，收集到更多的行业信息，加强与企业的沟通联系，了解企业对人才数量、人才质量、人才结构的需求，通过对毕业生进行跟踪调查，形成“产教融合、校企合作”大数据支撑，从而精准对接企业的人才需求，调整职业教育内部生态，从招生规模、专业设置、培养方式、课程设置等教育内部各因素出发，确保职业教育为产业发展服务，确保职业院校培养的技术技能人才契合企业的用人需求。

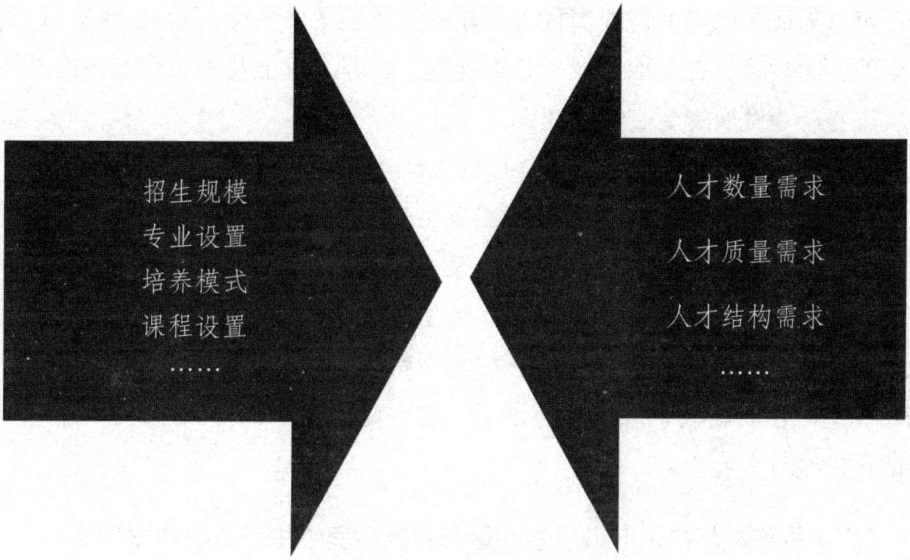

图 5–3　职业教育内部生态与企业用人需求

具体来说：

第一，由于功能疏解和产业优化，北京总部经济、服务中心、战略平台的现状，大企业总部需要办公室、财务人员等经营管理人员，可以挖掘北京市现有的财经商贸类、服务类的职业教育资源，与行业、企业"产教融合、校企合作"，联合培养定向班，在通用课程的基础上，增加相关行业的发展情况的课程，为行业专门培养经营管理、销售服务类的高技能人才。

第二，配合北京市产业政策和布局，加大贯通式培养力度，提升北京市的培养层次，以契合产业人才学历高企的需求现实，北京随着疏解功能的政策延续，作为总部基地、管理平台、研发基地，用人的学历要求一般提高到大学本科层次，因此，联合北京地区的普通本科院校，进行技术技能人才相关专业的贯通式培养，以满足行业企业的人才需求。

第三，服务中小微企业的人才需求。比如，今后新材料研发、生产、应用将更加深化到民用领域，新材料在民用时和民用产品进行"合成"时，会产生一些新的职业岗位——新的技术技能，会形成大范围、持久性的应用，这样就可以形成一些新的职业岗位（与新材料产业发展相伴生），要认真研究这些新的人才需求，在专业设置、招生规模、培养方式上及时进行相应的调整，以实现与产业发展的更高契合度。

第四，除了岗位相关的专业知识及操作能力之外，企业越来越重视注重核心素养、关键能力的培养以及员工自主学习、自我成长的能力，尤其是沟通能力、团结协作精神、钻研精神以及学习态度。因此，在人才培养上，职业教育需要特别重视对学生相关素质的培养，从而为学生进入职场的终身学习、可持续发展提供基础素养和能力的支撑。

总之，在高新技术产业发达地区，需要建构企业驱动人才、人才驱动教育的产教融合良性生态。

（二）构建高新技术产业发达地区产教融合良性生态的具体举措

1. 共建区域产教融合集团，培养区域急需的高端技术技能型后备人才打造由行业主管部门、区域高新技术企业与驻区的普通高校以及区属的终身学习大学（社区学院）共同组成产教融合集团，开展全日制专科和本科学历教育，为区域培养区域急需的高端技术技能型后备人才。

建立以产业需求为导向的共享组织体，构建学生、教师与企业生产、研发零距离对接的教学培养机制。对接区域产业转型升级发展需求，区域里的各类高等教育机构特别是区属的终身学习大学（社区学院）与区域企业共建技术教研室和研发中心，建设技术技能积累创新共同体。这种产教融合集团不但要与企业共同开展人才培养，还要开展技术技能的积累、传承、发展和创新，而且将行业企业的技术创新成果不断积累到学校的人才培养上。打造创新驱动的新的发动机，构建以技术进步为主轴、以高端技术技能型人才培养为根本的职业教育新生态体系。

明确人才培养定位，试点培养技术技能型专、本科人才。主要培养在生产、服务、建设和管理一线工作的专本科层次的技术技能型人才——现场工程师。毕业生能够承担一线的具有技术应用性质的工作、组织管理性质的工作，能够解决生产、加工、维护以及工艺当中的技术问题，处理较复杂的突发事件，进行复杂的操作或服务工作，并能够根据工作要求，基本独立地制订工作计划和开展工作，发现、分析和解决现场实际问题。

（1）在办学办学模式方面，做到以下几点：

第一，在现有及区属的终身学习大学（社区学院）的基础上，由地方政府与一所应用技术型大学构成战略合作，在区属的终身学习大学（社区学院）基础上共建“×× 大学区域分院”（例如：高科技产业发达地区分院）。

第二，试点合作举办 2 ～ 3 年制全日制高职和 4 年制全日制本科。根据本区域经济发展特点，设置与产业发展需求相匹配的专业，招收高中学历起点学生，做到招生、培养都在区域内，成绩合格，获得这所大学 ××× 学院本科学历。毕业后补充到区域行业紧缺岗位，为区域经济和社会发展培养急需的高端技术技能型人才。

（2）在专业建设和课程体系方面，做到以下几点：

第一，专业建设模式创新。

根据区域重点发展的产业来设置专业，使区属的终身学习大学（社区学院）的专业群、人才培养链、人才培养规格和区域经济发展的产业群、产业链、企业岗位需求相匹配，推动产业链、人才培养链的融合发展。形成区属的终身学习大学（社区学院）与区域行业和企业发展的“共同体”，进一步强化产教融合的深度与广度，不仅为区域经济的发展输送人才，更是将技术应用型人才发挥其最大价值。专业建设全面引入专业认证的理念、思路和做法，实现全方位的产教融合及校企合作。

第二，课程体系创新。

从技术应用型人才的知识、能力、素质结构出发，按照职业（岗位）的实际工作逻辑，构建基于工作过程导向的，工学结合的，理论和实践一体化课程体系。工作过程导向的课程，突出整体化的课程设计，不但学习专业知识和技能，而且在工作过程中获得职业认知能力和设计能力，提高综合职业素养；课程目标是培养学生的综合职业能力，学习过程具有工作过程的整体性。

工作过程导向的课程，以职业（岗位）能力为课程目标。职业能力强调的是完成完整工作过程的能力，即在复杂的工作情境中进行计划、采取行动并最终对行动的结果进行检验的能力。

工作过程导向课程与传统学科课程的特征比较（见表 5–1）。

表 5–1　工作过程导向课程与传统学科课程的比较

	工作过程导向课程	传统学科课程
课程体系构建	以工作分析为基础构建的行动导向的课程体系，强调与企业生产经营接轨，培养社会经济急需的技能型人才。	以知识内容的性质来分类，使理论与我们日常工作实践结合不够紧密，容易导致理论与实践脱节。
课程内容选择	以典型工作任务分析为主线，以职业综合能力培养为主旨，结合国家职业标准进行课程内容重构，以知识运用为主。	强调知识的系统性，以知识逻辑为主线组织理论内容，以知识储备为主。
课程实施	主张重视学生学习主体的作用，实施教学做一体教学，在工作模拟和顶岗实习中实现理论与实践的结合，主动构建自己的知识体系和职业技能，是能力本位的课程。	以传统课堂的教授方式为主，教师以讲为主，学生以听为主，理论与实践结合不够紧密，是典型的知识本位的课程。
教学环境	利用角色扮演、模拟仿真以及生产实习、实训等方式，将学生学习环境变成职业工作的“准职业环境”，或在一定训练的基础上，直接顶岗实习，直接感受工作场所的各项规则与企业文化，丰富职业综合能力。	主要是以课堂为主要教学环境。

技术应用型本科课程体系由公共基础课程、专业课和综合实践项目及毕业论文等三大课程模块组成（见图 5–4）。

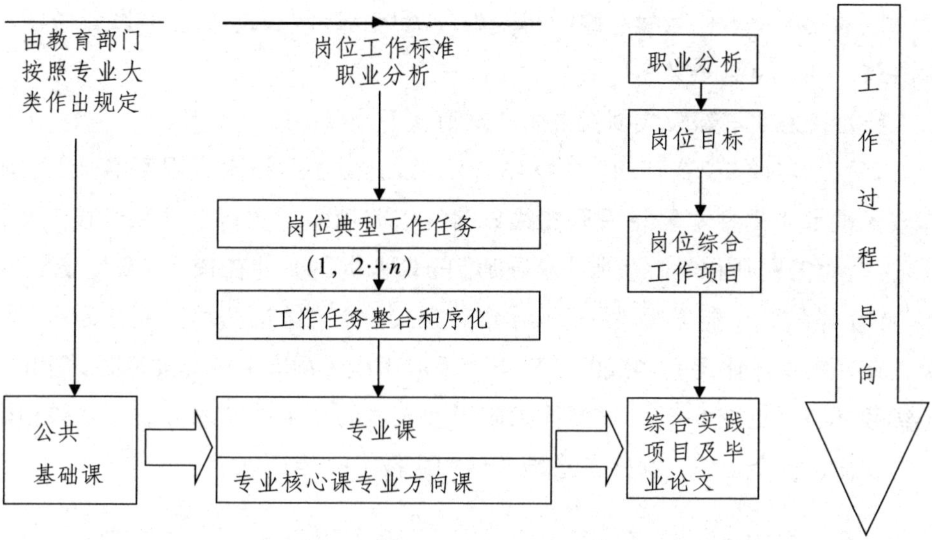

图 5–4　技术应用型本科以上工作过程导向课程体系图

公共基础课程

它是依据教育部和各级行政部门要求，根据专业实际，注重培养与专业密切相关的文化素养方面的课程，为学生的专业学习和终身发展奠定基础。

专业课程

按照从具体到一般、从应用到基础、从实践到理论的建构模式，以职业（岗位）工作过程为依据，开发专业核心课程和专业方向课程。

通过职业分析、岗位工作标准分析、岗位典型工作任务分析，再经过工作任务的整合和序化，而将岗位的工作标准直接转化为课程标准。专业课是为完成典型工作任务所需要具备的关键技能而形成的课程，这些课程将使学生获得在职业（岗位）工作的关键能力。

综合实践项目及毕业论文

综合实践课程是按照行业企业职业、岗位的综合职业活动设置的，学生在此期间要完成企业的一个实际的大型综合工作项目，培养学生从项目设计—实施—检查—评价全过程的综合职业能力。对培养学生岗位的独立工作能力及创新创业能力均有着重要的作用。

技术应用型本科教学总课时将安排在 2600 课时左右。其中实践性教学环境占总课时的 40% 左右。

(3) 在人才培养模式创新方面，做到以下几点：

第一，实行“校企互动、工学结合、能力递进式”技术应用型本科人才培养方式技术应用型本科将采取实践导向的培养策略，实行企业和学校“双主体”、企业工程师和学院教师“双导师”的育人机制。并在校企“双环境”下，实行“工学结合、能力递进”式人才培养方式。将人才能力培养划分为 4 个阶段，在理实一体化课程实践的基础上，采取由浅入深，4 年安排不同层次的 8 个实践环节（见图 5–5）。根据技术应用型人才的技术技能的形成、发展和提高的规律，校企合作，循序渐进地开展相应技术技能训练。

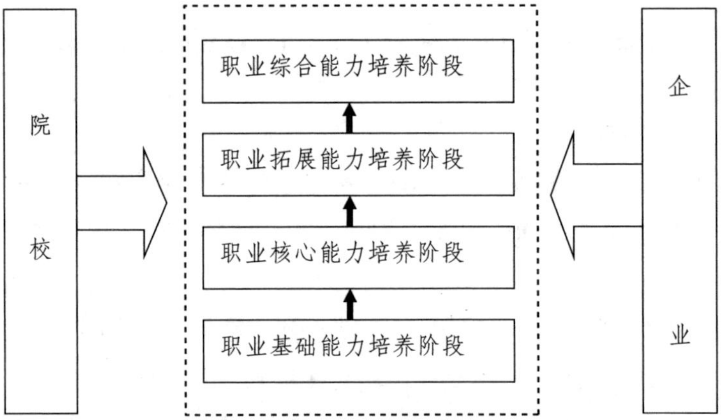

图 5–5 校企互动、工学结合、能力递进式人才培养方式

在职业基础能力培养阶段，主要培养学生的单项技术能力。

安排在第 1 ~ 2 学期。是在校内实训室和校外教学性实训基地进行的，学习相应专业基础知识，训练基本技能，如计算机应用能力、英语能力、语言表达能力，培养学生的职业道德和基本能力。这期间进行企业认识实习，行业专家讲座，参加企业技术和商务活动等。使学生熟悉企业的实际工作情景，对关键岗位的知识、技能、素质的要求有全方位的了解。

在职业核心能力培养阶段，主要培养学生的知识与技能的运用能力。

安排在第 3 ~ 5 学期。主要是培养学生相应的职业（岗位）的设计、加工、安装、调试以及策划、营销、服务等关键技能。依托学校和企业的实训基地，理实一体、学做一体，采用模拟实战和企业项目实践等教学模式。学生具体参与到企业生产环节中，使学生把校内所学内容与企业实际岗位相结合，真正掌握各工作岗位的程序和技能，提高实际工作中的应变能力和实用技巧。

在职业拓展能力培养阶段，主要培养学生的知识技能与实际项目相结合的能力。

安排在第 6 ~ 7 学期。意在培养学生在掌握职业（岗位）关键能力基础上，进一步掌握一个或多个专业方向上的具体工作能力，以及掌握完成大型专业综合项目所需的必要能力，并取得相应职业（岗位）的资格证书，为学生全面发展奠定基础。

在职业综合能力培养阶段，实际工作中的技术能力和职业素质。

安排在第 8 学期。是通过学生在企业完成真实的大型综合项目，主要是对一个完整的工作项目进行整体设计和实施，是学生通过小组合作将工作项目分为若干工作任务共同完成。实现对已掌握知识和技能的综合应用，并以项目实施为依据，撰写相应毕业论文。这一阶段，旨在强化学生对知识和技能的掌握，促进知识、技能与实际工作任务的融合。这一实践环节涵盖面广、知识量大，涉及整个学业过程中多门或者全部的专业课程，对于学生综合知识的应用有着重要的意义。这一阶段，使学生基本具有在未来职业（岗位）就业的所有能力，并具有一定的创新创业能力。能够实现由学生向职业人的完整转变。

这四个阶段，将引导学生按照能力递进的规律提升自身的技能水平，胜任典型的职业（工作）岗位，满足岗位对学生的技术技能要求。

表 5–2　校企合作、工学结合的技术应用型本科课程安排

小学期	时间	学习内容	师资安排
小学期 1	新生入学前 1 个月	专业体验	行业（企业）导师＋学校教师

续表

小学期	时间	学习内容	师资安排
小学期 2	一年级寒假 2 周	岗位见习，确定个人综合实战项目，组建实战项目小组	行业（企业）导师集体
小学期 3	一至二年级暑假 1 个月	企业实训	行业（企业）导师一对一个小组
小学期 4	二年级寒假 2 周	实践岗位 1 实习	行业（企业）导师一对一学生
小学期 5	二～三年级暑假 1 个月	实践岗位 2 实习	行业（企业）导师一对一学生版
小学期 6	三年级寒假 2 周	企业顶岗实习	行业（企业）导师
小学期 7	三至四年级暑假 1 个月	独立承担项目	行业（企业）导师
小学期 8	四年级寒假	综合实践项目毕业设计，准备毕业论文	学校教师 + 行业（企业）导师

第二，创新技术应用型本科教学模式

一是企业和学校共同创建“产教融合教研中心”，学校与企业共同开发技术基础课、专业核心课和专业方向课等专业课程。

二是在技术应用型人才培养教学模式中，提倡运用案例教学、研讨式教学、项目教学等行动导向教学模式，强化实践教学环节；重视实训课程开发，提高综合性、创新性、工程性实验实训比例，将理论教学与实践教学有机融合。

三是重视教材建设，引导和鼓励教师与企业技术人员一起共同编写教材，把产业发展最新的知识和技术融入教材，把行业、企业的最新技术成果作为案例编入教材。在课程内容上，强调与企业职业、岗位的典型工作任务相吻合，突出技术应用性，技术知识占有重要地位，技术理论知识的作用是用来理解和运用于实践过程，注重知识和技能的整合。

四是校企共建产学研一体化的技术应用型实训基地。实训基地侧重各类成熟的先进技术的应用训练，同时应具备一定的生产能力，使学生体验到真实的生产环境。实训基地也应具备一定的应用技术研发功能，开展技术技能积累，形成产学研合作的培养模式。

第三，创新技术应用型本科教师队伍建设模式

技术应用型本科教师队伍要逐步实现“双师型”。试点专业课教师，专兼职并存，以企业兼职教师为主体；教师应具有理实一体化教学和解决企业实际问题能力。

一是从合作企业聘请专业技术骨干到学校兼职任教，安排教师到合作企业进行实习和技术咨询服务，通过真实的情景解决问题，提高技能。

二是聘请企业资深工程师为校外导师，实行校企合作培养的“双导师制”，即学校导师和企业导师联合指导学生完成专业核心课程、专业方向课程的学习，指导学生综合实践项目的设计和实施及毕业论文的撰写。让企业导师全程参与指导学生的教育教学，提高学生的实践能力。

2. 科技园区整合区域内的产教资源提升在职人员素质

针对大量的在职人员的学习，如何构建产教融合的在职人员素质提升的良性生态。中关村科技园区海淀园开展了一些的成功项目，取得了一些经验。

中关村科技园区海淀园是中关村科技园区的发源地，也是我国第一个科技园区的诞生地，先后历经了北京新技术产业开发试验区、中关村海淀园、中关村示范区海淀园园区管委会开展的各类职业教育核心区等发展阶段。经过多年发展，目前海淀园规划面积 174.06 平方千米，占中关村“一区十六园”总面积三分之一，是全国科技创新中心核心区的核心区和全国科技创新中心核心区，同时也是中关村人才特区、国家级科技与文化融合示范基地、国家级科技金融创新中心，已成为推动全国创新发展的重要引擎。

海淀园园区管委会一直非常重视人才队伍的建设，利用自身中关村人才特区“先行先试”的优势，出台一系列的人才政策，在引进和培养大量的高端人才的同时，也借鉴和学习国内外先进经验，结合园区企业的需要，开展了各种类型的职业教育，为园区的发展和企业的转型升级提供了有力的人才支

撑。这包括“海淀英才高级研修”“企业国际化高端人才实训”等职业培训项目，有效地整合区域内的产教资源，促进了区域产教融合的技能技术终身学习生态系统的建立。

链接

“海淀英才高级研修”的培养计划

为了全力配合中关村人才特区建设，进一步激发核心区产业高端人才创新创业活力，增强海英高端创新创业领军人才的凝聚力，打造海淀高端人才服务品牌，海淀区委组织部、海淀园管委会专项委托专业机构组织实施海淀英才高级研修班，截至2018年，已经成功举办了5期。

一、培训对象及报名条件

入选“海英人才”（以创业领军人才为主）、海淀区“有突出贡献人才”“优秀青年人才”以及海淀区各园区高科技创新创业企业股东、董事长、董事、总经理等高层管理人员，约60人。

二、培训时间、地点

培训班学习周期7天，分两个半周集中封闭式上课，各类学习活动累计60学时。

培训时间：

第一阶段为3月14—17日（周三至周六）；

第二阶段为3月21—23日（周三至周六）。

培训地点：北京紫玉饭店

三、培训形式及内容

培训形式包括专题学习、研讨交流、案例分析、项目路演、团队训练、参观考察等多种形式。

培训内容包括初创阶段企业（战略规划方向）、快速成长阶段企业（企业运营与知识产权方向)、成熟阶段企业(企业国际化方向)以及前沿科技与政策(人才服务、人工智能相关政策)宣讲四个模块，可根据学员需求及开课前问卷调查情况适时调整培训内容。

“海淀英才高级研修班(五期)”培训内容如下：

专题一：政策解读及产业形势

1. 中关村科技园区人才政策解读；
2. 中关村科技园区海淀园情况及政策介绍；
3. 海淀区区情介绍；
4. 支持中小企业发展的政策体系解读。

专题二：企业经营管理

1. 商业模式创新；
2. 如何打造高绩效的研发团队
3. 知识产权的商品化与资产化；
4. 企业创新教练、战略创新、营销创新、运营创新；
5. 企业家思维修炼；
6. 企业组织机构设计及薪酬设计与激励员工关系管理

专题三：企业资本运作

1. 科技金融与融资规划；
2. 借助新三板融资平台实现企业跨越发展；
3. 总裁财务思维与成本控制。

专题四：经验交流及考察学习

1. 学员个人自我介绍；
2. 企企交流：创业企业家经验交流；
3. 政企交流：企业如何用足、用好相关政策；
4. 学员团队训练；
5. 参观中关村国家自主创新示范区展示中心及核心区相关知名企业。

(http: // zyk.bjhd.gov.cn/ztzl/kjcx/qypxyq/201810/t20181027_3887285.htm)

链接

企业国际化高端人才实训

为中关村核心区国际化企业的创新发展、国际市场开拓提供最有价值的学习与交流平台，为园区中小企业提供与国际市场对接的有效渠道，全面提升核心区企业管理者的国际化业务水平以及核心区品牌的国际影响力，海淀园管委会于近几年每年都举办海淀园国际化人才实训班，截至2018年共计举办了14期。

第一，中关村海淀园（2017年）企业国际化优秀杰出人才实训（总第12期）

为加快建设全球影响力的科技创新中心，提高核心区企业国际竞争力和国际科技资源的配置能力，积极推进核心区企业融入全球创新网络，海淀园管委会委托相关机构举办中关村海淀园（2017年）企业国际化优秀杰出人才实训班总第12期，此次实训班以问题为导向，突出课程的实用性，强调学员与讲师间及学员与学员之间的沟通与互动，力求最大化地发挥实训班的指导作用，共同探讨企业国际化业务发展中遇到的困惑与难题。

招生对象：海淀园重点企业负责国际化业务的副总经理及以上高级管理人员35人，以及海淀园区企业孵化机构或专业园副主任以上的主管领导5人（孵化器机构或专业园可推荐本园企业参加），共40人。

报名条件：

（一）重点企业

1. 每企业仅限1人报名参加；

2. 企业为在海淀区登记注册并依法纳税具有独立法人资格的重点企业；

3. 所在企业在2016年度境外收入达到50万美金以上；如收入来源：境外销售、技术研发、境外并购等

4. 学员本人须负责企业国际化业务。

（二）企业孵化机构或专业园

1. 每园区仅限 1 人报名参加。

2. 园区所属企业有国际化业务需求，园区企业 2016 年度境外收入合计 100 万美金以上。

3. 学员本人须负责园区企业国际化相关工作。

4. 参训专业园区人员须提交园内企业国际化调研表，至少一个以上。

学习方式、学制：

1. 中关村海淀园（2017 年）企业国际化优秀杰出人才实训班采用 “4+3+2+1” 的授课模式，以培训为基础，重视沟通与实践，集中授课 4 天，参观互访交流 3 天，集体实践案例分析 2 天，结业典礼 1 天。

2. 每期学制为 8 周，各类学习活动总计 60 学时。

授课时间：2017 年 7—9 月（实际授课时间 10 天）

课程安排如下：

2017 年海淀园国际化高端人才实训班教学计划

国际化要素	课程内容	学时
品牌	国际品牌定位	3
人才	国际化人才引进政策及案例	3
技术	国际技术转移与企业实务	3
知识产权	对外贸易中的知识产权战略	3
	知识产权风险防控	3
	337 调查	3
市场与资本	中国企业对投资现状与发展势	3
	海外投资与风险防控	3
	海外并购与估值	3
一带一路	“一带一路” 发展机遇	3
	“一带一路” 与中国企业如何参与	3

（http: // zyk.bjhd.gov.cn/ztzl/kjcx/tzgg/201810/t20181027_3887734.htm）

第二，中关村海淀园（2018年）企业国际化高端人才实训班总第13期

招生对象：海淀园重点企业负责国际化业务的副总经理及以上高级管理人员35人，以及海淀园区各孵化器、协会、专业园区、国际中介、投资机构等负责人10人，共40人。

学习方式、学制：

1. 中关村海淀园（2018年）企业国际化高端人才实训班采用“3+3+3+2”的授课模式，以培训为基础，重视沟通与实践，包含集中授课，参观互访交流，集体实践与案例分析。

2. 每期学制为8周，共计11天。

课程安排如下：

时间	内容	主持人 / 授课老师
第一次集中授课（4月11—13日） D1（4月11日）		
9：00—9：30	开班仪式	尧川
9：30—12：00	支持企业创新发展政策“新十六条”	海淀园管委会相关领导
14：00—16：00	“一带一路”企业国际化发展战略	商务外商投资中心副主任李志鹏
16：30—17：40	破冰	全体人员
17：40—18：30	晚餐	全体人员
18：30—20：00	论文选题	全体人员
D2（4月12日）		
9：00—12：00	走出去企业公共关系战略	国际化高级资深顾问、原外交官黄晋
14：00—17：00	境外安全知识培训	市外办领事保护处相关领导
17：30—18：30	晚餐	全体人员
D3（4月13日）		

续表

时 间	内 容	主持人 / 授课老师
9：00—12：00	企业如何融入全球创新网络	科技部研究院博士、研究员 赵刚
14：00—17：00	国际化创新人才与发展趋势以及如何吸纳国际高端人才	外国专家局原文教司司长 杨长聚
第二次集中授课 D4（4 月 25 日）		
9：00—12：00	如何认识海外投资的营商环境风险——基于风险案例的视角	中债资信相关负责人
14：00—17：00	掘金中东法律风险防控	北京京师律师事务所合伙人　黄露娟
D5（4 月 26 日）		
9：00—12：00	“一带一路”：中国双边投资保护条约的机制和经验	美国德汇律所合伙人洪世宏
14：00—17：00	企业考察＋专题学习分享 (企业自身的国际化路径)	全体人员
D6（4 月 27 日）		
9：00—12：00	海外投资市场分析 并购新趋势及案例分析	特邀嘉宾
14：00—17：00	企业考察＋专题学习分享 (企业自身的国际化路径)	全体人员
D7（5 月 9 日）		
9：00—12：00	企业知识产权海外布局	国家知识产权局相关领导
14：00—17：00	知识产权诉讼及案例分析	专业机构指导老师讲解＋全体人员互动
D8（5 月 10 日）		
9：00—12：00	国际商务谈判实战	正略咨询顾问、资深专家 黄兆华
14：00—17：00	模拟商务谈判	小组指导老师

续表

时间	内容	主持人 / 授课老师
D9（5月11日）		
9：00—12：00	产品出口知识产权风险防范与应对	韩雪峰
13：00—17：00	参观科大讯飞与现场体验	全体人员
D10（5月24日）		
9：00—12：00	故事会（国际化实例分享）	国际业务负责人
14：00—17：00	分小组模拟演练（第二天汇报准备）	全体人员
D11（5月25日）		
9：00—12：00	结合给定案例分析＋专家汇报点评（小组为单位以表演的形式）	部分授课老师
13：00—17：00	13期班结业典礼＋新班开班仪式	全体人员

(http: // zyk.bjhd.gov.cn/ztzl/kjcx/qypxyq/201810/t20181027_3887287.htm)

第三，中关村海淀园（2018年）企业国际化高端人才实训班总第14期

此次实训班以问题为导向，突出课程的实用性，强调学员与讲师间及学员与学员之间的沟通与互动，力求最大化地发挥实训班的指导作用，共同探讨企业国际化业务发展中遇到的困惑与难题。

招生对象：

海淀园重点企业负责国际化业务的副总经理及以上高级管理人员35人，以及海淀园区企业孵化机构或专业园副主任以上的主管领导5人（孵化器机构或专业园可推荐本园企业参加），共40人。

报名条件：

（一）重点企业

1. 每企业仅限1人报名参加。

2. 企业为在海淀区登记注册并依法纳税具有独立法人资格的重点企业；

3. 所在企业在2017年度境外收入在100万美金以上；如收入来源：境外销售、技术研发、境外并购等。

4. 学员本人须负责企业国际化业务；

（二）企业孵化机构或专业园

1. 每园区仅限1人报名参加。

2. 园区所属企业有国际化业务需求，园区企业2017年度境外收入合计100万美金以上。

3. 学员本人须负责园区企业国际化相关工作。

4. 参训专业园区人员须提交园内企业国际化调研表，至少一个以上。

学习方式、学制：

1. 中关村海淀园（2018年）企业国际化高端人才实训班采用“3+3+3+2”的授课模式，以培训为基础，重视沟通与实践，集中授课，参观互访交流，集体实践案例分析。

2. 每期学制为8周，各类学习活动总计60学时。

授课时间：

2018年6—8月（实际授课时间11天）第一次集中授课时间6月27—29日

课程安排如下：

日 期	时 间	内 容
D1 6月27日 周三	9：00—9：30	开班仪式
	9：30—12：00	支持企业创新发展政策“新十六条”
	14：00—16：00	“一带一路”企业国际化发展战略
	16：30—17：40	破冰
	17：40—18：30	晚餐
	18：30—20：00	论文选题

续表

日　期	时间	内容
D2 6月28日 周四	9：00—12：00	走出去企业公共关系战略
	14：00—17：00	境外安全知识培训
	17：30—18：30	晚餐
D3 6月29日 周五	9：00—12：00	企业如何融入全球创新网络
	14：00—17：00	国际化创新人才与发展趋势以及如何吸纳国际高端人才
D4 7月11日 周三	9：00—12：00	如何认识海外投资的营商环境风险——基于风险案例的视角
	14：00—17：00	掘金中东法律风险防控
D5 7月12日 周四	9：00—12：00	一带一路：中国双边投资保护条约的机制和经验
	14：00—17：00	企业考察＋专题学习分享（企业自身的国际化路径）
D6 7月13日 周五	9：00—12：00	海外投资市场分析 并购新趋势及案例分析
	14：00—17：00	企业考察＋专题学习分享 （企业自身的国际化路径）
D7 7月25 周三	9：00—12：00	企业知识产权海外布局
	14：00—17：00	知识产权诉讼及案例分析
D8 7月26日 周四	9：00—12：00	国际商务谈判实战
	14：00—17：00	模拟商务谈判
D9 7月27日 周五	9：00—12：00	产品出口知识产权风险防范与应对
	13：00—17：00	参观科大讯飞与现场体验

续表

日　期	时间	内容
D10 8月9日 周四	9：00—12：00	故事会（国际化实例分享）
	14：00—17：00	分小组模拟演练 （第二天汇报准备）
D11 8月10日 周五	9：00—12：00	结合给定案例分析+专家汇报点评 （小组为单位以表演的形式）
	13：00—17：00	14期班结业典礼

（http://zyk.bjhd.gov.cn/ztzl/kjcx/tzgg/201810/t20181027_3887876.htm）

第四，2018年中关村国际化大讲堂实训班（海外投资与并购）实训

为进一步提升示范区企业国际化能力，中关村科技园区管理委员会委托中关村创新研修学院于2018年10—11月举办2018年中关村国际化大讲堂实训班（海外投资与并购）。课程围绕“海外投资与并购”，从“一带一路”建设发展机遇、国际化战略、企业走出去的公共关系、国际化经营与管理、国际技术转移等方面进行授课。大讲堂活动由中关村管委会主办，中关村创新研修学院承办。培训，食宿费用由中关村管委会承担。请感兴趣的园区，企业积极报名参加。

一、授课时间

海外投资与并购实训班：10—11月

二、招生对象、遴选标准

中关村示范区内主管国际化业务的企业副总经理及以上管理人员，已制定国际化发展战略或有国际化需求的企业、行业协会、产业联盟、各分园管委会相关负责人等（每单位限1人参加）。所在企业或机构须在中关村示范区内登记注册，依法纳税并具有独立法人资格。

三、学习方式（学制）

1. 2018年中关村国际化大讲堂实训班采用集中授课+案例研讨+互动交

流的实训模式，以培训为基础，重视沟通与实践。

2. 本期学制两个月，各类学习活动总计 10 天。

课程安排

<table>
<tr><th colspan="2">时间</th><th>内容</th><th>主持人 / 授课老师</th></tr>
<tr><td rowspan="3">10 月 17 日（星期三）</td><td rowspan="2">上午</td><td>开班仪式</td><td>全体学员</td></tr>
<tr><td>一带一路：中国双边投资保护条约的机制和经验</td><td>美国德汇律所合伙人洪世宏</td></tr>
<tr><td>下午</td><td>团队建设</td><td>全体学员</td></tr>
<tr><td rowspan="2">10 月 18 日（星期四）</td><td>上午</td><td>走出去企业的公共关系战略</td><td>国际化高级资深顾问、原外交官黄晋</td></tr>
<tr><td>下午</td><td>中国企业国际化发展战略</td><td>商务海外投资中心副主任李志鹏</td></tr>
<tr><td rowspan="2">10 月 19 日（星期五）</td><td>上午</td><td>海外投资与并购尽职调查实操</td><td>京师律师事务所合伙人黄露娟</td></tr>
<tr><td>下午</td><td>企业参访交流</td><td>展示中心</td></tr>
<tr><td rowspan="2">10 月 30 日（星期二）</td><td>上午</td><td>国际化企业如何借才引智</td><td>国家外专局原文教司司长杨长聚</td></tr>
<tr><td>下午</td><td>跨国并购战略</td><td>科文顿柏灵事务所律师黄胜</td></tr>
<tr><td rowspan="2">10 月 31 日（星期三）</td><td>上午</td><td>海外投资与风险防控</td><td>中非商会秘书长王晓勇</td></tr>
<tr><td>下午</td><td>国际化实例分享</td><td>正略咨询创始人 黄兆华</td></tr>
<tr><td rowspan="2">11 月 1 日（星期四）</td><td>上午</td><td>中美经贸博弈的来龙去脉</td><td>待定</td></tr>
<tr><td>下午</td><td>企业国际化实例分享</td><td>三家企业国际化负责人</td></tr>
<tr><td rowspan="2">11 月 2 日（星期五）</td><td>上午</td><td>如何融入全球创新网络</td><td>科技部战略研究院研究员赵刚</td></tr>
<tr><td>下午</td><td>国际技术转移转化</td><td>中国国际合作技术中心总经理夏文欢</td></tr>
<tr><td rowspan="2">11 月 7 日（星期三）</td><td>上午</td><td>境外安全知识培训</td><td>待定</td></tr>
<tr><td>下午</td><td>我的国际化之路</td><td>学员分享</td></tr>
</table>

续表

时间		内容	主持人 / 授课老师
11 月 8 日（星期四）	上午	企业国际化经营与管理	待定
	下午	企业参访交流	清华同方
11 月 9 日（星期五）	上午	案例分组讨论、准备发言材料	指导老师
	下午	学员论坛	全体学员

（http: // zyk.bjhd.gov.cn/ztzl/kjcx/qypxyq/201810/t20181027_3887292.htm）

3. 通过构建区域职教集团推进建构产教融合良性生态

职业教育集团化办学是顺应职业教育发展的一个新生事物，它基于政府和行业主管部门的管理与指导，使学校和企业都成为办学主体，以互惠共赢为原则，以各自承担相应责任为基础，建立起结构性的伙伴关系，根据生产实际需要，共同面对一个或多个职业岗位群，通过帮助学生（学员）获得直接的生产经验和职业生活体验，培养拥有一技之长或多层次、多类型、高素质的技能型人才与劳动者，实现人才供需的“无缝对接”和“零距离”就业，具有明显的集聚功能和联合功能，提高了职业教育与产业的契合度，能够有效推进产教融合、产学研结合，促进校企合作。

从 2014 年年底海淀区挂牌成立海淀区职业教育集团以来，近几年，海淀区在加快构建现代职业教育体系方面主要是以海淀区职教集团为载体，初步搭建海淀区职教资源与驻区企业间的供需配置平台，引导职教机构改革创新，面向区域重点产业紧缺人才培养转型。探索设立海淀区职教改革发展引导基金，配合大众创业、万众创新形势，增加职业教育投入，为构建海淀区现代职业教育体系的长效机制奠定基础。海淀区职业教育集团充分整合了海淀区政府职能部门、行业组织、企（事）业单位、职业院校、研究机构和社会组织等六类主体的职业教育资源，由海淀区政府统筹，按照国家要求，精选一批职业高中、中等专业学校、技工学校、高等职业院校、民办培训机构作为成员单位，首批成员单位总数达 52 家，其中政府职能部门 10 个，相关事业单位4个，科研院所4个，职业院校9所，高等院校7所，行业组织6个，重点企业12个。建立了职业教育集团理事会，指导职业教育集团开展工作，发挥平台功能。支持海淀区职业教育集团搭建职教供需信息沟通和发布平台；支持职业教育集团广泛联合企业和社会培训机构开展职业技能培训和职业技术教育；支持职业教育集团创新职业教育办学模式和人才培养模式，为海淀经济社会发展、产业发展和企业发展提供了各个层次的职业人才支撑。

为了深化产教融合，健全多元化办学体制，推行校企协同育，2016年12月起，区教委牵头以海淀区职业教育集团为基础，筹备组建了中关村战略新兴产业职业教育集团；2017年8月31日获市教委、海淀区政府批复，同意成立中关村战略新兴产业职业教育集团，并于当年12月26日举办了中关村战略新兴产业职业教育集团成立大会暨海淀区职教集团成果发布和展示会。

中关村战略新兴产业职业教育集团的成立使区域职业教育集团升级拓展为行业职教集团，吸纳了更加广泛的会员单位参与，从最初海淀区职教集团的52家增加到77家（中关村战略新兴产业职业教育集团首批会员单位数量），包括10个政府部门、4个事业单位、5个科研院所、9个职业院校、12个高等院校、7个行业组织、30个重点企业，充分体现了职业教育集团在资源整合方面的优势。以职业教育集团为抓手，海淀区加快构建现代职业教育体系方面的工作，围绕海淀区战略性新兴产业编制紧缺人才需求目录和人才培养指导方案，并加大紧缺人才培养力度，加强海淀区职教资源与驻区企业间的供需配置平台建设，探索职教集团成员企业和高校成员单位合作进行职业教育特色专业和精品课程的合作共建，增加职业教育投入，为构建海淀区现代职业教育体系的长效机制奠定基础。未来，集团将着重开展七方面工作，一是编制中关村战略新兴产业紧缺人才需求目录和人才培养方案。二是继续开展产教融合实习实训基地建设。三是探索围绕战略新兴产业需求的产教协同育人模式和师资建设。四是探索创新教育培训服务供给新模式。五是推进校企深度合作，建立紧密对接中关村产业链、创新链的学科专业体系。六是探索“引企入教”改革路径和模式。七是根据中关村战略新兴产业发展需要，完善集团的组织体系和管理体系建设。

链接

中关村战略新兴产业职业教育集团章程

根据国务院《关于加快发展现代职业教育的决定》（国发〔2014〕19号）、教育部等六部门关于印发《现代职业教育体系建设规划（2014—2020年）》的通知（教发〔2014〕6号）、《北京市人民政府关于加快发展现代职业教育的实施意见》（京政发〔2015〕57号）及教育部职业教育集团化办学的要求，围绕首都城市战略定位，发挥中关村核心区战略新兴产业的资源优势和辐射作用，积极构建战略新兴产业高精尖人才培养模式，现组建中关村战略新兴产业职业教育集团（以下简称集团）。为明确集团成员单位的权利和义务，规范集团活动和成员单位行为，制定本章程。

第一章　总则

第一条　集团名称：中关村战略新兴产业职业教育集团（以下简称集团）。

第二条　集团性质：由相关政府职能部门和事业单位、职业院校、高等院校、科研院所、行业组织、企业等按照平等互利原则自愿组成的区域性职业教育联盟组织。

第三条　集团宗旨：坚持市场化的改革和发展方向，以服务首都战略新兴产业发展、服务科技创新中心建设为宗旨，以产教融合、合作育人、创新发展为主线，走产、学、研、用结合发展的道路，构建战略新兴产业高精尖人才培养模式。

第四条　集团目标：更好地整合和共享战略新兴产业教育资源，提升北京市战略新兴产业职业教育的综合实力，以满足首都经济和社会发展对"高、精、尖"人才的需要为目标，不断为企业输送和培养高素质的职业人才。通过体制机制创新，推进职业教育、成人继续教育和普通高等教育紧密衔接，实现职业教育资源的优化配置，促进职业教育与中关村战略新兴产业融合发展，按照市场化和资本化的运营模式，构建职业教育和企业发展更加良性互动的职业教育生态发展环境，建立战略新兴产业领域的职业教育品牌。

第二章 集团职能

第五条 贯彻落实国家关于职业教育方面的法律、法规、规章，推进依法治教，协助北京市教委开展战略新兴产业领域职业教育改革和发展规划的相关研究，并负责推进落实。

第六条 搭建政府、院校、科研机构、企业对接交流的资源平台，探索成立产业界别委员会，实现不同主体之间的职业教育资源共享和优化配置。

第七条 整合北京市职业资源，以中关村战略新兴产业人才需求为依据，依托产业界别委员会，开展各产业领域的人才培养方案、课程开发、专业共建和企业实习实训基地的建设等工作，探索产教融合创新机制，构建中关村战略新兴产业高精尖人才培养的大职教体系。

第八条 开展中关村战略新兴产业紧缺职业技术人才培养工程、创新创业人才培养工程和双师型师资队伍培养工程，为北京市战略新兴产业发展提供强有力的人才支撑。

第九条 探索建立支持战略新兴产业发展的职业教育专项资金、基金，用于促进职业教育的师资培养、课程研发、基地建设等体制机制创新。

第十条 组织职业教育和产业对接活动，开展职业教育发展论坛，不断提升中关村战略新兴产业职教集团的影响力和品牌知名度。

第十一条 以集团名义，开展各类职业教育国际交流对接活动，探索与国际职教机构和院校合作各类项目。

第三章 机构组成与管理

第十二条 集团由成员单位组成，并设立理事会、秘书处等机构。原则上各职务任期为 3 年，可以连任。

第十三条 成员单位

凡自愿遵守集团章程，履行章程规定义务，具有独立法人资格的政府部门、科研机构、高等院校、职业院校、办学水平较高和社会信誉较好的社会培训机构、有较大影响力和较强实力的战略新兴产业领域的企业、行业协会、社会组织等单位，经申请并经集团理事会批准后，可成为集团成员。

（一）申请加入集团的程序

1. 向秘书处提交申请表、单位及主要负责人基本情况；

2. 由秘书处报理事会讨论通过。

（二）退出

集团成员单位有退出集团的自由。退出集团的单位应向本集团提出书面退出申请并说明原因。

（三）成员单位代表大会，其主要职责是：

1. 选举和罢免理事单位；

2. 决定重大变更和终止事宜。

3. 成员单位代表大会每年至少召开一次，须有三分之二以上代表出席方能召开，其决议须经到会代表半数以上表决通过方能生效。

第十四条　理事会

理事会是集团的最高决策机构，由理事单位组成。理事单位由秘书处从集团各类成员单位中遴选若干家单位，并通过成员单位代表大会表决产生。首批成员单位及理事会由牵头单位指任，任期结束后，再由成员单位代表大会选举产生。

（一）理事会组成

设理事长单位 1 个，常务副理事长单位 1 个，副理事长单位 3 个，理事单位若干。理事长、常务副理事长、副理事长、理事由各理事单位推荐代表出任，原则上由该单位的相关业务负责人担任，代表其所在单位参加集团的工作及活动。

（二）理事会的主要职责

1. 制定集团发展规划、方针及目标，确定集团的工作计划；

2. 审议年度工作报告及财务报告；

3. 制定和修改集团章程；

4. 确定内设机构及专门工作委员会；

5. 选举和罢免理事长单位、常务副理事长单位、副理事长单位、秘书长、副秘书长及理事会成员，决定集团成员的退出；

6. 制定集团规章制度；

7. 统筹集团内资源，协调各成员关系；

8. 审议通过集团理事或秘书处提出的议案；

9. 审议和决定集团内其他重大事项。

（三）理事会会议

理事会每年召开一次会议，须有三分之二以上理事单位代表出席方为有效。在召开理事会期间，理事长单位代表因故不能出席时可委托一名常务副理事长单位代表主持会议。理事会实行民主集中制，决定重大问题需经半数以上理事单位代表同意方为有效。

第十五条　秘书处

秘书处是集团的常设执行机构，设秘书长1名，副秘书长若干。秘书处设在中关村创新研修学院，具体负责处理集团日常事务。

秘书处的主要职责：

1. 执行理事会的决议、决定；

2. 编制集团年度计划，实施集团年度工作方案；

3. 受理非成员单位的入会申请；

4. 负责成员单位的议案和工作协调申请；

5. 负责筹备理事会议和成员单位会议，起草会议文件，撰写工作报告；

6. 收集、发布战略新兴产业人才培养信息和人才供应信息；

7. 负责协调各界别委员会，为各成员单位提供相关职教和人才服务；

8. 创办集团网站并维护其正常运行，负责集团对外宣传；

9. 负责集团的内外联络协调工作和有关文档管理工作；

10. 负责集团的财务管理工作。

第四章　权利和义务

第十六条　集团成员单位共同的权利和义务

（一）集团成员单位均享有以下权利

1. 职教集团成员单位地位一律平等，依照《章程》享有选举权、被选举权和表决权；

2. 对《章程》中规定的发展规划、合作方针、目标任务等重大事项提出意见、建议，对集团的工作进行监督；

3. 依据规定使用“中关村战略新兴产业职业教育集团”的统一标志，经集团理事会同意，可用集团的名义开展相关活动；

4. 享有集团内人力资源共享、信息交流、教学咨询、科研成果转让、实验实训设施及实习基地使用等各种职业教育资源的优先使用权；

5. 向理事会提出议案的权利；

6. 加入自愿，退出自由；

7.《章程》规定的其他权利。

（二）所有成员单位均应履行下列义务：

1. 遵守《章程》，遵守成员单位之间签订的协议；

2. 执行理事会决议；

3. 向集团提供信息资料，反馈行业发展情况，通报相关工作进展，完成集团交办的工作任务；

4. 树立集团良好形象，维护集团的合法权益；

5. 为集团开展活动提供必要的支持；

6.《章程》规定的其他义务。

第十七条　院校类成员单位的权利和义务：

（一）院校类成员单位的权利

1. 受集团理事会委托，有权召集相关成员单位开展教学、科研、招生、就业等方面的交流活动；

2. 优先向成员企业了解人才供求信息和培养要求；

3. 优先聘任成员企业专业技术人员到学校担任兼职教师；

4. 优先向集团成员单位派遣实习生；

5. 优先享用集团内各种教育资源。

（二）院校类成员单位的义务

1. 做好每年理事会交办的相关工作；

2. 优先向集团成员单位开放培训基地、教学设施、师资等资源；

3. 优先为集团成员单位培训提供人力、智力和教育政策支持；

4. 向理事会和集团成员单位提供招生、教学、就业信息，实现资源共享；

5. 根据集团成员单位的要求，提供业务咨询、技术服务、员工培训服务及科研成果转让。

第十八条　企业类成员单位的权利和义务：

（一）企业类成员单位的权利

1. 指导学校办学，参与学校的专业建设、课程改革、学生能力培养等教学工作和招生、就业指导工作；

2. 优先与成员学校签署人才需求订单；

3. 优先获得成员学校提供的优秀毕业生；

4. 优先获取成员学校研发的科学技术成果；

5. 优先享用职教集团内各种职业教育资源的各类信息。

（二）企业类成员单位的义务

1. 提供旨在提高学校办学水平、人才培养能力的信息，如专业调整、人才培养规格等方面的新信息；

2. 在企业生产允许的情况下，尽可能为学校的学生实习、教师实践提供方便；

3. 及时反馈用人单位对学校毕业生的需求信息，进行就业指导；

4. 向学校推荐教学所需聘请的专业人员和指导教师。

第十九条　集团成员单位如有违反本章程的行为，损害集团的声誉和利益，情节严重，经劝告无效，由理事会表决通过，责令其退出或予以除名。

第五章　经费和资产管理

第二十条　集团经费来源：

（一）财政扶持经费；

（二）有关单位及社会捐赠；

（三）集团成员单位提供的赞助和支持；

（四）在核准的业务范围内开展活动或服务的收益；

（五）其他合法收入。

第二十一条　集团经费用于常设机构办公经费等集团内的业务工作和事业发展，不在成员中分配；任何单位和个人不得私自侵占、挪用。

第二十二条　经费由秘书处统一管理，定期向理事会汇报使用情况。

第二十三条　建立严格的集团财政管理制度，执行国家规定的财务管理和资产管理制度，接受理事会和财政部门的监督。

第二十四条　属于捐赠和资助的资产，集团将以适当的方式公布。

第六章　终止程序及经费处理

第二十五条　集团如果完成使命需要解散或由于其他原因需终止活动时，由秘书处提出终止动议，经理事会审议表决通过，并报批准单位审查同意。

第二十六条　集团终止前，需在主管部门的指导下成立清算组织，处理善后事宜。

第二十七条　集团终止后的剩余经费，在主管部门的监督下，按照国家规定，用于发展职业教育事业。

第七章　附　则

第二十八条　本章程经集团理事会通过后生效。

第二十九条　经集团理事会同意，本章程可以修改。

第三十条　本章程其他未尽事宜由集团理事会决定。

4. 依托企业大学等教育类企业加快构建区域职业教育新生态

在中关村地区，同样也有一些企业大学专注与职业教育和培训领域合作，提供专业化服务，逐步成为产教融合、校企合作的重要推手。这其中包括中关村加一战略新兴产业人才发展中心、用友新道等企业大学或者专业教育服务机构，这些组织依托自身在某些领域的专业优势，选择相关的专业方向开展联合培养的尝试，探索人才培养的新模式，开展企业人力资源主管人员与院校师资的交流，特别是将企业界培训的一些先进的教育理念与教学方法注入师资培训，诸如行动导向教学、培训沙盘、模拟角色扮演等。例如用友新道“人找人”的平台功能，通过将学院学员的信息资料组成目录与公司的合作伙伴分享，合作项目的公司通过选择能够精确地确定自己想要招聘的对象，充分发挥了学校办学的创新性。

教育类企业在服务自身企业和行业、服务区域经济社会发展、服务职业院校的产教融合、校企合作过程中起到了关键性的作用，是产教融合、校企合作的资源服务和管理新载体，在运作中不断探索着新模式。

（1）企业大学的缘起

企业大学（Corporate University）是当今人力资源管理领域最热门的话题之一。1956 年，GE 成立了全球第一个“企业大学”——克劳顿学院；1981 年，摩托罗拉大学在美国伊利诺伊州创办后，国内外企业纷纷开始建立自己的企业大学。诸多企业大学的成功，用实践证明了企业大学为企业带来了诸多实质性的好处①。企业大学提供的知识生产服务是以生产实践逻辑为基础，不同于传统大学的学科专业逻辑，同时又是与母体企业的生产实践相融合，是其他高教机构所无法替代的。企业大学以求善求用的知识观为指导；以发展企业学习能力、增长企业智慧为使命；以专业化的知识生产服务为支撑；以全员全面全程学习为基础；以服务发展战略为核心；以改善工作绩效为导向；以最优化最大化知识效能为宗旨；以增强企业核心竞争力、实现企业可持续发展为目标②。比如，腾讯公司在业务高速扩张的同时，深切地感到人才特别是中高级管理和技术人才成为最稀缺的资源之一，为了打造一个更为全面支撑企业战略及业务发展要求的培训管理体系，腾讯公司在 2007 年 9 月成立了自己的企业大学——腾讯学院。

（2）企业大学的职能

企业大学未来发展趋势调查表明企业大学有五个方面的核心职能：1. 提高员工工作绩效和生产率；2. 通过提供正式学习过程提升企业组织内部教育的重要地位；3. 向员工传播企业愿景和理念；4. 在整个企业组织内建立统一一致的教育培训项目；5. 支持整个企业组织的文化变革③。但总结起来企业大学职能主要有三类：其一，作为企业教育组织的基本职能。包括围绕企业战略整合、协调、统筹、共享、集约管理学习资源与过程，实现最大化最

① 赵静．腾讯企业大学建设实践和发展模式研究 [D]．武汉：华中科技大学硕士论文，2009．

②③ 刘春雷．高等教育视野中的企业大学研究 [D]．南京：南京大学博士论文，2013．

优化的学习效率和知识效能。满足组织日益增长的学习需求，促进个人与组织的学习能力创新能力的增长，满足员工终身学习和职业发展需要，满足组织学习的个性化多样化需求，为企业组织和员工提供专业化的知识生产服务，以应对由于知识经济发展、知识更新乃至经济全球化所带来的挑战，适应变化日益加剧的企业发展环境。其二，企业大学职能不仅仅局限于内部教育培训，其在企业的日常经营管理中发挥着重要作用。企业大学以服务发展战略为核心，为企业战略决策、变革转型、组织发展、知识管理、文化建设、政策制定、制度设计、人力资本开发、职业生涯管理等提供持续的全方位支持，还能有效改善工作绩效，吸引留着优秀员工、提升盈利能力、带来可衡量的经济效益等。其三，社会职能。为了实现企业可持续的健康发展、实现企业的长远战略，企业大学不仅要服务价值链成员，建立合作联盟、发展伙伴关系，而且要积极传承企业文化精神、恪守企业道德规范、树立企业价值观、承担社会责任。同时，企业大学作为终身教育体系、知识创新体系的重要组成部分，其促进了产业与教育、实践与理论的密切联系，从而促进整个社会范围的知识扩散、知识循环、知识创新和知识发展①。

（3）企业大学已经成为核心区战略性新兴产业职业技术人才培养的重要载体

海淀区范围内高科技企业众多，这些公司由于科技含量高、知识、人才密集、信息资源丰富，已经不仅仅停留在知识的“消费者”的层面，逐步成为知识的生产者和传播者。伴随着企业的创新、研发实践和学习型组织建设，这种趋势愈发明显，而且在深度地改变着高科技企业的运营模式、组织管理机制。比如，企业的管理者从传统的“管理者”升级为“引领者”，管理者身份转化为现在的导师、教练，成为“教练式”领导。比如，2009 年 4 月，腾讯学院启动了以推动全体领导层级关于员工辅导技能提升的“Coaching Year”项目，自上而下地推动各级干部对下属的辅导，并且邀请更多高管积极地走进课堂，走上讲台结合自身经验亲自面授如何辅导下属。该项目得到了来自公司所有管理干部的积极参与，并得到了一致好评。“Coaching Year”项目的成

① 刘春雷．高等教育视野中的企业大学研究 [D]．南京：南京大学博士论文，2013：30—31．

功实施，有效地探究了领导力培养如何自上而下全员推广的模式①。

在企业内部逐渐扎根、不断升级后，高科技企业的公司内训项目也开始走出企业的自身范围，扩展和深入到社会各个领域。比如：曾经风行的摩托罗拉公司的“六西格玛”就是一个典型案例。“六西格玛”是最先由MOTOROLA于1987年提出并实施、后被许多国际性商业机构相继采用并发展、不断成长为国际上炙手可热的管理模式。经过20年的发展，到2005年，摩托罗拉大学继在汽车、金融等行业推行“六西格玛”后，又迎来新的挑战。摩托罗拉大学全面展开与更多电信行业伙伴的合作，并首次将“六西格玛”引入范围更广的电信企业当中。伴随着“六西格玛”的推广运用，摩托罗拉公司不仅自身深深受益，同时将“六西格玛”理念和方法带给了他的供应商和合作伙伴。与此同时，摩托罗拉大学也在由内部人才培训机构向面向外部客户服务的转型后，又将这一理念带给了更多的企业。②

同样，也有一些企业大学专注与职业教育和培训领域合作，提供专业化服务。这些组织依托自身在某些领域的专业优势，选择相关的专业方向开展联合培养的尝试，探索人才培养的新模式，开展企业人力资源主管人员与院校师资的交流，特别是将企业界培训的一些先进的教育理念与教学方法注入师资培训中，诸如行动导向教学、培训沙盘、模拟角色扮演等。

（4）各类运行特点的总结分析

通过对百度营销大学、淘宝大学、文思大学等企业大学的运行模式加以分析，可以很清楚地发现现在的企业大学都具有较为明显的特点，这些特点既有大家所具有的共性特点也有个别企业大学所具有的独特性。对此，主要将其归纳为以下几方面：

第一，人才培养目标明确、专业化

百度营销大学则深根于自身较强的网络营销能力，让营销人都懂互联网营销为使命，致力于推动中国营销人员互联网营销水平的不断提升，让互联

① 赵静．腾讯企业大学建设实践和发展模式研究[D]．武汉：华中科技大学硕士论文，2009：29．

② 参阅：http：//tech.sina.com.cn/t/2005-04-06/1800573886.shtml 二十年精研六西格玛 摩托罗拉又迎新挑战．

网营销的理念、方法成为广大营销人员的常识，强调培养具有较强互联网营销能力的网络营销人才。淘宝大学是中国最大网络电商淘宝的企业大学，网络销售正在逐步成为卖家以后必备的一项生存技能。淘宝大学的主要目标群体则是淘宝商户，助力帮助淘宝商家的全方面成长。

可以看出，企业大学的人才培养目标定位非常清晰、确定，不是笼统而论，而是确定了具体的专业领域和专业能力。企业大学人才培养目标的明确化专业化具有以下几方面的优势：一是企业人才的确定与企业大学所依托的企业公司紧密相关，企业大学的人才培养目标与企业公司的长项主要业务领域相挂钩。这样在人才培养的过程中，也更具针对性和特殊性，能够以此为背景为之提供有效且充分的教育资源和支持环境，对于最终人才培养的质量提供了保证。二是与传统正式学历教育定位不同，传统教育注重人的全面发展，而企业大学的教育则强调专才的培养，其教育更加聚焦、有的放矢。三是企业大学人才培养后的就业方向也具有较大优势，企业大学依托于企业的庞大资源能够为人才培养后创造更多的、更优质的就业机会，高水平的专业型人才也是就业市场所迫切需要的。

第二，教学方式多样化、信息化

在信息网络技术迅速发展的今天，信息化社会中的互联网极大拓宽了教育的领域和范围，让更多人有更多的机会来选择学习自己所需要的东西。使用通信技术、微电脑技术、计算机技术、人工智能、网络技术和多媒体技术等所构成的电子环境中进行的学习，是基于技术的学习。通过深入到企业内部的互联网络为企业员工提供个性化、没有时间与地域限制的持续教育培训方式，其教学内容是已经系统规划的、关系到企业未来的、关系到员工当前工作业绩及未来职业发展目标的革新性教程。随着知识经济的到来，我们的学习模式受到了前所未有的冲击，各种新的学习模式如潮水般涌现，在所有学习模式中，在线学习是通过在网上建立教育平台，学员应用网络进行在线学习的一种全新方式。这种在线学习方式是由多媒体网络学习资源、网上学习社区及网络技术平台构成的全新的学习环境。相对于其他的学习模式来说，它具有无可比拟的优势。一是在线学习更容易实现一对一的学与教之间交流，让企业大学的服务对象能够有机会接受具有针对性的特殊专门指导，弥补其缺陷和不足。二是在线学习能够充分尊重学的个性、激发学生的动机，打破传统教育中灌输的低效学习模式。三是在线学习能够不受时间、地点、空间的限制，并且可以实现和现实当中一样的互动，而这一点为企业大学的课程教学提供了最为关键的一步。许多在职员工由于工作的实际需要，无法抽出专门的时间来到专门特定的地点学习培训，因而在线学习的高效便捷有力能够解决这一难题。

无论是百度营销大学，还是淘宝大学都十分关注线上课程等信息化的教育方式，它能够有效解决实际问题也能够提供个性化的培养方案并切实提高培养质量，同时能够实现学员用户无论在任何时候任何地点只要想学就能学的效果。例如，百度营销大学则完全自主设立了以营销为主题的内部资格认证制度，学员必须通过百度组织的正规考试才能拿到相关领域内不同等级资格认证证书，这不仅规范了营销领域内能力水平层级化，更加方便确定其能力水平，同时也进一步明确了百度在此领域内部的领先地位。

第三，课程设计与实践紧密结合

课程内容方面，不少企业大学已经摆脱了以往的以课程知识为中心的办学模式，而是打破以往以学科理论知识的核心地位，强调通过活动实践项目的方式来达到人才培养的目标。比如以百度营销大学为例，百度营销大学在针对营销能力这一领域的教学中强调实践的支撑。百度营销大学实训中心，依托于百度互联网营销实验室建立。百度互联网营销实验室，是一套完全基于网络的互联网营销仿真训练系统，就像使用“飞行模拟器”培训飞行员一样，通过互联网营销的模拟营销训练，学员快速掌握互联网营销基础操作，加速积累互联网营销实战经验。将课堂从理论知识的传授转向以实践、实战为基础的课程教学是现代企业大学办学的重要特点，专业型人才的培养除了理论知识的传授更强调个人专业能力水平的综合性提高。

第四，办学富有创新性、综合利用各种资源

无论是百度营销大学，还是淘宝大学，这些现代企业大学的办学根本都是企业自身的优质资源，在办学上积极创新，通过各种各样的制度创新、办学创新来整合各类优质资源，来为企业大学的人才招聘、人才培养、人才就业创造了得天独厚的条件。

链接

案例：深化“产教融合、校企合作”，提升创新创业教育水平

——中关村创新教育实践基地将企业的创新创业教育引入学院

2017 年 6 月 2 日，中关村创新教育实践基地在中关村学院正式启动。中关村创新教育实践基地以“科教融合”理念为核心，将中关村的创新产品、创新模式、创新技术和创新创业教育深度融合。启动仪式后，针对企业高管、企业职工、社会创业者、高校教师和中小学教师六类培训对象，当年开展创新教育培训 5 个班次 214 人；接待参观学习 12 个班次 533 人；举办中关村自主创新企业大讲堂 19 期。2018 年共培训 3615 人次，还承办了中关村科技城创新发展论坛以及中关村科技公民开放日活动，累计接待 700 余人次．通过培训，数百人创业，成功者近百人。

紧贴着海淀区“科技创新中心”核心区建设的需要，学校努力把自身打造成服务海淀区政府和海淀园管委会创新创业教育的“生力军”。与海淀区中小企业协会合作建立培训中心，先后与中关村的一些代表性企业如联想集团、新浪、中科龙芯、软通动力等合作开展创新创业教育，特别是中关村创新教育实践基地，经过一年半左右的探索，2018 年继续采用项目实战互动体验的教育方法，将项目实战体验学习贯串创新创业教育全过程，并继续建设科教融合创业示范的实训基地，将科技企业的技术、项目、人才与教育相融合，通过创新创业终身职业能力培训，建设“创新创业人才生产线”，打造中关村创新创业示范的新地标。

第六章　海淀区构建产教融合新生态的实践探索

教育的生态系统是建立在教育资源基础上的，作为一个教育生态系统或生态群体，必须拥有能够发挥其正常功能、保持其持续运转的物质基础，即教育资源。高新技术产业发达地区在构建产教融合技术技能人才培养的新生态时，就需要发挥各个教育资源体的功能，进行有序和有效的资源整合。为了建设科技创新中心核心区，北京市海淀区是全国乃至世界范围内走在前列的高新技术产业发达地区，在发展职业教育、培养区域需要的技术技能人才的过程中，在构建产教融合新生态的多方资源整合方面做了大量有益的探索和尝试，取得了一些经验和成效。

第一节　海淀区职业教育资源的历史沿革和基本现状

一、历史沿革

海淀区的职业教育发展经历了20世纪50年代的起步期、80年代的恢复和大发展期、从20世纪90年代开始的“下行”期、进入21世纪的不断调整期等发展阶段。

海淀区的高等职业教育以北京市海淀区职工大学（中关村学院）为代表，作为海淀区唯一的一所区属公办高等教育机构，建校于1958年，“文革”期间停办后于1980年复校，复校后的40多年的发展中，通过几次区域内的资源整合，包括1991年合并北京广播电视大学海淀工作站成为学校的二级单位、2001年加挂中关村社区学院牌子，2002年合并海淀区成人继续教育中心成为一分院、合并第99中学成为二分院、加挂“海淀区文明市民学校总校”，2015年加挂“海淀区职业教育资源管理服务中心”，经过这些区域资源配置和布局结构调整，学校的规模不断扩大、功能不断拓展。

海淀的中等职业教育发展起步于20世纪50年代，最早出现了一批中等专科学校以下简称“中专校”，比如始建于1963年的北京市粮食学校（现名北京市经济管理学校），还有技工学校以下简称“技校”，这些“中专校”和“技校”依托行业企业办学，为当时的首都经济社会发展培养了大量适宜的人才。到了20世纪80年代，为了更好地满足当时对技术人才的需求，在普通高中教育的基础上，转型出现了一批“职业高中”，成为区域自身办职业教育的主力军，形成“中专校”“技校”和“职业高中”三种类型学校并立发展的局面。

经过一段时间的发展，以职业高中为例，在20世纪80年代到90年代中期，海淀的中等职业教育曾经有一段发展非常不错的时期，起步于1980年，在1985年开始大发展，后经1990年、1995年和1997年三次调整后，达到包括10所纯职业高中、4所职普并存职业高中及8所民办职业高中，在校生2.4万余人的规模，深受区域老百姓的欢迎，有一个比较好的发展环境。据海淀区外电职高的一位退休的老教师回忆，招生的前三天，学校门口都是连夜排队，学生要托人才能进来。

进入21世纪，在高等教育招生规模的扩大和初中毕业生生源不断减少的双重影响下，职业教育的学历教育部分相应紧缩。响应国家打造职业教育集团的号召，为了集中使用优质资源，避免专业分散和重复建设，海淀区职业高中根据《北京市人民政府办公厅转发市教委关于调整本市中等职业教育结构布局的意见》，进行了布局调整。海淀区在布局调整过程中主要解决了职业学校基础薄弱、布局分散、规模小、先天不足、仅靠自身生长的问题，将学校归并集中；对职业高中办学采取学历教育与培训任务并重的办学方式，使职业高中不仅承担学历教育的任务，同时积极开展社会培训、技术岗位培训、转岗培训、继续教育等工作。特别是随着生源人数的减少，学历教育任务减轻，适时推动职业学校立足终身学习社会，强化职业教育在社区教育和成人继续教育方面的功能，为社区居民的及时学习提供便利条件，在办学模式中倡导开放办学，与行业、与社会保持最紧密的联系，将自己的触角深入于市场，紧盯产业结构的调整和变化，使课程开设与时代要求同步，使知识技术不断更新，具有可持续发展的能力，使海淀区的职业高中在转型过程中得以稳步发展。

进入 21 世纪，北京市在 2001 年确定了“创建学习型城市”的目标，随后海淀区也提出了“建设学习型海淀”的建设目标，海淀区职业教育紧密结合海淀高科技园区、文化教育区、城市功能拓展区的定位，使职业教育成为促进海淀区和谐社会建设、建设“学习型海淀”和实现居民“终身学习”的一支重要力量。

海淀区教委统筹协调，将职业高中联合起来，首次合并为 5 所，整合资源，形成合力，大致的整合时间脉络为：2010 年前 13 所进入以 5 所为主时期，即信息管理学校、外电职高、花园路职高、远大职高、海淀艺术职高，到 2010 年左右，合并五所为三所时期，即信息管理学校 = 原信息 + 原外电，商务管理 = 原花园路 + 原远大，海艺职，这个时期，海淀教育系统的职业高中进入 3 校为主时期，有 9 个校区：

序号	校区分布
1	信息管理学校清河校区
2	信息管理学校紫竹桥校区
3	信息管理学校彩和坊校区
4	信息管理学校翠微校区
5	商务管理学校花园路校区
6	商务管理学校西苑校区
7	商务管理学校远大校区
8	海艺职蓟门桥校区
9	海艺职甘家口校区

三校的专业主要有信息管理学校的轨道交通与现代服务类、新媒体与创意产业类、计算机网络技术与安全防护类；商务管理学校的酒店服务与管理类、金融财会商贸类、旅游休闲国学类；海艺职的学前专业及艺术类。

从2013年9月开始，海淀区以原北京市信息管理学校为基础，开始整合原北京市商务管理学校、原海淀区艺术职业学校，到2016年“三合一”为现在的北京市信息管理学校，成为海淀区教委所属唯一的一所中职学校，办学专业包括信息技术、数码技术、媒体艺术、财经商贸、现代服务、学前教育、艺术等7大类20余个，成为专业门类丰富、办学实力强劲的综合性中职学校。

目前，海淀区的职业教育在院校体系主要是高等教育层次的中关村学院（北京市海淀区职工大学）等区域内高等职业学校15所（含成人高校），还有17所中等职业教育层次的学校（含成人中专），其中7所学校由海淀区举办并管理，其余学校由海淀区教委负责统计人数，这其中包括2所技工学校。见下表：

<table>
<tr><th>序号</th><th>学校名称</th><th>主管部门</th><th>办学类型</th><th>性质</th><th></th></tr>
<tr><td>1</td><td>北京市信息管理学校</td><td rowspan="4">区教委</td><td>职业高中</td><td>公办</td><td rowspan="7">区属</td></tr>
<tr><td>2</td><td>北京市军乐艺术学校</td><td>职业高中</td><td>民办</td></tr>
<tr><td>3</td><td>北京市健翔学校</td><td>职业高中班</td><td>公办</td></tr>
<tr><td>4</td><td>北京市海淀工读学校</td><td>职业高中班</td><td>公办</td></tr>
<tr><td>5</td><td>海淀区卫生学校</td><td>区卫生局</td><td>中专</td><td>公办</td></tr>
<tr><td>6</td><td>海淀区职业学校</td><td>区政府</td><td>成人中专</td><td>公办</td></tr>
<tr><td>7</td><td>四季青成人中专</td><td>四季青镇</td><td>成人中专</td><td>公办</td></tr>
<tr><td>8</td><td>北京市经济管理学校</td><td>北京市粮食局</td><td>中专</td><td>公办</td><td></td></tr>
<tr><td>9</td><td>北京市环境与艺术学校</td><td>市教委</td><td>中专</td><td>公办</td><td></td></tr>
<tr><td>10</td><td>北京市盲人学校</td><td>市教委</td><td>中专＋职高</td><td>公办</td><td></td></tr>
<tr><td>11</td><td>北京体育大学附属中等体育专业学校</td><td>国家体育总局</td><td>中专</td><td></td><td></td></tr>
</table>

续表

序号	学校名称	主管部门	办学类型	性质	
12	北京舞蹈学院	市教委	中专		
13	中央民族大学	国家民委	中专		
14	首都师范大学	市教委	中专		原幼师
15	北京广播电视成人中专	市教委	成人中专		
16	北京市工贸高级技工学校（北京市工贸技师学院）	市人社局	技工学校		
17	北京市仪器仪表高级技工学校	市人社局	技工学校		

海淀区高等职业学历教育学校名录

序号	学校类型	学校名称	归口管理部门	备注
1	独立设置的成人高校	海淀区职工大学	海淀区教委	
2	独立设置的高职院校	北京科技经营管理学院中关村校区	民办	
3		北京新圆明园职业学院	民办	
4		北京交通运输职业学院三义庙校区	北京市交通委员会	国家示范性高等职业院校
5		北京农业职业学院香山校区	教育部	
6		北京大学	教育部	
7	普通高校设立的高职（高专）学院	中国农业大学	教育部	
8		北京理工大学	教育部	
9		北京科技大学	教育部	
10		北京交通大学	教育部	

续表

序号	学校类型	学校名称	归口管理部门	备注
11	普通高校设立的高职（高专）学院	中国劳动关系学院	中华全国总工会	
12		中国青年政治学院	共青团中央	
13		北京电影学院	北京市	
14		北京城市学院	北京市教委（民办）	

二、基本现状

（一）截至 2014 年的情况

1. 职业学历教育在全市处于领先地位

海淀辖区内当年共有中等职业学校 14 所，其中普通中专 7 所，成人中专 3 所，职业高中 2 所，技工学校 2 所，其他学校附设职高班 5 所（不计校数）；中等职业教育共开设 13 类 49 个专业，当年毕业生约 5000 人。海淀辖区内当年共有高等职业教育院校 16 所，其中独立设置的成人高职院校 1 所即北京市海淀区职工大学（中关村学院），独立设置的高职院校 5 所，普通高校设立的高职（高专）学院 10 所；高等职业教育共开设 14 类 82 个专业，当年毕业生约 9000 人。

2. 职业技能培训和实训基本保持稳定

海淀辖区内当年共有民办职业技能培训学校 47 个；共有实训基地 8 个，公共实训基地 1 个，2013 年开展各种培训 7.5 万多人次，近年年均训练职业技能人才 2 万多人；职业技能鉴定机构 6 个，近年年均鉴定职业技能型人才 1.2 万多人次。

3. 社会职业培训初步形成规模和品牌

海淀区当年共有全日制民办非学历高等教育机构 10 所，非全日制民办非学历高等教育机构 9 所。从事职业培训的社会培训机构 170 所，年招生、结业均在百万人次以上，且涌现了新东方、北大青鸟、达内科技等知名社会培训机构。社会培训已经成为核心区大职业教育的重要组成部分。

4. 核心区重点企业积极参与职业教育

用友新道、水晶石学院、文思大学、柏彦大学等龙头企业举办的行业人才培养平台已为核心区战略性新兴产业培养了数以万计的急需紧缺人才，企业大学已经成为核心区战略性新兴产业职业技术人才培养的重要载体。北斗星通、合众思壮、软通动力、华力创通等一批核心区战略性新兴产业重点企业正在积极筹办企业大学。

（二）2015—2017 年的情况

2015—2017 年，分别是海淀职业教育“十二五”规划的收官之年和“十三五”规划的开局和攻坚之年，海淀区职业教育以《国务院关于加快发展现代职业教育的决定》的精神为指导，根据《实施国家中等职业教育改革发展示范学校建设计划的意见》和《海淀区“十二五”时期教育发展规划》《海淀区“十三五”时期教育发展规划》文件要求，服务全国科技创新中心核心区建设，不断促进职业学校的德育工作、教学改革、师资队伍、管理制度的建设，助推职业教育的转型升级，使海淀区的职业教育综合实力显著增强，办学特色更加明显，办学优势更加突出。

1. 中等职业教育的情况

三年内，海淀区中等职业学历教育保持可持续健康发展。

表 6–1　学校数量情况

类型 / 年度	区属职业高中	普通中专	成人中专	附设中职班
2015	2	6	4	7
2016	2	6	4	无数据
2017	1	6	3	7

表 6–2 学生数量情况

（单位：人）

	区属职业高中			普通中专			成人中专			附设中职班		
	毕业生	招生	在校生	毕业生	招生	在校生	毕业生	招生	在校生	毕业生	招生	在校生
2015	1759	891	2421	1099	1211	4186	504	359	526	598	178	112
2016	831	905	2627	1195	966	3865	314	136	353	无数据	无数据	无数据
2017	777	646	2508	1101	1043	3600	136	126	334	314	587	334

表 6–3 教职工情况

（单位：人）

	区属职业高中		普通中专		成人中专	
	教职工总数	专任教师	教职工总数	专任教师	教职工总数	专任教师
2015	634	461	359	203	130	45
2016	479	356	342	226	66	23
2017	472	350	246	171	104	22

表 6–4 学校占地情况

（单位：平方米）

	区属职业高中		普通中专		成人中专	
	占地面积	校舍面积	占地面积	校舍面积	占地面积	校舍面积
2015	145701	138597	83875	无数据	149781	无数据
2016	150400	157000	83875	无数据	41077	无数据
2017	114530	116950	76088	49424	149781	66914

其中，区属北京市信息管理学校2015年提招、统招录取学生为883人，计划完成率超过90%；总录取人数为1082人，超过计划100人，各专业录取人数符合预计情况；其中在海淀区招生人数约占总招生人数的80%，其中在海淀区提招录取人数占总录取人数的83.1%。

从上列的四张表格中，我们可以看出，2015—2017年，海淀区的中等职业教育发展得相对比较平稳。按照国家相关政策、根据区域经济社会特别是教育发展的现实需要，整体规模有所缩减，特别是区属职业高中，学校数量、学生数量、教职工数量、学校占地面积都不同程度地有所减少，在一定程度上，也是为了提升中等职业教育的发展质量，保证其可持续健康发展。

2. 高等职业教育的情况

海淀区高等职业学历教育以独立设置的成人高校北京市海淀区职工大学（中关村学院）为主，该校是海淀区政府举办并管理，北京市教委业务指导，经教育部注册的独立设置成人高校。

2015—2017年，学校在实现学校“十二五”时期事业发展规划的各项目标的基础上，重点开展了学校“十三五”时期事业发展规划的制定和推进的各项工作。

链接

中关村学院“十三五”时期事业发展规划之发展目标

到2020年，在全市和全国引领成人继续教育现代化进程，办学水平、教学质量、教学基础设施、师资水平达到全国同类学校一流水平。初步建成紧贴北京和海淀区经济社会发展，以学历教育为基础、集成人高等职业教育、继续教育及职业培训、社区教育于一体的全国一流的区域性成人高等学校。对提升区域科学发展能力和软实力的贡献不断提高。

——学历教育向开放性多样化发展。积极发展成人高等学历教育，到2020年，各类学历教育在校生规模保持在1000人。加快学历教育向成人高等职业教育转型；围绕海淀区战略性新兴产业和城市高端服务业，加快调整专业结构，建设10个左右符合区域经济社会需求的骨干专业，其中打造出3～4个具有竞争力的院级以上品牌、特色专业。积极探索“互联网+”的混合式教学模式，建设中关村学院MOOC教学平台，建成6个在线直播教室，推进学历教育的线上与线下互动教学与学习；开放教学资源，推进京津冀联手办学，实现资源共享。

——社区教育向示范性品牌化发展。继续保持社区教育的引领和示范地位。转变发展观念，实现社区教育内涵式发展。开展社区教育项目标准和课程标准建设，形成100门社区教育品牌课程；积极探索社区教育课程与成人学历教育课程的学分互认。开展社区教育理论研究，培养一批社区教育专家；开展社区教育基地建设，建成一批社区教育基地。

——继续教育和职业培训向专业性特色化发展。依托中关村核心区优势，积极开展创新创业教育，建设全国首家创新创业培训基地；衔接“一带一路”建设，积极开展国际交流，对接国际标准；瞄准国际继续教育和职业培训高端市场，推进重点专业的国际合作，引进相关课程。探索继续教育和职业培训课程与成人学历教育课程的学分互认。召开国际研讨会，提升学校办学影响力。

链接

中关村学院“十三五”时期事业发展规划之主要任务

（一）稳步发展学历教育，加快向培养应用型、技能型人才的成人高等职业教育转型

紧贴区域科技、企业发展的需求，扎实开展专业建设和课程改革。落实

《高等学历继续教育专业设置管理办法》，结合海淀区的实际，挖掘现有专业潜力，积极推进课程改革。

1. 加强专业建设。对接以“6+1”战略性新兴产业产业为主的海淀区的重点产业领域及发展方向，服务区域现代高科技产业链，进行专业改造，增加专业吸引力，构建具有区域特色的专业体系。选取信息技术、电子商务、智能制造、大数据、大健康、文化创意、生活性服务、高端商务服务、科技会展等区域发展的重点产业，配套对接开发建设 10 个左右符合自身现实的骨干专业，其中打造出 3 ～ 4 个院级以上品牌、特色专业。

2. 推进课程改革。建成国内先进、富有特色的课程体系；加强与行业、企业的合作，对接职业标准、行业标准和企业岗位规范，紧贴企业生产实际，建立以工作过程为导向的新的课程体系；引入行业企业参与符合职业资格标准和工作过程的新课程开发，建设具有中关村学院品牌的专业核心课程。

3. 引进行动导向教学模式，推进教学内容和教学方法改革。以学生为主体、教师为主导，着眼于学生职业能力培养，结合不同课程教学内容与教学要求，普及推广项目教学、案例教学、情景教学、任务驱动教学等教学方法，充分利用信息化教学手段来提高教学效果，让学生在主动参与过程中获得知识和技能。与职业技能鉴定机构合作，积极推行“双证书”制度；强化学生职业核心能力培养，面向学生开发开设创业基础、就业创业指导等方面的必修课和选修课。

4. 加强实验实训基地建设。本着强化基础、优化功能、突出重点、体现特色的原则，优先建设专业学生规模较大、基础性强、可满足多门课程实训、专业发展前景较好的实训室（场）。到 2020 年，使全院内实验实训室（场）达到10个左右，建成一批信息化程度和技术含量较高的现代化实验实训基地，以基本满足校内实践教学的需要。

（二）大力开展社区教育，实现社区教育高端化和品牌化

1. 扩大社区教育办学规模。在区域 29 个街道、镇中选择条件好的社区建设中关村学院分院，健全管理机制，支持街道、镇办好社区教育学校和文明市民学校。

2. 完善社区教育品牌内涵，建立高品质的区域终身学习服务体系。推进中关村学院社区教育的十大品牌项目、百门精品课程、千名专业师资的“十百千工程”，打造具有自主知识产权的示范性社区教育和文明市民教育，将中关村学院建设成为全国社区教育领军者。开展社区教育项目标准和课程标准化建设，形成一批社区教育品牌课程；开展社区教育理论研究，培养一批社区教育专家。

3. 建设社区教育实践基地，助力区域科技创新中心建设，积极推进模拟驾驶训练区、移动终端学习区（科学知识学习）、时光隧道展示区（以数码、影像形式展示海淀区特别是中关村的科技发展与前景）、创客家园区（创意动手实践区与创意作品展区、创客路演中心）、智能家居体验区（物联网体验区）、智能制造展示区（3D 数码打印）等社区教育实践基地的建设，先期选择模拟驾驶训练区、智能家居体验区作为试点，重点建设。

4. 推进有中关村学院特色的老年大学建设，发挥老年电视大学海淀分校教育服务职能，结合海淀区老年生活、学习需求，整合区域内优质资源，不断开发新的培训项目，积极服务海淀多层次的老年教育。

（三）积极发展继续教育和职业培训，实现培训项目的高端化和特色化

1. 构建“产学研”合作的联合体。联合高校、企业、社会团体等，创新体制机制，采取多种形式，建设学院跨区域、跨所有制的多元化继续教育和职业培训的办学模式，构建“产学研”合作的联合体。开发继续教育和职业培训的高端、特色项目，提升中关村人力资源水平。对接海淀区“6+1”战略性新兴产业，选取与学院内在优势资源匹配的方向，加强与中关村高新技术企业的合作，促进科技与教育的多元互动，建成一批联合式企业大学、产业训练中心、跨区域学习中心，服务区域在职人员的继续教育和职业技能提升的需求。

2. 建设一批服务区域发展的培训基地。与区内各委办局和单位开展密切合作，在部分企业建立中关村学院分院，将职业技能培训放到企业完成，建设一批服务区域的继续教育培训基地，形成中关村学院品牌效应。充分发挥学校资源优势，逐步建成为海淀区委办局、街道乡镇级公务人员的培训基地、企业员工的培训基地、海淀区教师的培训基地；在校外，建设一批企业实习基地。

3. 拓展服务面向，延伸服务层次。提升服务企业能力，特别是服务中小微企业技术研发和产品开发的能力，建立校企合作的创新创业培训基地、产品研发中心、实验实训平台等应用性平台；结合海淀区科技文化融合发展和农村新型城镇化建设，加强海淀特色文化遗产特别是非物质文化遗产的挖掘、整理、研究、保护、传承，形成一批具有海淀特色的教育项目和文化产品。

（四）加强学校信息化建设，打造全覆盖、多功能、强互动的“智慧学院”

1. 建立“中关村学习网”，助推区域终身教育和终身学习服务体系建设和学习型城市建设。该平台建设包括终身教育在线学习平台、移动学习平台以及学习资源库建设。在线学习平台以集群网站形式建设，建立 1 个区级（一级）在线学习平台和 29 个街道级（二级）在线学习平台，形成全区全覆盖的在线学习环境。移动学习平台主要以独立 App 形式开发，与微信等移动端交流工具结合，以满足将来移动学习的更广泛应用。学习资源库建设，一期建设完成 2000 课时左右在线学习资源的建设，随后五年内，每年建设至少 1000 课时的在线学习资源，丰富在线学习资源库的建设。通过该平台建设与推广应用，构建我区数字化学习惠民服务环境，推进我区作为“全国数字化学习先行区”的更快发展，实现我区终身教育数字化学习的跨越式发展，促进我区数字化学习城区的发展。

2. 申请国家级互联网教育项目试点，探索创建线上线下相结合的学分互认制度和教育模式转换机制；整合区域内高等学校和科研院所、企业大学和培训中心等优质教育资源，打造互动、开放、共享的数字化教育资源服务学习平台。开展远程课堂教学，加强微课程、企业课程、MOOC 课程的研发，利用互联网、星网和移动互联技术，围绕立项区域高新技术企业慕课联盟、网上中关村终身学习体验园建设等项目，将丰富的课程资源和系统化管理经验整合为具有自主知识产权的网络课程，为海淀区全体居民进而逐步扩展到整个“京津冀”地区乃至全国范围的大众提供网上体验学习平台，实现终身学习体验项目和课程的线上线下良性互动。

3. 实现远程和地面、线上和线下、互联网与卫星网的有机结合，开展创新创业远程培训课程的试点性应用，总结经验、凝练模式。在海淀区这一

“双创”高地试点试验，运用现代远程技术迅速辐射复制。拓宽经费投入渠道，加大资源整合力度，建设校企合作培养基地和校外实训基地。加强图书馆建设，稳步增加图书文献资源数量，利用App软件、微信公众平台、课程资源库等现代信息技术载体，加强数字化阅读的各项设施的更新，创建同声传译等有利国际交流的教学条件。创新信息化建设的管理体制和运行机制，建立综合统一的信息化服务平台。

（五）积极开展国际交流与合作

积极拓展国际教育，提升学院的国际化水平。海淀区在建设全国科技创新核心区和加快“一城三街”建设中，逐步成为全球科技创新的引领者和创新网络的重要节点，聚聚了大量的人才、原创成果、国际标准等科技创新要素。充分利用区位和品牌优势，积极拓展国际教育，引进一批符合国际规则、国际标准的教育项目，逐步实现“本土化”，落地中关村核心区。尝试联合区域内高新技术企业建立新型的企业大学，在合作中发挥学院的主体作用，使办学方向和水平符合国际化标准；探索创建将中国国学的课程体系、相关品牌的学习项目的国际化输出的有效途径；整合国内外资源打造具有国际水准的专业学术平台和论坛；建设、整合社会资源，特别是高新企业课程资源平台；以符合国际化的标准推进自身内涵发展和承接各类高端培训，打造若干个具有国际水准的继续教育项目和培训基地。

（六）积极参与京津冀协同发展

落实京津冀协同发展战略，在北京周边地区，与河北等地区的高校、中职学校合作，建设中关村学院分院，将学校的非京籍学生安排在河北学习，更好地发挥学院在京津冀地区的辐射带动作用。

（七）加强人才队伍建设

1. 完善教师队伍建设。到2020年高级职称比例超过40%。培养一批我市和国内有影响力的专业带头人及创新团队。培养国家级或省级教学名师3人以上，省级优秀教学（科技创新）团队2个以上，院级优秀教学团队5个左右。加强系部对教师的管理，着力抓好专任教师队伍的建设。实施全员继续教育，骨干重点培养，特殊人才优先发展等措施，提升教师队伍整体水平；

通过“品牌工作室”、优秀教学团队、科研创新共同体等载体，提升教师团队合作精神；建立常态化的教师专业水平评估制度，对教师聘用进行有序的动态管理；开展“双十”工程，在“十三五”期间，培养选拔出中关村学院“十大品牌教师”和“十大优秀教育工作者”；通过招聘优秀毕业学生、引进博士后、开展职称评定方式等不断优化教师的年龄结构、学历结构和职称结构，争取到2020年，专任教师高级职称比例基本达到40%水平。调动教师的积极性，允许有能力的专业教师在学院的监管下申请开办非法人的研究和培训机构；帮助在全国有一定知名度和影响力的教师开办个人工作室。

2. 加强干部队伍建设。完善干部梯队建设，着力“发现、培养、选拔”一批品德高尚、政治坚定、素质优良的教职工进入后备干部序列；实行校内聘干制度；开展干部的内培外训，向组织部门推荐优秀干部；进一步放宽中层干部管理权限，调动干部工作的主动性。

3. 加强对兼职人员的管理。借助区域内丰厚的教师资源，加大兼职教师团队遴选聘用，建立外聘教师制度，形成客座教师的有效管理方法，建设具有不同专业、不同水平的“千名兼职教师”资源库、“万名社区教育志愿者”资源库，提升学院教育服务能力的整体水平。

（八）开展学校综合配套改革

1. 开展内部管理体制改革。调整学院内部组织结构，健全、完善管理机制，有效提升学院内涵和凝聚力；坚持以党委为核心的集体领导和分工负责制；完善学院对重大问题的决策制度，确保决策的民主和科学，形成程序科学、执行有力、保障到位的组织管理系统；逐步形成横向结合紧密、纵向职责到位、布局结构弹性、功能执行高效的组织管理模式；制定有效评价方法，建立科学的考核体系，以岗位绩效工资制度为基础，切实发挥绩效工资的激励导向作用，建立科学的薪酬体系，稳步提高教职工收入水平；完善合同制工作人员收入分配管理制度，规范以协议工资制为主体的分配模式；健全兼课教师薪酬管理办法，提升学院凝聚力。

2. 规范和完善教育科研管理。坚持科研引领学校发展，制定学校教育科研发展规划，建立学校、北京市、国家三级教育科学研究体系。实施科研兴校工程，五年内完成20个以上校级课题研究，主持3～5个市级课题的研究工作，参加2个国家级课题研究，有序推进学校科研发展。

完善对教育科研的分类管理、完善科研项目制和科研经费使用办法，加强对科研项目的过程性管理和指导。鼓励教职工承接有利于学校发展的各级科研任务，鼓励教职工与区域内企事业单位合作开展科研工作，鼓励教职工积极开展教育科学研究。

3. 开展招生制度改革。加强招生管理，规范招生行为；加大招生宣传，实行全员招生；拓展招生范围，实行全面招生；用好海淀区“先行先试”试验区政策，争取在现有的招生政策上有所突破。积极开展与区域内企事业单位、社会组织、学校等多元社会主体的合作，开辟各类人员技术技能、创新创业、文化生活等方面的培训项目，为区域全体居民的终身学习提供支持和帮助。

4. 加强行政后勤财务工作。改造和完善已有基础硬件设施，进一步提高校园基础设施的保障能力，营造人性化的优美办学空间。完善财务管理制度，调整财务分配机制，提高资金使用效率。强化财务安全体系，促进经济活动的标准化和信息化，提高会计服务质量。完善学校资产管理机制，逐步建立合理的资源有偿使用和补偿机制。加强全校资产统筹，减少设备重复购置。推进经营性资产的规范化和信息化管理。完善后勤管理运行机制，走专业化发展道路，以信息化管理提高资源使用效益，持续提升满足学校事业发展需要的后勤服务水平。后勤保障通过购买社会化服务方式，减轻人员负担，提升工作质量和效率。

2015—2017年，北京市海淀区职工大学（中关村学院）按照《国家中长期教育改革和发展规划纲要（2010—2020年）》、国务院《关于加快发展现代职业教育的决定》，认真执行学校“十二五”规划、“十三五”规划确定的发展战略，深化学校综合改革，有序推动继续教育转型发展和功能拓展，加强和改进教育教学工作，着力提高教师综合素质和教学水平，推进质量保障体系建设，各方面工作取得了积极进展，学历教育、非学历培训、社区教育都保持了稳定的规模，提高了社会贡献和创新发展的能力和水平。

学生情况：

2015 年度，仅职工大学的学生数据情况如下：第一学期在校班级 19 个，共计学生 402 人（其中有 3 个业余班级，共计学生 70 人）。2015 年第二学期在校班级 30 个，共计学生 707 人（其中有 3 个业余班级，共计学生 70 人）。

2016 年度，学生数据情况如下，职工大学招生是 627 人，北京开放大学海淀区分校春秋两季招生是 83 人，合计各类招生数是 710 人，在校生是 1360 人。

2017 年度学生数据如表 6–5、表 6–6。

表 6–5　北京市海淀区职工大学 2017 年各专业数据统计

序号	专业名称	学习形式	招生人数	在学人数	毕业生人数
1	商务管理	业余	137	209	47
2	会计	业余	1	3	9
3	学前教育	业余	23	64	32
4	计算机应用技术	业余	155	155	10
5	旅游管理	业余	23	23	13
6	电脑艺术设计	脱产	27	102	133
7	航空服务	脱产	95	235	217
8	计算机应用技术	脱产	160	327	2
9	军乐艺术	脱产		3	17
10	旅游管理	脱产		26	
11	商务管理	脱产	9	13	15
12	网站规划与开发技术	脱产	76	164	
13	舞蹈表演	脱产		7	12
14	学前教育	脱产	15	17	13

续表

序号	专业名称	学习形式	招生人数	在学人数	毕业生人数
15	会计	脱产		0	1
16	汽车检测与维修技术	脱产		0	1
17	应用艺术设计	脱产		0	1
合计			721	1348	523

表 6–6　北京开放大学海淀区分校 2017 年各专业数据统计

序号	专业	层次	招生人数	在学人数	毕业生人数	备注
1	行政管理	本科	24	161	27	远程开放教育
2	行政管理	专科	35	203	48	远程开放教育
3	计算机科学与技术	本科	13	40	1	远程开放教育
4	计算机网络技术	专科	7	54	8	远程开放教育
5	工商管理	本科	0	43	9	远程开放教育
6	工商管理	专科	0	56	5	远程开放教育
7	会计学	本科	0	63	6	远程开放教育
8	会计学	专科	0	37	14	远程开放教育
9	土木工程	本科	0	86	33	远程开放教育
10	建筑施工与管理	专科	0	123	3	远程开放教育
11	社会工作	本科	0	7	2	远程开放教育
12	农村行政管理	专科	0	23	1	远程开放教育

续表

序号	专业	层次	招生人数	在学人数	毕业生人数	备注
13	学前教育	本科	0	4	0	远程开放教育
14	学前教育	专科	0	8	1	远程开放教育
15	汉语言文学	本科	0	4	0	远程开放教育
16	工程造价管理	专科	0	9	0	远程开放教育
17	英语	专科	0	5	0	远程开放教育
合计			79	926	158	

从以上情况看，在学历继续教育学生数量方面，2016年度，学校各类学历继续教育招生合计710人、在校生是1360人，而2017年度招生合计800人、在校生2274人，比上一年度分别增加12.7%、17.1%，保证了学历继续教育发展的“根本”，呈现出较好的发展态势。

教师情况：

一是教职工岗位情况

2017年，学校在岗职工93人。其中教师66人，占比71.0%；管理人员27人，占比29%。根据教师专业情况，分成财经系、文法系、信息工程系、艺术系和基础部五个系部管理。具体情况如下表和图。

类别	人数	占比	备注
教师	66	71%	
管理人员	27	29%	
合计	93		

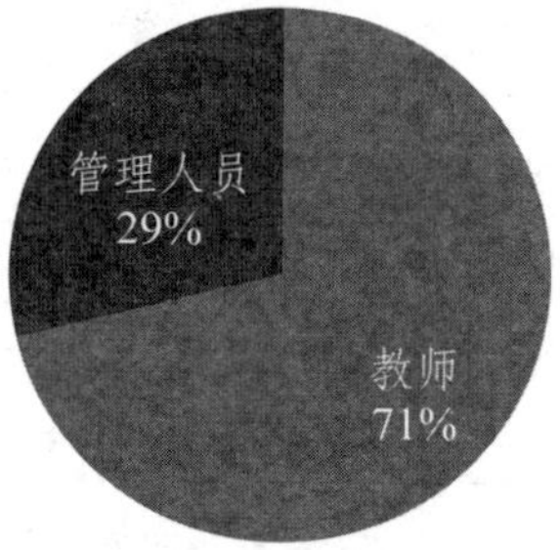

二是教师职称情况：

职称	人数	占比	备注
初级	8	12.1%	
中级	42	63.6%	
副高级	15	22.7%	
高级	1	1.5%	
合计	66		

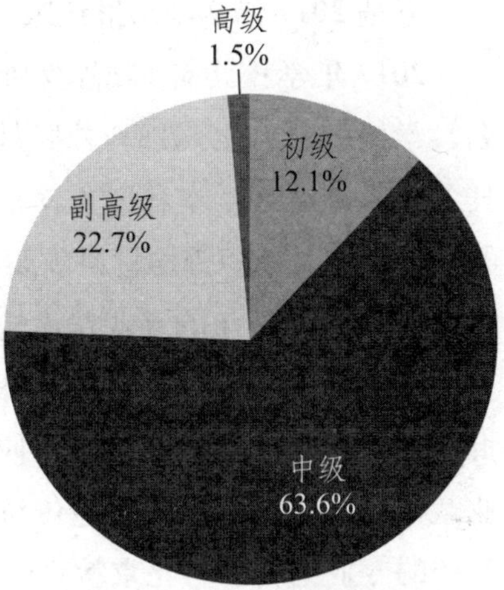

三是教师年龄情况：

年龄段	人数	占比	备注
30 岁以下	2	3.0%	
31 ～ 40 岁	21	31.8%	
41 ～ 50 岁	31	47.0%	
50 岁以上	12	18.2%	
合计	66		

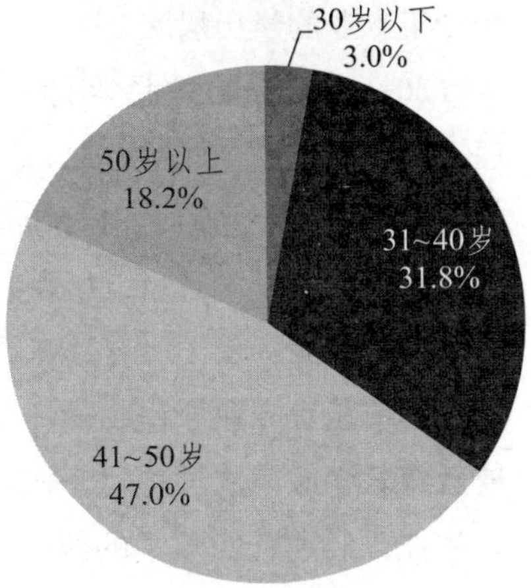

四是教师学历情况：

学历 / 学位	人数	占比	备注
博士	3	4.5%	
硕士	24	36.4%	
本科	39	59.1%	
合计	66		

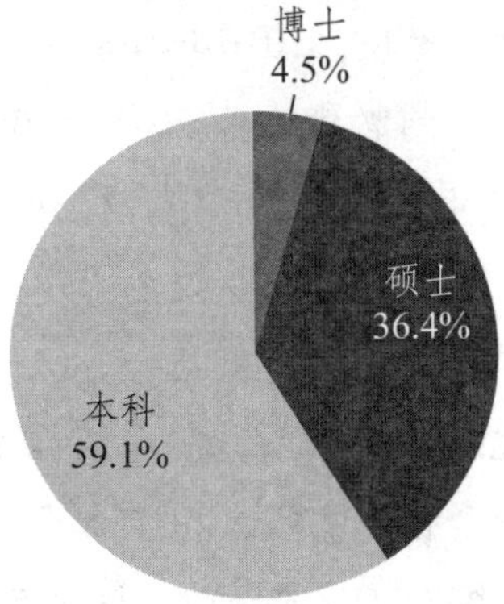

五是2017年度学历继续教育学校、外聘教师比例情况。

2017年学校共有62名教师参与授课，其中学校教师54名，外聘教师8名，学校教师占比87%。外聘教师必须满足与学校教师同等的任职条件，如具备相应专业大学本科以上学历，必须具备高校教师任教资格等。外聘教师的聘任和相关任职资格材料需要存档备案，且有专人管理。

2015—2017年的专业建设情况：

2015年：向北京市教委申报网络规划与软件设计高职专业，顺利通过审批，丰富了学校的专业设置，使学校服务区域高新技术人才需求有了新的专业载体。同时，优化、改造传统专业。撤销航空机电设备维修专业，优化了学校的专业结构。与北京教育学院尝试“学前教育”专业本科的合作，提升学校骨干专业的学历层次。

2016年3月，按照学院的重点专业建设思路，成立了学前教育、商务管理（酒店方向）、网站规划与开发技术、国学四个教学团队，确定了每个团队的带头人，并在全院公开招募团队成员。每个教学团队都制订工作计划，开展课题研究和学术研讨，带领教师外出调研，聆听专家讲座，参加学习培训，促进了教学团队工作的有效开展，从而带动了专业建设。

学前教育专业课程改革项目结题。学前教育专业以2013年度北京高等学校教育教学改革立项项目《学前教育专业以工作过程为导向的课程改革研究》为依托，经过近四年半的课改，完成了13门专业核心课程的开发建设工作，出版了《幼儿园管理》，《学前儿童语言教育》和《学前儿童音乐教育》校企合作系列教材。2016年年底，通过专家评审，顺利结题，并上报到市教委备案。

学前教育专业2016年开始与北京教育学院“学前教育”专业本科合作，2017年又招一届新生，提升了学校重点专业的学历层次。

商务管理专业校企合作又结硕果。商务管理专业的课改和“企业商学院”人才培养模式有机结合，以岗位职业能力作为配置课程的基础，逐步形成模块化的课程体系。在与稻香湖景酒店合作一年的基础上，各方反响良好。结合校企合作实践，2016年商务管理团队完成了相关校级课题的研究和申报工作，编写了校本教材，同时为申报新专业——酒店管理专业做好准备。

2015 年学校成功申办的网站规划与开发技术专业，近两年招生形势喜人。为加强专业建设，2016 年系主任带领团队成员下企业实践，与合作单位进行教学交流，到中职信息管理学校调研，了解企业用人需求和学生能力需求的相关信息。因计算机技术发展迅猛，2016 年暑期，学校又出高额培训费用，送信息工程系和艺术系部分教师参加了网站设计的高端前沿课程培训，为开设新课程做准备。

2017 年，根据 2016 年 11 月 18 日教育部关于印发《高等学历继续教育专业设置管理办法》的通知，2017 年 3 月起，教育部启用全国高等学历继续教育专业管理与公共信息服务平台进行 2017 年拟招生专业申报工作。学校根据上级文件要求对原有专业进行核验，并在市教委高教处备案，2017 年学校共开设商务管理、旅游管理、会计、学前教育、空中乘务、计算机应用、软件技术、汽车检测与维修技术、歌舞表演、舞蹈表演、数字媒体艺术设计、艺术设计 12 个专业。同时根据学校服务海淀，为区域内培养技能型人才的宗旨，2017 年成功申报《健康管理》和《酒店管理》两个新专业。在学校现有的 14 个专业中，学前教育、商务管理、健康管理和酒店管理是学校的特色专业。

学前教育专业一直是学校重点发展的特色专业。学前教育教学团队被评为北京市高校继续教育优秀教学团队。2017 年本着强化基础、优化功能、突出重点、体现特色的原则，优先建设学前教育专业三个模拟实训室，满足校内实践教学的需要。学前教育专业 2016 年开始与北京教育学院“学前教育”专业本科合作，2017 年又招一届新生，提升了学校重点专业的学历层次。同时为拓展招生领域，2017 年年末也和北京工艺美术高级技工学校洽谈合作，进行中高职衔接“3+2”教学模式改革试验。2017 年 9 月根据北京市教委文件精神，学前团队课题《学前教育专业以工作过程为导向的中高职衔接课程改革实践研究》申报北京市教学成果。

商务管理专业校企合作又结硕果。商务管理专业的课改和“企业商学院”人才培养模式有机结合，以岗位职业能力作为配置课程的基础，逐步形成模块化的课程体系。2016 年开始与稻香湖景酒店进行合作，各方反响良好，2017 年又招一届新生。同时在业界产生了一定影响，2017 年又与昆泰酒店合作成功。

2017年在原有商务管理专业基础上，成功申报了新专业——酒店管理专业。酒店管理专业教师送教上门，对接职业标准、行业标准和企业岗位规范，紧贴企业生产实际，形成了以工作过程为导向的新的课程体系。同时学校又与四季青乡镇联合招生，进行商务管理（物业）方向的课程改革，为申报新专业做好准备。

为满足社区居民日益增长的保健养生、健康维护等方面的需求，在多方调研的基础上，2017年学校成功申报了健康管理专业，第一年就招生55人。学校积极进行各方面人才引进，重点加强专业实训基地和实训室建设，力争把健康管理专业是办成学校特色专业。

2017年结合海淀区老年人生活、学习需求，又进行了老年大学建设实验。把参加学校书法、绘画、钢琴、古筝、油画学习的59名老年社区学员成功转化为学校学历班学员，深受学员欢迎。

三年来的课程改革情况：

2015年：

首先，学历教育“以工作过程为导向”开展了专业课程改革。学前教育课改团队在2014年明确的13门专业核心课开发要点的基础上，出版了校企合作教材《幼儿园管理》，《学前儿童语言教育》《学前儿童音乐教育》等也已经进入出版阶段，这些教材细化了课程目标、教学内容、实施方法、教学评价等要素，具有学校品牌的学前教育专业核心课程体系正在逐渐形成。

其次，社区教育根据区域经济社会发展和居民生活需求，开发了国学素养、艺术素养、科技素养、生活素养、礼仪素养、健康素养等以人文素养提升为主的15大模块356门课程，探索形成了单次体验、系统培训、社会实践与专题讲座等相结合多元教学形式。并在大模块不变的情况下，按照社区居民的学习需求，对具体课程作了相应的更新和调整。以品牌项目和专业工作室为载体，不断提高社区教育课程的质量，积极推进“社区教育特色课程和教材”建设，编写出版《献给祖国母亲的歌》《中国式花鸟画》教材。编写出版了《社区教育入门课程123》课程目录。

最后，进行了课程教学改革。重新修订个性化辅导方案，对教师上课、辅导过程、BBS 讨论、评价标准等提出明确要求，确保教学质量和学生通过考试。

2016 年：

深化多元合作，推进课程改革。商务管理专业的课改和“企业商学院”人才培养模式有机结合，以岗位职业能力作为配置课程的基础，逐步形成模块化的课程体系。网站规划与开发技术专业教学团队下企业实践，与合作单位进行教学交流，到中职信息管理学校调研，了解企业用人需求和学生能力需求的相关信息。学校信息工程系和艺术系两个系部的优秀师资精诚合作，参加网站设计的高端前沿课程培训，联合备课，开发课程，促进了课程改革。

2017 年：

学前教育专业 2011 年以来就与北京市中职学校联合进行中高职衔接的课程改革实验，2013 年起以北京高等学校教育教学改革立项项目《学前教育专业以工作过程为导向的课程改革研究》为依托，经过 6 年的课改实验，完成了 13 门专业核心课程的开发建设工作，出版了《幼儿园管理》《学前儿童语言教育》《学前儿童音乐教育》等校企合作系列教材，2017 年 5 月市教委批准结题。

结合校企合作实践，商务管理团队完成了相关校级课题的研究和申报工作，编写了校本教材。

非学历职业培训、社区教育的情况：

学校大胆实践探索，不断拓展功能，深入开展“校企”“政校”“校村”合作，服务区域全面发展。2015—2017 年，每年的各类培训人才均在 5 万人次左右，成为区域不可或缺的教育支撑力量。

一是“校企合作”。与中国民营产业商会这一类机构合作举办企业家研讨交流活动，通过孵化和扶持，助推小微民营企业的创新、创业；依托专业优势，为区域企业（教育机构）在职员工提供学历提升的机会。与湖景酒店、和美物业等单位的“商务管理”专业合作、与万花筒、瑞孚教育等单位的“学前教育”专业合作都取得了一定的成效，扩大了学校的学历教育招生和影响力。开展职工素质培训，超过 1.3 万人次，有针对性地提升了区域企事业单位职工的素质。

二是“政校合作”。与区教委、人社局、精神文明办、各街镇等开展“政校合作”，积极为区域社会发展服务，促进区域管理创新。包括人社局科长培训、区教委人文素质培养培训、海淀区文明市民艺术节等，为区域发展做出了贡献，得到了各级政府部门的认可。

三是“校村合作”。与海淀北部新区的镇村的合作开展山后农民培训。积极开展职业技能培训，受训农民都获得了职业资格证书，85%以上实现了转岗再就业；同时开展精神文化素质培训，丰富“转居”农民的精神生活，提升他们的综合素质。

在开展非学历职业培训、社区教育的过程中，特别重视品牌项目建设。以社区教育十大品牌项目建设工作和社区教育自主知识产权产品培养与探索工作为核心，在现有项目的基础上，初步优选出书法工作室、音乐工作室、古琴工作室、形象礼仪工作室等十大工作室，进行系统的标准化建设，优化出十大品牌项目，在一定程度上起到孵化推广示范作用。

同时，重点延伸资源服务的范围，服务普教系统。完成海淀区教育系统中小学教师“十三五”期间文化素养类培训规划，获得了教委的支持。

3. 社会职业培训的情况

2015—2017年，海淀区社会职业培训初步形成规模和品牌。海淀辖区内目前共有民办职业技能培训学校和非学历高等教育机构66个，实训基地8个，近年来，年均训练职业技能人才2万多人；职业技能鉴定机构6个，年均鉴定职业技能型人才1.2万人次。从事职业培训的社会培训机构170所，年招生、结业均在百万人次以上，涌现了新东方、达内科技等知名社会培训机构。

4. 职教集团的发展

前文详细介绍的海淀区职业教育集团对区域内多方的职业教育资源进行了有效整合，是在构建高科技发达地区职业教育产教融合新生态的重要“推手”。

总体看来，海淀区的职业教育经过改革开放以后近四十多年的发展特别是进入21世纪后的二十年的发展，顺应不同时期国家政策的要求、满足相应时段区域经济社会发展的需要，进行了符合时宜的调整，从创办初期两年制职业高中班，发展到以公办职业教育为主体，民办职业教育为补充，辐射特殊教育，涵盖成人职业教育、短期职业技术培训的海淀区职业教育网络，走过了从无到有、从弱到强、从粗放到精品、从相对分散到集团化办学、从多元到特色发展的道路，海淀区职业教育资源整合务实有效，在整合中内涵不断提升、外延得以扩展。但是，同时我们不得不看到，由于区域经济形态的变化、基础教育发展的需要、高等教育扩招、初高中生源的减少等多重因素的综合叠加影响，海淀区职业教育资源处在一个被“鲸吞”和“蚕食”的状态中，职业教育生源锐减，职业教育人才流失严重，整体发展形势和所处地位堪忧。为了完成为区域高新技术产业培养所需的技术技能人才，就需要不断改革创新，充分调动区域内各类教育资源体参与区域职业教育的积极性，进行有效的资源整合，构建产教融合的人才培养新生态。

第二节　海淀区职业教育资源的特点

一、职业教育资源与成人继续教育资源的融合

以北京市海淀区职工大学（中关村学院）为主体的区域成人继续教育，如前文所述，经过几轮的合并，整合了区域的职业与成人继续教育资源，已初具规模，集学历教育、非学历培训、社区教育于一体，作为海淀区教育生态中极具特色并富有活力的高校之一，北京市海淀区职工大学（中关村学院）深入研究国内外成人继续教育实现职业教育转型的经验，认真借鉴与职业教育资源融合的典型做法，推进利用职业教育资源实现职业与成人继续教育的成功转型。

首先，明确向职业化转型的发展目标，促进全体教职工在观念上实现转变。“十二五”时期，北京市海淀区职工大学（中关村学院）的成人学历教

育保持基本规模并实现转型发展。职工大学、开放大学、网络学院多种办学形式并存，进行了成人学历教育向高等职业教育转型的初步探索，按照学院“十三五”事业规划确定的“加快学历教育向成人高等职业教育转型”的目标，“十三五”期间在职业化转型方面进一步坚定了方向、加快了步伐。

这种职业化转型是新时代海淀区域发展的现实需要。进入新时代，海淀人秉承中关村创新精神，以挖掘文化科技融合新动力、构建新型城市形态为总抓手，推动高质量发展、打造高品质城市，加快建设具有全球影响力的全国科技创新中心核心区，积极推进“以人为本、以人兴产”的城市发展模式的深刻转型，推动文化与科技深度融合，挖掘其中所蕴含的巨大潜能，重塑创新发展的新动力。服务“两新两高”、打造中关村科学城，在海淀区努力建设“全国科技创新中心”核心区、打造中关村科学城的发展格局中，北京市海淀区职工大学（中关村学院）紧贴区域经济社会实际，积极为区域发展提供人力资源支撑。

按照欧美的成功经验，在科技创新中心的建设中，随着技术进步、产业高移，技术人才的层次结构产生变化，既需要高端的领军型研发、管理人才，也需要为这些高级专业技术人员配备更多的、经过专业性训练的服务型助手，即大量的技术技能人才，这为中关村学院这类与区域紧密结合、相伴相生的职业及成人类高校提供了更大的发展空间。

其次，在实践上积极推动。学历教育方面，“十二五”时期，创新人才培养模式，完成学前教育中高职衔接课程开发、酒店管理专业实现“校企融合的商学院”教学模式，孵化出“甘百商学院”“四季商学院”，促进了学院内涵发展，为企业培养了一批技术技能人才，同时有效地提升了海淀区企业事业单位从业人员的学历。按照学院“十三五”事业规划确定的“围绕海淀区战略性新兴产业和城市高端服务业，加快调整专业结构，建设 10 个左右符合区域经济社会需求的骨干专业，其中打造出 3 ～ 4 个具有竞争力的院级以上品牌、特色专业”的目标，“十三五”期间集中力量，开展了特色优势专业的建设。在学校现有的 14 个专业中，学前教育、健康管理、酒店管理是学校的特色和优势专业。

正如前文所论述的，学校的学前教育专业一直是学校重点发展的特色和优势专业，2011 年就与北京市、海淀区中职学校联合进行中高职衔接的课程改革实验起步，在各级领导和社会各界的关心和支持下，通过教学团队近 8 年的持续努力，本着强化基础、优化功能、突出重点、体现特色的原则，与区域内中职学校深度合作开展中高职衔接的课程改革，依托市级层面的高等学校教育教学改革立项项目《学前教育专业以工作过程为导向的课程改革研究》进行的六年的课改实验，完成了 13 门专业核心课程的开发建设工作，出版了一系列的“校”“园”合作教材，为满足校内实践教学需要优先建设学前教育专业三个模拟实训室，与北京教育学院 已经开展了三年的“学前教育”专业本科合作，和北京工艺美术高级技工学校合作，进行中高职衔接“3+2”教学模式改革试验，形成了中职、高职、本科阶梯式递进、“三位一体”的人才培养模式，不断修订人才培养方案，重点建设专业核心课程，撰写各课程教学大纲，以工作过程为导向突出实践和实训教学，保证了该专业的可持续发展。专业建设取得长足发展，专业建设的质量得以提升。

商务管理专业在校企合作中不断深化课程改革，将课改和“企业商学院”人才培养模式有机结合，以岗位职业能力作为配置课程的基础，逐步形成模块化的课程体系。2016 年开始与稻香湖景酒店进行合作，各方反响良好，2017 年又招一届新生并与昆泰酒店合作成功。结合校企合作实践，团队完成了相关校级课题申报和研究工作，编写了校本教材，并在原有专业基础上，成功申报了新专业——酒店管理专业。酒店管理专业教师送教上门，对接职业标准、行业标准和企业岗位规范，紧贴企业生产实际，形成了以工作过程为导向的新的课程体系。与四季青镇联合招生，进行商务管理方向的课程改革，为申报新专业做好准备。

健康管理专业正成为学校新兴重点优势专业。为满足社区居民日益增长的保健养生、健康维护等方面的需求，学校 2017 年成功申办健康管理专业，当年就招生 55 人。该专业以名师“曲黎敏工作室”为依托，持续扩大生源和影响，2018 年又招生 138 人。2018 年又获得专项经费支持，重点加强了专业实训室建设，目前专业建设和课程建设正在进行中，力争把该专业办成又一特色优势专业。

学校紧紧抓住专业建设和课程改革这一学历教育的生命线，注重内在修炼，不断优化完善专业构成，在申报新专业同时，深化课程改革，丰富学校的课程体系，提升现有专业的内涵，为成人学历教育的质量提升和职业化成功转型提供核心保障。

在职业人才培养方面，学院将学历教育人才培养纳入区域发展规划，紧贴海淀区政府民生工程，解决区域内急需人才。例如：为海淀区卫生服务站开设健康管理专业大专班，为学前教育三年计划开设学前教育大专班等培养急需的医生助理和幼儿教师。

总体规模（2018 年）

本年度，职大学历招生 432 人，在本市同类高校中名列前茅，各类学历继续教育招生合计 496 人、在校生 1966 人，毕业生 611 人。

2018 年北京市海淀区职工大学各专业数据统计

序号	专业名称	学习形式	招生人数	在学人数	毕业生人数
1	商务管理	业余	113	250	65
2	会计	业余	24	25	2
3	学前教育	业余	57	80	30
4	计算机应用技术	业余	17	172	
5	空中乘务	业余	69	69	
6	健康管理	业余	55	55	
7	酒店管理	业余	14	14	
8	歌舞表演	业余	34	34	
9	艺术设计	业余	25	25	
10	旅游管理	业余		23	

续表

序号	专业名称	学习形式	招生人数	在学人数	毕业生人数
11	计算机应用技术	脱产	22	182	143
12	电脑艺术设计	脱产		27	61
13	军乐艺术	脱产			3
14	旅游管理	脱产			16
15	商务管理	脱产		9	3
16	网站规划与开发技术	脱产		76	80
17	航空服务	脱产		95	126
18	学前教育	脱产	2	17	2
19	舞蹈表演	脱产			1
合计			432	1153	532

2018年北京开放大学海淀分校各专业数据统计

序号	专业	层次	招生人数	在学人数	毕业生人数	备注
1	行政管理	本科	32	161	15	远程开放教育
2	行政管理	专科	32	163	24	远程开放教育
3	计算机科学与技术	本科	0	28	6	远程开放教育
4	计算机网络技术	专科	0	38	6	远程开放教育
5	工商管理	本科	0	30	6	远程开放教育
6	工商管理	专科	0	47	0	远程开放教育
7	会计学	本科	0	43	8	远程开放教育

续表

序号	专业	层次	招生人数	在学人数	毕业生人数	备注
8	会计学	专科	0	29	2	远程开放教育
9	土木工程	本科	0	79	7	远程开放教育
10	建筑施工与管理	专科	0	121	3	远程开放教育
11	农村行政管理	专科	0	3	1	远程开放教育
12	学前教育	本科	0	4	0	远程开放教育
13	学前教育	专科	0	6	0	远程开放教育
14	工程造价管理	专科	0	8	1	远程开放教育
合计			64	760	79	

与北京教育学院合作举办学前教育本科专业统计

专业名称	2016 级	2017 级	2018 级	合计
学前教育（本）	29	22	0	51

二、职业教育资源与社区教育资源的融合

海淀区在推进职业教育资源的合理布局和有效整合的过程中，注意调动社区教育的力量，实现两者的良性互动和深度融合。

（一）依托社区教育拓展职业教育资源

海淀区通过软硬并重、夯实基础，使社区教育的“三级网络”逐步完善并实现联动，成为学习型城市建设的组织保障，同时为各种职业教育的开展提

供了深入各个社区（村）、老百姓身边的基层“细胞”，充分利用社区教育资源，较大地丰富了区域职业教育资源。

1．“三级网络”协同联动，完善学习服务体系

加强社区教育网络建设作为完善学习型城市建设网络体系的重要组成部分，这些年一直是海淀学习型城市建设工作的重点之一。按照《海淀区“十二五”时期教育发展规划》《海淀区“十三五”时期教育发展规划》的部署，随着海淀行政区划的调整，目前海淀区社区教育不断完善三级网络的组织机构，构建起以中关村学院为“龙头”、29 所街道（镇）社区教育中心、6 所社区教育学校为“龙身”（“骨干”）、653 所社区（村）一级社区教育学校为“龙尾”（“基础”）的区域社区教育办学网络。近些年来，通过不断扶持街道（镇）社区教育中心、社区教育管理者和工作者培训等基础能力建设的区级层面助力，凸显了“重心向下、突出重点”的工作策略。同时，通过支持中关村学院——“龙头”和 6 所社区教育学校（“龙身”的重要组成部分），要求这些办学主体面向基层、面向社区（村）积极开展全方位的教育服务，在区域社区教育队伍建设、课程体系建设、科研共同体构建等方面不断形成系统合力，带动了街道（镇）的社区教育中心及社区（村）一级社区教育学校的积极性，促进了“三级网络”协同联动。为了充分发挥中关村学院的“龙头”作用，将其打造成为学习型城区建设规划研究中心、社区教育师资培训中心等“六大中心”，通过“三级联动”机制互相配合，协同推进，形成了海淀区社区教育的系统化发展，提高了体系整体运作的合力，保证了社区教育的长效发展，促进了海淀学习型城市的建设工作。特别是，“龙头”——中关村学院以及“龙身”的重要组成部分——6 所社区教育学校的社区教育服务能力进一步提升，服务范围的扩大和服务项目的增加，不断满足街道（镇）层面的多样化社区教育服务需要，为居民提供多元化的学习服务。街道（镇）层面与区级层面之间的互动次数大幅增加，形式多样、项目增加。街道（镇）层面对区级层面的活动支持力度也有所增强，活动影响不断提升。还加大对村（居）级社区教育学校的指导力度。海淀区学习型城市建设工作奏出了三级协同联动的和谐乐章。

通过三级网络的能力建设，为丰富社区教育的内涵奠定了组织基础。各级社区教育组织机构为各类学习型组织建设提供支持和帮助，以政府组织的三级网络为主干，通过相应的机制组织起社区居民自发成立的社会组织网络；还利用海淀区教育科技文化资源丰沛的优势，整合了一个社区教育公共服务平台和社会资源供应网络。由面到点、由点到面的“点面结合”工作推进，多载体的有效整合，使社区教育与学习型城区建设良性互动，使海淀区社区教育开展和与学习型城区建设具备了体系基础，也就为各类职业教育的开展提供了基层“载体”。

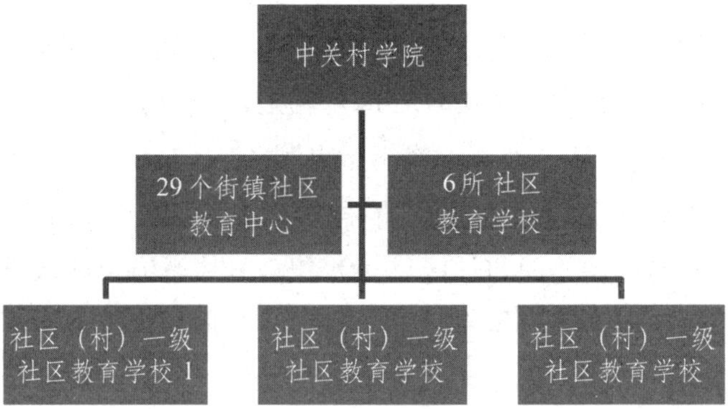

海淀区社区教育三级网络示意图

2. 基础设施不断加强，夯实学习服务载体

在继续助力区域社区教育“龙头”（中关村学院）、“窗口”（海淀区社区教育体验学习中心）建设的同时，海淀区教委加强了街道（镇）社区教育中心、社区教育学校以及基层的社区（村）一级社区教育学校教育服务能力建设。 街道（镇）级社区教育中心和社区（村）一级社区教育学校是开展社区教育的骨干和基础，也是开展各类社区教育培训和活动、各类职业教育的主要阵地。在现今场地紧张的条件下，各个街道（镇）还优先安排社区教育活动场地。从海淀基层两级社区教育设施配备的逐步完善及占地面积的不断扩大可以看出，海淀区各级政府都加大了对社区教育的基础性投入，为保障社区教育的顺利开展提供了保障条件。尤其是近几年，海淀区的城镇化不断推进，农村社区教育、农民就地转居或者进城后的新市民教育有很大的需求，保障农村社区（村）一级社区学校的建设就显得尤为重要。

从社区（村）一级社区学校自有教育培训场地、基础设施的增加也可以体现出海淀区社区教育“重心下沉”的工作策略，全区上下协同，极大推进了学习型城区建设。

3.“三支队伍”高效协作，提供学习服务支撑

海淀区深厚、肥沃的人文土壤为学习型城区建设的持续开展提供了必要的文化支持，而从事学习型城区建设的队伍也初步形成了完备的发展体系。学习型城区建设形成了“三支队伍”与“三级联网”的人员结构与层级。“三支队伍”即专职人员、兼职人员与志愿者，形成了一支专兼职结合、志愿者为补充的师资队伍。“三支队伍”高效协作，不断开创着海淀区学习型城区建设的新局面。

2013 年海淀区的专职工作者有近 2/3 拥有本科学历，70% 以上是 30 ~ 50 岁，年富力强；而且兼职人员、志愿者队伍扩大，层次提升。截至 2016 年，海淀区全区从事社区教育的专、兼职教师和管理人员 2223 人、志愿者队伍 5022 人。其中，社区教育管理人员 996 人，专职人员 157 人，兼职人员 839 人，社区教育教师有 1227 人，专职人员为 207 人，兼职人员为 1020 人[①]。社区教育的专职教师和管理人员主要以社区学院、社区教育学校以及少数社区教育中心的干部、教师，再加上各街道（镇）文教科（公共事业管理科）的工作人员为主；而兼职教师和大量的志愿者是社区教育办学“三级网络”依托海淀区特有的人才资源优势延请社区居民中的能工巧匠及学有专长又热心公益事业的人士，是一批具有奉献精神和敬业精神的志愿人士，他们的授课和组织工作多以无偿和低偿为主，构成了符合社区教育特点和需要的灵活机动、富有成效的海淀区社区教育师资队伍，为海淀区社区教育提供了有力的支撑，是海淀学习型城区建设的主力军。这“三支队伍”由“三级网络”的师资管理人员统一安排调配，保证了结构合理和高效协作。

随着学习型城区建设工作的不断深化，海淀区在相应的队伍建设上不遗

① 数据来源：北京市教育委员会有关社区教育的统计数据中海淀的相关数据，北京市教育委员会的社区教育人员队伍总统计表（2016）。

余力。仅社区学院（中关村学院）2012—2014 年已经引进了两名博士后、两名博士，高学历人才的加盟提升了海淀区社区教育体系的人员素质；在教师能力方面引导传统的学历教育教师向社区教育转型，政府有关部门和中关村学院有组织、有计划地对管理干部和工作者队伍进行系统培训，包括有关政策法规、职业道德、专业知识和综合能力等培训，重点培养开展社区教育所需要的沟通策划能力、组织服务能力、教育教学能力等，不断提高他们的管理水平和业务能力。

4. 依托社区教育开展职业教育

海淀区以老百姓身边的社区教育资源为依托，开展的各种职业教育项目非常“接地气”，能够较好地扎实“落地”。比如：中关村学院依托社区开展各种培训，包括海创计划、残疾人职业技能、山后保育员、物业管理员的培训等。

链接

中关村学院 2015—2017 年开展的职业培训

2015 年的礼仪课程送课。其中海淀区社会保险基金管理中心 2 次，227 人；海淀区市政市容委员会 1 次，37 人；海淀清河街道温馨家园 1 次，53 人；西三旗街道，清河街道 1 次，53 人；海淀发改委 1 次 102 人；军队离休干部安置办公室 1 次，60 人；海淀人民政府办公室 1 次，86 人；紫竹院街道公共事业科 2 次，73 人；清河街道安全生产办公室 1 次，20 人；花园路街道公事业科 1 次，30 人；区旅游委 1 次，44 人；花园路街道城市管理科 1 次，21 人；花园路街道残联 1 次，34 人；海淀科技中心 1 次，22 人。

2015 年，与海淀北部新区的镇村的合作开展山后农民培训。其中职业技能培训 510 人，受训农民都获得了职业资格证书，75% 以上实现了转岗再就业；精神文化素质培训 1100 人次。

2016 年，针对新型城镇化进程中的新型农民和农民转移再就业的学习需求，共完成 10459 人次的培训，涉及海淀区 7 个乡镇。鉴定合格率达到了 95%。其中直接技能培训就业人数在 410 人左右，就业率达到 78.4%。

培训情况如下：

职业技能类培训：共计 5321 人次

建（构）筑物消防员初级培训 508 人,508 人次。涉及海淀区（苏家坨镇、温泉镇、四季青镇、西北旺镇、上庄镇、东升镇、海淀镇）

电梯安全管理员培初级培训 60 人，240 人次。涉及海淀区（苏家坨镇、四季青镇）

讲座类培训：共计 828 人次

温泉镇村委会领导干部素质提升培训 54 人次

温泉镇团委青年干部培养工程培训 66 人次

温泉镇社区工作者培训 264 人次

家庭教育系列讲座培训 220 人次

苏家坨镇幼儿园教师素质提升培训 58 人次

社区居民体验类课程：共计 4310 人次

插花体验：997 人次

中、西点：1115 人次

咖啡：211 人次

红酒：47 人次

瑜伽：59 人次

茶艺：326 人次

蜡染：326 人次

形体：33 人次

舞龙：179 人次

合唱：680 人次

舞蹈：297 人次

2017 年，海创计划针对海淀区待业青年及未就业大学生，通过培训提升他们的创业与就业能力。“逸香国际品酒师初级认证（即 ESW）”职业技能培训分为4批次，每期25人，共计培训100人，每期培训时间为1天。互联网技能就业培训计划培训一期，30人，为期13天。

区内各类社会资源的资源统筹。海淀区在学习型城区建设过程中，重视全社会的参与和支持，发挥现有社会教育资源在建设终身学习服务体系中的作用，也为职业教育资源提供了又一个“增长点”。海淀区注重联合高校、企业、社会团体等各种社会力量，举办社区教育机构，为海淀市民学习提供良好条件，实现各类社会教育资源的共享，构建覆盖城乡的终身学习服务体系。比如北太平庄街道办事处，积极与北师大等辖区内高校建立联系，以高校人才资源推动社区教育发展；青龙桥街道利用国际关系学院的资源共同创办了青龙桥社区教育中心；紫竹院街道与青年政治学院、理工大学等高校合作，利用学校丰富的教育资源，开展社区教育。北大附中教育投资公司创办北大附中万柳地区社区教育中心，为社区居民提供了优良的学习条件，而且方便了居民随时随地学习。在海淀的学习型城区建设工作队伍中，不乏各类企业（特别是高科技企业）的身影，用友企业旗下的新道学院对海淀区职业教育非一线教师的行动导向培训，提升了教师学习型城区建设工作和开展职业教育的能力。

（二）职业教育资源服务社区教育的发展

职业教育将支持社区教育发展作为推动自身改革创新的重要举措之一。依托中关村学院，充分利用海淀的优质基础教育资源，建立“学校－社区教育共同体”“中关村学院社区教育体验学习中心”“中关村学院—课件工厂”“中关村创新教育实践基地”，并通过建立“产学研良性互动”机制，以产教深度融合的“校企合作”机制为手段，开展专业共建，实现人才培养模式转化。

关注社区居民需要，中关村学院成为海淀区居民文化活动中心。开展了国学教育、老年教育、茶艺、厨艺、文明礼仪教育等18类300余门课程，组织各种社会文化生活培训和文化活动。学院向所在社区居民开放“中关村学院学习体验中心”“创新教育基地”“课件工厂”等学习硬件环境，而且完善社区学习网络，为学校和社区的交流提供了进一步的便利与保障。

三、职业教育资源与科技园区资源的融合

（一）海淀园园区管委会开展的各类职业教育

中关村科技园区海淀园是中关村科技园区的发源地，也是我国第一个科技园区的诞生地，先后历经了北京新技术产业开发试验区、中关村海淀园、中关村示范区核心区等发展阶段。经过多年发展，目前海淀园规划面积174.06平方千米，占中关村“一区十六园”总面积1/3，是中关村国家自主创新示范区的核心区和全国科技创新中心核心区，同时也是中关村人才特区、国家级科技与文化融合示范基地、国家级科技金融创新中心，已成为推动全国创新发展的重要引擎。

海淀园园区管委会一直非常重视人才队伍的建设，利用自身中关村人才特区“先行先试”的优势，出台一系列的人才政策，在引进和培养大量的高端人才的同时，也借鉴和学习国内外先进经验，结合园区企业的需要，开展了各种类型的职业教育，为园区的发展和企业的转型升级提供了有力的人才支撑。这包括上一章讲到的“海淀英才高级研修”“企业国际化高端人才实训”等和以下的“新入职毕业生的培训”“中关村战略新兴产业企业骨干员工学历提升工程”等职业培训项目，从产业和企业角度深入了解到实际需求，提供的教育培训服务更为有针对性，取得了良好的效果，为在海淀区构建产教融合的技术技能人才培养培训的生态提供了“产业”方的资源支撑。

1. 新入职毕业生的培训

比如：对海淀区企业新入职高校毕业生免费开展的培训，2017年上半年就对海淀区企业招收的北京高校毕业一年的员工和即将毕业的实习生进行的职业素养板块的免费培训。

培训目的：为了解决海淀区企业的用人需求，使北京高校的毕业生能够尽快适应企业工作岗位要求。

培训内容：移动互联技术和大数据等部分，每次课程将邀请专业讲师进行面授，以帮助企业尽快实现岗位人才的要求。

课程介绍：基于微信平台上小程序的注册申请、微信开发工具的使用、

小程序项目架构分析、体验小程序，上传、预览、发布项目。

讲师介绍：

刘玉静，前端教学总监，七年多前端和移动端开发经验，开发过近百个项目，包括智能家居、医疗、电商等各大热门应用领域，精通 AngularJS、React、Vue、前端工程化工具 webpack、Gulp、Grunt、fis 等新兴前端技术，带过几百个移动开发工程师，紧随技术潮流。

http: // zyk.bjhd.gov.cn/ztzl/kjcx/qypxyq/201810/t20181027_3887273.htm

2. 中关村战略新兴产业企业骨干员工学历提升工程

为落实《中关村国家自主创新示范区建设人才特区的若干意见》，推进中关村战略新兴产业人才队伍建设，园区管委会联合相关院校开展“中关村战略新兴产业企业骨干员工学历提升工程”。从而提升企业骨干员工的学历、为企业的持续发展创造了良好条件，使企业和员工双重受益。 企业受益：为企业培养在职员工，在学习期间对提高员工的稳定性、工作积极性、工作效率等具有重要的作用。学员受益：在学习期间可以提升自我，做到知识的积累。同时是升职、加薪、评职称、办理北京工作居住证及北京积分落户的必要条件。比如：2017 年秋季与北京外国语大学和北京开放大学联合举办的高起专、专升本学历班，有国际经济与贸易、企业管理、电子商务、会计学、信息管理与信息技术等热门专业。

http: // zyk.bjhd.gov.cn/ztzl/kjcx/qypxyq/201810/t20181027_3887277.htm

（二）依托海淀区职教集团海淀企业积极参与职业教育发展

中关村国家自主创新示范区核心区、全国科技创新中心核心区——海淀区区内的重点企业积极参与职业教育。自 2014 年海淀区职教集团成立以来，成员单位就包括百度、联想、小米、新浪、用友新道、达内、水晶石等龙头企业，这些区域内的优秀企业牢记自身的社会责任，积极参与职教集团相关工作，每年都协助编制海淀区战略性新兴产业专业技能紧缺人才需求目录和人才培养方案，发挥对战略新兴产业专业技能人才培养的指导作用。这些企业经常参加由区政府、区教委、区人力资源社会保障局组织的有关海淀区职业教育发展的研讨会，共商海淀区职业教育发展。还发挥自身的职业教育培训的资源优势，开展各类职业教育和职业培训。

四、职业教育资源与企业大学资源的融合

核心区重点企业积极参与职业教育。2014年年底，海淀区职教集团成立，用友新道、水晶石学院等成员单位举办的行业人才培养平台已为核心区战略性新兴产业培养了数以万计的急需紧缺人才，企业大学已经成为区域职业教育的又一重要资源，也成为核心区战略性新兴产业技术技能人才培养的重要载体。

链接

案例：微众传媒——中关村“互联网+”品牌孵化中心

一、中心简介

中关村“互联网+”品牌孵化中心是由政府扶持创立，是首家将“互联网+”从概念变成落地的场馆，融合“互联网+”技术、产品消费体验和优秀品牌品鉴及企业孵化多功能于一体。中心秉承“助力国产品牌崛起”的使命，依托互联网、大数据、云计算等前沿信息技术，通过挖掘、整合消费市场中参与各方的优势资源，实现产品与服务的优化提升，孵化优秀中国品牌，助力产业升级和经济转型。

运营上，中心在全国范围内选择具有互联网+特征的产品，集展示、体验为一体，场馆从衣、食、住、行、科技等方面展示“互联网+”生活方式，场馆服务于海淀区居民、学生、企业、政府等组织，满足大众的参观学习需求，成为新业态下的科教平台。

未来，将扩大受众面积，为社会各界人士提供一个了解最新科学技术的

平台，将互联网与产业发展进一步结合起来。

中心定位

创新商业模式

整合优势资源

助力经济转型

孵化中国品牌

二、中心特色

中心运用微众传媒核心系统将品牌价值数字化，展现品牌在高速增长的成功经验，帮助中小企业拓宽网络营销思路，带动科技产品创新。场馆具有智能化体验、深度交互的特性，满足企业、政府组织的参观学习需求，让更多好产品为世人所知。

1. 中心亮点

拥有产品、技术、金融等全套解决方案，拥有300万以上的“粉丝团”，让企业与消费者真正实现直连互通，助力企业实现“互联网+”战略转型。

运营微众传媒核心系统将品牌价值数值化，展现品牌在高速增长的成功经验，帮助中小企业拓宽网络营销思路，带动科技产品创新。

2. 场馆功能

场馆划分为展示区、会议区、“互联网+”咖啡厅三大块区域，集体验、销售、展示、学习、休息几大项目为一体。

展示区：家居日用、农副产品、数码家电、鞋服、洗护化妆、体育交通、虚拟产品。

会议区：设备具备特殊展示功能的多媒体会议厅，可满足政界接待、商务洽谈、媒体采访的小型会议室；互联网新闻发布会及挂牌入驻仪式的开放会议室。

互联网+咖啡厅：点单、支付、评价等流程皆借助网络完成。

丰富的线下活动：品牌入驻、路演、产品发布会、商务聚会等官方活动及消费体验日等大众活动；新颖的体验消费：无人机、机器人作为服务员提供服务并与消费者互动。

3. 中心一览

中关村南大街核心区

5000 平方米智能展厅

100 家“互联网 +”品牌，每周更新

好产品展示 & 售卖一体化

为消费者提供“互联网 +”生活体验场

为企业家提供“互联网 +”孵化服务

帮助地方政府探明优势产业“互联网 +”转型方向

三、中心开展多项学习活动

组织党建活动

国际接待周

学校、企业游学

开展“互联网 +”讲坛活动

参与中国软件协会 CEO 互访活动

总裁会

四、中心大事件

发布会（产品发布会、活动发布会）

与华人频道达成战略合作

参加 2016 第二十届中国国际软件博览会活动；与张家口市政府及桥西区政府达成战略合作；“中国工业经济联合会”来访、与陕西《时代人物》达成合作。

国资委、国美控股、301 医院、行智集团、用友软件、人大培训学院、代理商等行业代表来访交流学习。

第三节 海淀区职业教育资源存在的主要问题及初步归因分析

从上文的论述中，我们可以看到海淀区各类职业教育资源非常丰富，形成了几大“资源体”，且“资源体”之间是相互融合的，具有自身的发展特点，但在海淀职业教育发展的大环境下，海淀区职业教育资源也存在一些问题。

一、海淀区职业教育面临的主要挑战

海淀区作为北京市教育资源大区和中关村国家自主创新示范区核心区，基础教育和高等教育都已形成比较优势，但在职业教育招生政策调整、产业结构优化升级和人才需求快速变化的背景下，职业教育发展水平和职业技术人才培养能力滞后于劳动力市场需求和核心区发展需要，服务能力尚显不足，主要面临五个方面的挑战：一是在发展方向上，区域职业教育功能定位存在局限，缺乏大职业教育的整体性发展规划；二是在发展通道上，职业学历教育层次壁垒突出，横向沟通和纵向贯通衔接不畅；三是在发展现状上，职业教育发展不均衡，体制内职业教育吸引力不足、规模持续萎缩与市场化社会培训跳跃式发展、规模持续增长形成鲜明对比；四是在体制机制上，职教体系条块分割与多头管理，造成职业教育管理部门障碍和制度瓶颈并存，难以形成发展合力；五是在资源配置上，职教资源开放性不足，中小企业参与职业教育积极性不高。

二、海淀区职业教育面临存在的主要问题

伴随着海淀区高科技产业的发展，海淀区的高新技术产业基地得以确立与发展，尤其是在2009年海淀区被确定为国家高新示范区核心区后，海淀区

的职业教育反而走入了一个“下行”通道，在国家大力发展职业教育的10年（2003—2012），而海淀的职业教育资源流失却比较大。存在的问题主要体现在以下几个方面。

（一）在区域层面需要转变观念，进行系统设计

由于体制机制的限制，各个行政主管部门管辖的职业院校互相联系和合作的机会不多，积极性不高。体制内外的职业教育沟通合作也不够，需要在区域层面统筹整合，形成合力。

（二）硬件资源被占用，特别是办学场地被不断挪作他用

到2017年，北京市信息管理学校只剩下7个校区，随着生源的减少和区域义务教育阶段办学压力的加大，校区等硬件条件存在被中小学进一步占用的可能，校区还会不断减下去。唯一的一所区属的高等院校——中关村学院，三个校区占地也就102亩，还不及一个示范高中的面积，现在还随时有场地被占用之忧。

（三）人才队伍流失严重

干部和教师队伍都有减少，职业教育院校在重新定编时减少了编制量，在后续有人员退休后还不允许新人入编。随着中职学校的合并，干部职数是减少的。比如，区职业教育中心取消后，14个编制的人员基本上都分流到各个学区负责行政工作，离开了职业教育系统，进入普教系统。在压缩编制的大环境下，职业院校每年的进人指标一再被缩减，难以注入“新鲜血液”，教师的年龄老化问题严重。以中关村学院为例，40岁以下的青年教师占比不足20%。

（四）传统品牌优势专业停办或者减少招生数

在学校合并中，传统品牌优势专业一个个被停办或者减少招生数。比如，原远大职高的“烹饪”“饭店管理与服务”“旅游管理与服务”等传统品牌优势专业停办，海淀艺术职高的“幼儿艺术教育”被冠以“学前教育”专业名称，合并后的2015年，招收相关专业不足100人，一半还是“3+2”的中高职衔接

专业，过去的中职特色不能很好地在培养过程中得以发挥。

（五）行业企业参与职业教育的积极性还是不高

三、初步归因分析

出现以上问题，归其原因初步可以确定为以下几个方面。

（一）区域各类教育发展不均衡不利于职业教育发展

由于这些年海淀的基础教育发展得比较好，在全国形成了品牌效应，成为海淀的一张金子“名片”。虽然1993年5月20日由中共北京市海淀区委员会和北京市海淀区人民政府联合发布的《关于发展海淀区成人继续教育、职业技术教育的意见》中提出“建立海淀区高级职业技术教育培训中心，开展适应高新技术发展的培训，发展各种继续教育”，海淀区委和海淀区人民政府已经开始布局与高新技术发展相适应的高端培训，但是教育系统的职业教育在发展过程中却逐渐被“边缘化”，在北京整个大形势下，这种趋势愈演愈烈。

（二）职业教育的发展缺乏与区域行业企业间的有效沟通

“关门办学”“自育自乐”的现象在一段时间普遍存在。一些职业教育学校和培训机构依然没有把经济发展的需要作为其教学的主要目标，而是要么满足于颁发资格或学历证书的教学活动，要么仍等待政府追加教育经费。从海淀区职业教育的发展历史及现实情况看，在近几年之前在职业教育的发展过程中，企业行业参与学校教育的比较少，没有深度地参与学校的专业设置、课程建设等方面，呈现出学校搞自己的教育，企业发展自己的经济，各自封闭，没有实现良好的互动交流，从而产生了职业院校培养出的人才不符合行业企业用人需要，企业行业不愿意接受学生。就业不对口又严重影响职业院校的生源与信誉，呈现了恶性循环的态势。

（三）没有能够与区域的基础教育达成深度合作，在区域范围内都没能很好地做到“普职融通”

海淀区教委曾经在21世纪头十年的初、中期，尝试在区域范围内依托职业学校建立几大公共实训基地，整合职业教育资源服务区域范围内的中小学的社会实践活动，比如远大职高的“烹饪实训基地”。后期在职业学校“合并潮”中也不了了之。后期区教委还是单独投入巨资一方面在各个中小学校园内建立社会实践专门教室，另一方面在山后北安河附近建设区级的中小学的综合实践活动基地和职业体验中心。

第四节 海淀区职业教育资源未来的趋势分析和发展建议

一、海淀区职业教育资源未来的趋势分析

（一）职业教育的生源会进一步减少，招生会持续困难，而且会进一步恶化下去

北京市生源变化，2006—2014年：全市升入初中学生人数变化不大，增加了近1.9万，但其中9个区初中学生数在减少；而且全市普通高中学生数减少了8.2万，所有区都在减少，有2个区甚至只有原来人数的一半。[①]

由2011年到2016年学生数的变化来看，初中与高中学生数量呈下降趋势。在当前形势下，普通中学扩招、高职高专“3+2”、高端人才培养项目“5+2”等形式在不断发展，中等职业学校的招生空间有限，招生困境将持续下去。

① 数据来源：北京教科院杜玲玲《北京市基础教育资源配置状况及变化研究——基于区域间规模、差异和效率的分析》。

（二）海淀区高科技产业的发展对区域职业教育提出了新要求

核心区发展需要大量产业人才支撑。2009年国务院批复同意建设中关村国家自主创新示范区，要求把中关村建设成为具有全球影响力的科技创新中心，提出2020年建设“四个一批”和总收入达到10万亿元的发展目标。根据《海淀区中长期人才发展规划纲要（2010—2020年）》，到2015年海淀区人力资源总量达到107万人，2020年达到130万人，人才需求缺口约23万人。这些人才不仅包括大量高层次人才作为重要支撑，其中也需要适当规模的有一定理论基础且实践动手能力强的高素质技能型人才与之匹配。按照2014年12月《海淀区人民政府、海淀区现代职业教育发展规划（2014—2020）》（征求意见稿）的规划设计，到2020年，高技能人才总量达12万人，拥有一批复合型和知识型高技能人才，占技能人才总量的50%，技师、高级技师总量达4万人；高技能人才的年龄结构进一步优化，行业分布结构更加合理。

核心区的发展需要“减人”“添秤”。根据北京市四个新的功能定位，海淀区将承载着科技创新中心的功能，同时要求疏解非首都功能定位的产业和相应的人口。在人口减少的同时，生产总值要保持增长。海淀区的人口不能增长，产业要持续增长，因此，只有不断创新，提升在职人员的人均创效能力和产值，发展职业教育。

在内外因作用下，海淀区职业教育的发展需要积极响应《北京市中长期教育改革和发展规划纲要》中提出的“推动普通教育与职业教育的融合，为学生提供多元化的学习机会和资源；为学生的终身发展和幸福生活奠定坚实基础”，紧密结合国务院的《国家职业教育改革实施方案》（《职业教育20条》）、国务院办公厅发布的《关于深化产教融合的若干意见》和教育部发布的《中小学综合实践活动课程指导纲要》等文件，勇于开拓思路，不断拓展职教功能，拓宽职教发展路径，多轮驱动，共促发展。

二、未来发展建议

从上述在资源配置和布局结构调整预计未来将发生的几个方面的变化，加强政府对职业教育空间结构调整和职业教育资源配置的统筹规划与实施指导工作，推进职业教育与科技园区融合发展。相应的对未来发展提出以下建议。

（一）推动布局调整提升办学层次和水平

开展新一轮中等职业学校布局调整，支持北京市信息管理学校向核心区战略性新兴产业重点企业开放办学资源，继续开展校企联盟工作。整合现有职业教育办学资源，引入社会力量，与北京市的应用型本科院校或者国外知名职业教育院校（社区学院）开展海淀区紧缺职业技术人才培养，提升办学层次和水平，满足区域学生的升学需求。从选取的两所中职学校的案例（见后面的附件）看，学生升学愿望强烈，急需增加中高职衔接的学校和招生数，满足学生家长需求。北京市经济管理学校从2015—2017年三年在校生中，“3+2”的学生分别为246（占在校生16.2%）、603（占在校生34.4%）、945（占在校生54.1%），三年里增长比较迅速，增长数分别为357、342，每年的80%～90%的统招学生招生集中在“3+2”这一部分。这其中学校的传统品牌专业“经济信息管理”，由于这三年没有采取3+2中高职衔接办学这种专业建设模式，在校生在学校这三年整体在校生人数变化不大的情况下，从2015年的90人、降到2016年的47人，到2017年的33人，可见现在职业教育的学历导向还是比较严重。从北京市信息管理学校这几年的招生中也可以看到，学生和家长都很欢迎“3+2”中高职衔接办学这种专业建设模式，除了现有的“3+2”需要继续加强建设以外，美术设计与制作等学校重点建设专业的发展目前不能够满足需求。

针对这种区域的学历需求，在资源配置和布局结构调整上可以依托区域职教集团，在产教融合、校企合作的基础上将北京市海淀区职工大学（中关村学院）与信息管理学校合并建设一所服务海淀区域经济社会发展的五年一贯制的高职学院，或者通过海淀区政府与××大学等北京的普通本科院校构成战略合作，共同开展培养区域紧缺技术应用型人才的学历教育。可以采取多种合作方式，建议在北京市海淀区职工大学（中关村学院）和北京市信息管理学校基础上共建“××大学海淀学院”，共同开办全日制专科及本科班，继续优化“3+2”中高职衔接、“3+2+2”本科贯通的试点等模式，培养为中关村高科技产业服务的技术应用型人才。

（二）推进融合发展、构建良性的区域职业教育生态

未来发展的趋势将是从院校体系的职业教育扩张到社会化的职业教育体系，形成“政产学研用”服务区域经济社会发展的“大职业教育”体系，构建良性的区域职业教育生态。2014年海淀区职业教育集团（后来在此基础上成立了中关村战略性新兴产业职业教育集团）的成立，尝试将产业界企业界的职业教育进行融合。今后要进一步完善和充实海淀职业教育集团。探索加挂在中关村学院的新成立的海淀区职业教育资源管理服务中心的职能与定位，依托职教集团和海淀区职业教育资源管理服务中心的资源特别是企业和社会机构的高端培训，结合建立“海淀区高级职业技术教育培训中心”“海淀区职业继续教育联盟”，拓展产教融合、校企合作的新途径和新方式，实现资源的区域深度融合。搭建核心区校企合作网络。采用政府购买服务方式，依托海淀区职业教育集团等第三方机构负责具体实施，搭建核心区校企合作网络，以集团化办学为重点推进校企深度合作。主要开展学生顶岗实习、师资培训交流、联合开发课程、联合制定战略性新兴产业人才培养标准、联合建设实验室（或实训基地）、联合技术攻关、科研成果转化、现代学徒制探索和订单式人才培养等业务，并积极推进创新创业教育和社会培训等合作。

（三）职普融通，构建区域高科技产业见习体验及创新创业教育的区域联盟体

服务海淀区委、区政府建设“科技城市，科技政府，科技公民和人文社区”的发展目标，在配置区域全口径人群特别是中小学生的企业见习和创新创业实践时，要利用职业教育这方面的优势，进行系统的资源配置，赋予职业院校和培训机构相应的功能，并在人财物方面进行合理的投入。也是最主要的，面向中小学生开展职业体验课，为区域教育发展助力。特别是针对海淀近32.7万中小幼学生，还有3.4万中小幼教师，职业教育总结职业院校服务

中小学校以前已经有一些成功的案例（比如，中关村学院的承担海淀区近 2.5 万名中小学教师每人 2 学分的继续教育培训，每年承担 13.8 万学时培训。还有，职业学校曾经承担的全区的公共社会实践基地的建设）的经验，主动发力，促进职普融通，统筹区域科技创新资源，服务于中小学生综合实践活动和职业体验教育，增强学生的职业认知能力。

（四）运用社区教育资源服务“城教融合”

发挥职业院校与社区的“地缘”优势，使其成为海淀区“城教融合”的重要节点。继续完善依托原有职业院校的“社区学校”的功能，在构建学习型城市、终身学习社会的资源配置和结构布局中，将职业教育作为其中的重要一环，在赋予其新的使命担当和责任时，给予其必要的保障和支持。

依托职业院校服务社区居民的终身学习。曾经成立社区学校，为这一项整合发展奠定了一定的基础。

远大曙光社区教育学校	社区学校	原远大职高	2007 年成立，于军区长挂牌
花园路社区教育学校		原花园路职高	
紫竹院社区教育学校		信息管理学校	
北部新区社区教育学校		中关村学院	
甘家口社区教育学校		原海艺职	
西三旗社区教育学校		信息管理学校	

（五）探索京津冀一体化的现代职业教育协同发展的新机制

根据京津冀协同发展的战略部署，积极探索京津冀一体化的现代职业教育协同发展措施。保证海淀区的职业教育与北京市的功能定位相符合，梳理职业教育在北京市功能疏解中的定位、规划，保证职业教育调整工作顺利实施。海淀区的职业教育要积极落实京津冀协同发展战略，在北京周边地区，与河北等地区的高校、中职学校合作，建设分校（分院），更好地发挥海淀区职业教育在京津冀地区的辐射带动作用。

（六）积极推动职业教育基地建设

鼓励各级各类职业院校、社会培训机构、企业大学等主体积极开展职业技术人才培养培训、职业资格鉴定、职业教育师资培养研修、职业教育课程开发、职业技术教育教材开发和职业技术教育科学研究。由区教委、区人力社保局、海淀园牵头，制定职业教育基地建设标准，评估辖区内各类主体职业教育成果，认定一批海淀区职业教育基地。对认定的职业教育基地，给予奖励性资金支持。

（七）搭建职业教育资源配置平台

1. 优化资源配置

依托海淀区职业教育资源管理服务中心开展全区职业教育规划的组织实施，优化配置全区职业教育和培训资源，开展职业技术和技能培训，构建资源共享的大职教平台。推动海淀区职业教育资源和管理服务网络平台建设，加快推进中等职业学校学生管理信息系统、国家中等职业教育改革发展示范学校项目以及职业教育课题研究项目的管理信息系统建设，提高管理的信息化水平、管理效率和质量。

2. 提供政策咨询

积极开展职业教育领域理论研究和调查研究，支持开展国内外职业教育政策和制度设计研究，及时总结国内外职业教育发展的最新动态和先进经验，定期报送职业教育领域的研究成果和政策建议，系统设计海淀区职业教育发展的配套政策和制度安排，为海淀区职业教育发展提供决策参考和政策支持。

3. 发布人才需求

建立人力资源统计、预测、行业人才规模和产业人才需求信息定期发布制度。由政府购买服务，依托海淀区职业教育集团等第三方机构实施，逐步完成海淀区企业人才供需平台搭建，按年度发布重点产业的人才规模，统计产业人才需求规模，编制海淀区紧缺职业技术人才需求目录，作为职业院校、职业教育集团和社会化职业培训机构有针对性地进行专业、课程设置和开展人才培养的依据。

4. 开发职教课程

依据核心区战略性新兴产业紧缺人才需求目录，由海淀区职业教育资源管理服务中心负责，采用政府购买服务方式，依托海淀区职工大学、北京市信息管理学校、中关村创新研修学院及驻区龙头企业的企业大学等，使用现代教育技术和信息化手段，开发职业技术教育课程，面向海淀区职业教育集团成员单位免费开放。加快职业教育网络学习空间的普及和应用，支持建设一批数字化资源开发基地和虚拟仿真实训基地，通过网络学习空间提升教育教学质量，提高仿真实训教学水平。引导职业院校将信息化手段和实际操作有效结合，发挥好信息化资源的集聚和辐射作用。

5. 开展师资交流

依托核心区重点产业领域的领军企业、企业大学、行业组织和其他专业人才培训机构开展企业和职业院校互派师资交流项目，鼓励企业骨干专业技术人员到职业院校兼职，支持职业院校选派教师到上述机构进行师资培训和研修，推动职业院校教师与企业专业技术人员双向交流。探索企业经营管理和技术人员与学校领导、骨干教师相互兼职制度。探索适合职业学校的师资分类管理制度。

（八）提高职业教育资源开放水平

由区教育、人力资源和社会保障等职能部门牵头，统筹辖区内职业教育院校、机构可向社会开放的校舍、实验仪器设备、实训基地等，整合辖区内公共实训基地、生产性实训基地、企业在职员工培训中心、居民继续教育基地等，将职业教育、职业技能培训和职业技术训练资源向社会开放，提高资源利用率。采用政府购买服务等方式，由区职业教育资源管理服务中心负责，通过职业教育网络公共平台，将课程开发平台开发的职业技术教育课程、职业教育和培训机构研发的仿真实训课程以及开放大学备案的优质课程，向注册认证单位及个人免费开放。

（九）拓展职业教育国际合作方式

鼓励职业院校与国外院校、机构开展合作办学项目，支持职业院校系统引进国外先进人才培养模式、课程体系、职业资格证书考试和评价标准等优质资源。推进职业院校与国外职业技术教育机构和应用技术类型高校联盟、协会的合作交流，通过教师交流、学生交换和国际项目等促进国际合作。开发与国际先进标准对接的专业标准和课程体系。

（十）探索未来经费投入的新机制新模式

探索未来经费投入的新机制新模式也就是资源注入的新方式，建立海淀区职业教育经费保障机制。坚持职业教育的公益性和普惠性，坚持政府投入的主渠道作用，支持职业教育发展。整合海淀区职业教育发展专项资金。加大政府对职业教育经费的统筹力度，探索职教经费奖励、补贴和资助机制，逐步推广试点企业失业保险按比例返还政策，引导企业和社会加大职业教育投入，鼓励社会加大职业教育投入。

第七章　高新技术产业发达地区技术技能人才培养策略

第一节　统筹规划，高移培养定位

一、做好统筹规划

受市场因素的影响，职业院校专业设置往往表现出比较明显的短期行为。一方面，部分职业院校，特别是一些民办院校缺乏对人才需求的整体分析和预测，导致一些投入少的热门专业增长快速，在专业设置存在着比较严重的“同构型”，高技能人才的培养缺乏自身特色和针对性。这些都在一定程度上造成了教育资源的严重浪费，加大了人才培养的成本，也大大加重了毕业生就业的压力。而且，对于一些重点发展的、新兴产业继续大批高素质、高技能的专门性人才，但是职业院校相应的专业开设严重不足，专业人才供给处于紧张状态，导致技能人才严重短缺，供不应求。这种职业教育对产业发展需求的支撑不足，造成区域内劳动力就业的结构性矛盾。另一方面，某些“热门”专业开设重复率过高，短期内市场提供该类的工作岗位有限，出现了大学生“就业难”以及专业不对口等现象。职业教育与区域经济、产业发展之间的联系松散，不并相协调适应。

职业教育要形成学校、企业、政府、行业之间的平衡，确保职业教育培养的人才契合企业需求，就需要依靠市场调节、政府调控的双重力量。职业教育培养的技术技能人才与市场需求结合更加紧密。职业教育要服务产业发展，精准对接企业需求，既要依靠市场调节、又要依靠政府调控。市场调节就是根据市场的变化、企业对人才的需求变化对职业教育的供求进行调节，企业需要什么样的才，职业教育就培养什么样的人。通过人才供求“不平衡→平衡→新的不平衡→新的平衡”连续变动的动态过程，调整人才培养的数量和规模，从而增加技术技能人才的有效供给来实现职业教育与劳动力市场需求的匹配和契合。市场调节是一种自发的调节活动，主要依靠劳动力的价格和供求关系使人才得到合理配置。市场经济条件下，就业是以劳动力市场需求为导向的“双向选择”，因此职业院校人才培养的规模、方向、质量等要以市场信号为导向。市场调节比较灵活，可以增强职业教育的灵活性、多样性、自主性，有其一定的优势，但市场调节不是万能的，也有局限性，因此，市场经济也需要政府调控，而教育事业不是纯粹的经济行为，它更需要政府干预。政府干预主要是通过教育投入、政策引导控制职业教育市场的运行方向，补充市场调节的不足。通过政府的宏观调控，可以从社会经济发展的全局出发，把握市场对人才的需求，从而进行顶层设计和统筹安排，制订相应的职业教育发展规划和技术技能人才培养计划，确定职业教育的培养目标、招生规模、专业设置、培养方式等。政府的干预行为对于职业教育的引导，对整个职业教育系统的平衡至关重要。因此，职业教育要想与劳动力市场需求相契合，服务于经济社会发展和产业需求，就应该形成市场调节为主体、政府调控为主导的政府、企业双元协调的发展模式。

具体来说，首先，政府部门要继续出台、完善相应的法规条例和政策引导，积极推动产教融合、校企合作，既要关注公办职业院校，也要重视民办职业教育学校和民办培训机构、企业办学，要制定职业教育发展整体规划，鼓励社会力量捐资、出资兴办职业教育。其次，行业组织应定期发布行业人才需求预测、职业院校毕业生就业情况，推进校企合作，开展质量评价。同时，相关部门应当加强对行业组织的指导和监管，支持行业组织发挥服务功能。最后，职业院校与企事业单位、社会团体、行业组织开展深度合作，在人才培养、资源共享、技术创新、就业创业、社会服务等方面不断创新合作方式，尤其是要与相关企业在人才培养、技术研发与推广、科技成果转化等方面开展深度合作。建设校企合作、产学研一体化实训基地，开展订单、定向培养和“学历教育+企业实训”培养。职业学校、行业组织和企业开展现代学徒制和企业新型学徒制培养，明确学校、企业和学生三方的权利和义务，共同制订人才培养方案、开发课程和教材、设计实施教学、组织考核评价、开展教学研究。开放重点实验室、工程技术研究中心、企业中试基地、科技孵化机构等，共建统一的成果转移转化、科学仪器开放和技术交易平台，打造协同创新载体，实现资源等共享，开展人才交流合作，服务企业。可以打造诸如“中关村软件园云计算实践教育京津冀协同发展中心”之类的区域职业教育资源共享平台，对区域职业教育资源进行集中管理，实现政府、学校、企事业单位职业教育资源的互联互通，实现教学资源尤其是课程开发和师资的共享。

作为高新技术产业发达地区，北京要增加相关行业操作型人才培养数量与规模。尽管从集成电路、信息安全和新材料行业发展的角度需求更多的高端人才，但是放眼全国，北京无疑是这些领域高端人才最集中的区域。但是从产业发展生态角度来看，北京目前最紧缺的是相关的“工匠型”的专业操作人员。尤其是随着北京对相对低学历人口的疏解，以及全国各地“抢人”政策的出台，这种结构性问题会表现得更加突出。针对目前北京人才培养方面的结构性问题，北京可以通过以下几方面的措施来缓解这样的矛盾：第一，扶持相关高中职院校，尤其是相关紧缺专业的发展，尽快培养相关行业的操作型人才，以弥补当前人才结构方面的不足，从数量方面解决当前中关村科学城相关行业操作人员不足方面的问题。教育部门具体可以在核准招生专业和招生计划方面加强引导，对相关专业优势学校给予政策扶持和引导力度。如集成电路、信息安全等电子信息类专业，应对北京信息职业技术学院、北京电子科技职业技术学院等具有专业优势的院校给予政策扶持。第二，针对本科毕业生相对过剩，而高职类院校毕业生相对不足的情况，可以开展应用型本科方面的教育。在部分本科类院校中设置相应的职业教育类课程，重视实践教学、强化应用型人才培养。第三，作为一种临时性补充措施，可以让部分本科院校毕业生最后半年到高职院校进行实习，增加他们在专业技能方面的积累。这样的制度安排或许对本科院校和高职院校都有益处，优秀本科毕业生的实习也能够促进高职院校的发展，同时还能够避免本科毕业生直接去生产岗位之后对企业新员工入职培训造成的负担。通过强化实践教学，开发适应高素质应用型人才培养的教学手段和方法，校企合作实训基地建设，培养实践教学师资力量等多种手段，加强北京相关专业高技能人才的培养。

以市场需求为导向，调整学科专业结构，强化应用型专业建设应该是北京市进行教学改革的总体目标。具体从专业建设方面，结合对中关村科学城相关企业的调研，建议北京市开设以下方面的课程：在集成电路领域，结合行业发展的实际，北京可以在本科及研究生层面开设集成电路设计专业，而不是泛泛地开设微电子专业、半导体专业，为北京市集成电路行业发展更有针对性地培养集成电路高端设计人才；以及虚拟机开发、汇编语言学习等集成电路基础而又在全国非常紧缺的专业。而在本科，尤其是高职层面，在应开展集成电路相关的生产制造、封装测试、设备制造、环境维护等方面人才的培养。在信息安全领域，针对目前行业内网络管理员、系统管理员等岗位已经相对饱和，而且也不是未来发展方向的现实，当前北京的高职院校，应该增设云计算安全、物联网安全、大数据安全等方面的专业。同时在课程方面，除了信息安全基础、网络安全、信息安全法律法规等网络安全方面的基础课程之外，还应该增加网络安全配置与测试、操作系统安全配置与管理、系统渗透测试、Web 安全技术、网络安全攻击与防御、网络协议分析等核心课程，提高学生的综合素养。

可以积极开展新兴产业研究，激励新兴行业企业参与职业教育，从而以新兴产业需求为导向，调整职业教育专业结构体系。职业院校应依据地方政府宏观经济规划和行业产业发展情况及趋势，紧跟新兴产业发展的步伐，加强与新兴产业相关企业开展合作，调查了解新兴产业对人才规模、结构、素质的需求，从而根据学校的办学条件，发挥自身特色和优势，整合配置教学资源，有针对性地开设相应专业，完善课程体系，实现人才培养与战略性新兴产业相关专业人才需求相匹配。

二、明确培养定位

发展职业教育是推动首都经济社会发展，促进就业、改善民生的重要途径。近年来，海淀区职业教育以《国务院关于加快发展现代职业教育的决定》的精神为指导，根据《北京市“十三五”时期教育改革和发展规划（2016—2020年）》和《海淀区“十三五”时期教育发展规划》等文件要求，不断促进职业教育的转型升级，完善现代职业教育体系，深化办学模式改革，提高教育教学质量。海淀区的职业教育综合实力显著增强，办学特色更加明显，办学优势更加突出。

北京市海淀区职业教育整体素质水平较高，学校品牌、教师队伍学生素质均在业界获得广泛认可。但是，职业学校和培训机构的培养培训层次主要以初级人才为主，近年来，北京中职学校在人才培养模式和课程改革方面都进行了一系列探索，也形成一定的优势和特色。但是，中职学校和职业高中办学规模不断缩小，招生困难，培养的毕业生也无法满足高新技术产业对技术技能人才的需求。在区域层面处于重点优先发展的现代服务业、战略性新兴产业方面，高等职业教育人才对接不足，从事中高层次产业人才培养培训的机构数量较少。在某些重点发展的高新技术产业领域，急需大批高素质、高技能的专门性人才，但与之对应的重点本科、高职院校的专业人才供给处于紧张状态，出现人才缺口。

2015年8月28日，北京市教委出台《北京市贯彻落实〈国务院关于加快发展现代职业教育的决定〉实施意见》（以下简称《意见》），要求调整北京职业教育规模，尤其是中等职业教育部分。《意见》规定，到2020年，中等职业学校调整到60所左右，高等职业学校数量相对稳定，将建成10所左右达到国际先进水平的职业院校和一批骨干专业。

海淀区作为高新技术产业发达地区，应该把职业教育提升到与区域经济发展息息相关的重要地位，整合区域内政产学研用等各类职业教育资源，重构海淀区职业教育体系，把人才培养目标高移，以产业发展的技术技能人才需求为导向，构建海淀区职业人才培养和服务体系，使其与海淀区高精尖产业发展相匹配，走精品化、高端化和国际化的道路，积极发挥职业教育服务核心区经济增长、战略性新兴产业发展和职业技术人才培养的功用。

要在巩固提高中等职业教育的前提下，大力支持发展高等职业教育，支持各级各类高等职业院校开展学历教育衔接，探索在职业教育集团内部的弹性学制、模块化教学、学分积累和互认互转制度，打通从中职、专科、本科到研究生的上升通道，形成学历教育的立交贯通。支持辖区内本科院校探索开展向培养高层次技术技能人才的应用技术类型高校转型的试点工作，规范、引导、支持社会力量兴办高等职业教育。重点发展高等职业教育。引导一批市属普通本科高校举办技术应用型本科，填补北京市本科层次高等职业教育的空白。以专业建设为抓手，按照技术技能人才长期系统培养的规律，积极开展职业教育各学段衔接培养高端技术技能型人才的实践。积极开展中职与技术应用型本科“3+4”衔接培养以及专科高职与技术应用型本科“3+2”衔接培养的实验；推进中、高、本“2+3+2”和“3+2+2”贯通培养试验；继续扩大中高职“3+2”衔接。

同时可以积极推动本科院校转型，发展本科层次职业教育。引导部分市属高校因势利导，改建为技术应用型本科，专门培养本科层次技术应用型人才，并大力开展应用技术研发，从而形成首都高校新的办学特色。

三、制定扶持政策

高端技术技能人才是战略性新兴产业结构优化升级的基础保障和重要支撑。在高新技术产业发达地区，比如京津冀协调发展背景下，根据有序疏解北京非首都功能的相关要求，北京，尤其是城六区产业结构不断优化调整，产业不断向高端化发展，一些具有较高附加值的相关产业链上的配套企业不得不将产能向区外转移。因此，天津、河北两地，尤其是河北地区不仅要做好产业承接，更要做好相应的人才储备。在面对京津冀协同发展战略推进下生产环节转移河北地区的现实，利用京津冀协同发展的政策，挖掘河北中高职在相关专业方面的积累，结合产业发展趋势的研判，规划布局专业建设，在更大的范围考量专业契合度，在京津冀整个地区布局教育资源。

因此，相关领域的技术技能人才培养就要注意加强京津冀三地区域统筹协调，实现资源整合，政府要做好全面布局与整体规划，加强合作，根据地区经济发展状况、教育发展水平，尤其是产业分布和结构调整，积极应对，整合和优化区域内职业教育资源，协同推动技术技能人才培养。

政府要制定长期的职业教育以及技术技能人才培养的规划，出台相关的政策法规。要以实施国家高技能人才振兴计划为龙头，加大技术技能人才培训力度，大力开展高技能人才培训，加快技术技能人才培养和素质提升。依托大型骨干企业、重点职业院校和培训机构，建成示范性技能人才培训基地，开展技能人才培训、人才评价、职业技能竞赛、成果交流等活动。制定完善支持高技能人才成长的政策措施。加大扶持力度，建立健全高端技术技能人才培养的长效机制。

第二节　资源重构，构建培养新生态

一、推进产教融合，建设现代职业教育体系

要建立职业教育经费保障机制，坚持职业教育的公益性和普惠性，坚持政府投入的主渠道作用，支持职业教育发展。要整合职业教育发展专项资金，加大政府对职业教育经费的统筹力度，探索职教经费奖励、补贴和资助机制，逐步推广试点企业失业保险按比例返还政策，引导企业和社会加大职业教育投入，鼓励社会加大职业教育投入。

要建立现代职业教育体系，既要关注公办职业院校，也要关注民办职业教育学校和民办培训机构，要充分利用区域内没有直接隶属关系的职业教育机构的教育资源，进行统筹规划，建立完整的职业教育发展体系。

加强国家级职业教育示范校品牌建设。做强做优职业教育精品专业，推进职业教育课程和教学模式改革。以提升职业素养、培育工匠精神为重点，探索现代学徒制育人模式。建设校企合作、产学研一体化实训基地，开展订单、定向培养和“学历教育＋企业实训”培养。推出职业教育名师和导师，提高“双师型”教师比例。探索“中高本”贯通培养模式，拓宽中职学生发展通道。

海淀区作为高新技术产业发达地区，要把提高教学质量作为今后一段时间职业教育改革与发展的核心任务，适应非首都功能疏解和产业转型升级的新要求，制定专业建设规划，改进现有专业设置，积极发展新兴产业相关专业。继续优化“3+2”中高职衔接、综合高中试点专业布局。积极推进精品特色专业建设，打造能发挥引领辐射作用的示范专业。

推进职业教育、网络教育和继续教育融合发展。用移动网络和智能终端等信息化手段和设备帮助在职人员实现“网络在线学习＋校内动手实践”，探索基于终身教育理念下的课程体系、学习评价体系和学分管理体系建设，加快形成学习型社会。

发展智慧职业教育。以“互联网＋职业教育”的理念，统筹推进智慧校园建设，加强智慧教室和数字化课程资源建设，依托“京学网”构建全市优质数字化课程教学资源共享平台。

二、加强校企合作，发挥企业主体作用

《职业学校校企合作促进办法》提出，产教融合、校企合作是职业教育的基本办学模式，是办好职业教育的关键所在。发挥企业在实施职业教育中的重要办学主体作用，推动形成产教融合、校企合作、工学结合、知行合一的共同育人机制，是建设知识型、技能型、创新型劳动者大军的重要基础，是完善现代职业教育制度的核心所在。

国务院办公厅《关于深化产教融合的若干意见》（国办发〔2017〕95号）提出，要构建教育和产业统筹融合发展格局。校企合作、产教融合要以学校、

企业为主体，同时要依托政府和行业组织，要充分发挥政府的协调促进作用，为校企合作搭桥引线；完善配套法律法规，对产学研合作予以规范和保障；具体细化配套政策，把鼓励产学研合作落到实处；发挥市场能动作用，鼓励产学研合作的机制创新。同时要依靠行业组织，充分发挥行业在人力资源需求分析和教育教学指导中的作用，并以行业协会为中介和桥梁，搭建校企合作的平台，鼓励企业积极参与技术技能人才培养，不断探索校企合作、产教融合发展模式。

制定校企合作办法，赋予企业技术技能教育主体地位，引导鼓励行业企业融入职业教育并享有税收优惠等稳定性权益。引导职业院校和企业深度融合，在人才培养、技术创新、就业创业、社会服务、文化传承等方面加快开展合作。

鼓励学校之间、校企之间开展必要的合作参与职业技术教育，对于愿意成为实习、实训基地的企业，政府可以给予一定的资金和政策支持。利用高新技术产业发展、科技企业众多的优势，统筹区域教育资源，促进学校与企业深度合作。职业学校与企业实行联合办学，推行“订单”培养。企业参与职业学校教育教学管理全过程，并提供一定的经费、设备、生产实习场地，学校根据企业需求设置专业、开发课程等。

进一步深化校企产教融合，通过订单培养、现代学徒制培养等形式形成共同育人的局面，通过师资互聘的方式，更多吸引企业高管、高级技术人员到学校参与教学，通过教师企业实践的方式，提高专任教师应用新技术、了解新技术的工程实践能力，通过校企合作的协同方式共同开展技术研发、科学研究，提高技术成果的转化，通过校企合作开发专业、课程等，不断提高学校教育与产业需要的契合度。

要鼓励企业办学，创办企业大学与职业院校，加强对技术技能人才的培养，同时要支持企业参与公办职业学校办学。支持引导企业深度参与职业学校教育教学改革，多种方式参与学校专业规划、教材开发、教学设计、课程设置、实习实训。鼓励企业依托或联合职业学校设立产业学院和企业工作室、实验室、创新基地、实践基地。

此外，还可以在继续教育方面进行改革开放，支持院校开展各类社会培训，为相关企业提供继续教育服务，同时支持各种职教集团等社会办学机构的发展，在教育证书颁发、教育资格认证等方面给予相应的扶持。尤其是鼓励在线教育、远程教育平台的发展，激发社会活力，多层次、多角度地加大相关人才的培育，提高行业人才素质。设立校企合作专项补贴资金，用于兼职教师课时补贴、教师企业实践补贴、实习学生校外住宿补贴等。鼓励金融机构开辟职业教育校企合作信贷业务，对企业尤其是中小企业与职业院校合作设立的实验室、生产性实训基地建设提供信贷支持。建立以行业企业和毕业生为主的职业教育质量评价机制。完善职业教育校企合作督导评估制度。

从学校层面来看，要通过更为科学详尽的调研，收集到更多的行业信息，加强与企业的沟通联系，了解企业对人才数量、人才质量、人才结构的需求，通过对毕业生进行跟踪调查，形成“产教融合、校企合作”大数据支撑，从而精准对接企业的人才需求，调整职业教育内部生态，从招生规模、专业设置、培养方式、课程设置等教育内部各因素出发，确保职业教育为产业发展服务，确保职业院校培养的技术技能人才契合企业的用人需求。

具体来说：

第一，由于功能疏解和产业优化，北京总部经济、服务中心、战略平台的现状，大企业总部需要办公室、财务人员等经营管理人员，可以挖掘北京市现有的财经商贸类、服务类的职业教育资源，与行业、企业“产教融合、校企合作”，联合培养定向班，在通用课程的基础上，增加相关行业的发展情况的课程，为行业专门培养经营管理、销售服务类的高技能人才。

第二，配合北京市产业政策和布局，加大贯通式培养力度，提升北京市的培养层次，以契合产业人才学历高企的需求现实，北京随着疏解功能的政策延续，作为总部基地、管理平台、研发基地，用人的学历要求一般提高到大学本科层次，因此，联合北京地区的普通本科院校，进行技术技能人才相关专业的贯通式培养，以满足行业企业的人才需求。

第三，服务中小微企业的人才需求。比如，今后新材料研发、生产、应用将更加深化到民用领域，新材料在民用时和民用产品进行“合成”时，会产生一些新的职业岗位——新的技术技能，会形成大范围、持久性的应用，这样就可以形成一些新的职业岗位（与新材料产业发展相伴生），要认真研究这些新的人才需求，在专业设置、招生规模、培养方式上及时进行相应的调整，以实现与产业发展的更高契合度。

第四，除了岗位相关的专业知识及操作能力之外，企业越来越重视注重核心素养、关键能力的培养以及员工自主学习、自我成长的能力，尤其是沟通能力、团结协作精神、钻研精神以及学习态度。因此，在人才培养上，职业教育需要特别重视对学生相关素质的培养，从而为学生进入职场的终身学习、可持续发展提供基础素养和能力的支撑。

总之，在高新技术产业发达地区，需要建构企业驱动人才、人才驱动教育的产教融合良性生态。

三、改革体质机制，激发办学活力

首先，要依托高校、企业大学搭建职业技术教育课程开发平台。高新技术产业对技术技能人才的需求不仅体现在量的需求，更体现在对人才质的要求，在调研过程中，我们也发现企业表示一些毕业生进入工作岗位后不能较快地适应工作岗位，所学技能与岗位需求不匹配，而且学生的综合素质，尤其是学习能力、适应能力、团队合作意识等比较欠缺。这就要求职业院校在人才培养的过程中注意关注企业需求，及时调整办学目标、培养方式、课程设置等。职业教育课程的任务就是使学生有能力胜任职业工作岗位的现实要求，适应社会发展的需要，同时发展学生的个性，适应个人发展的需要。

职业院校要想培养契合企业需求的技能人才就需要明确课程开发对于职业教育发展的重要作用，加强课程改革和课程开发，依托高等院校、企业大学搭建职业技术教育课程开发的平台。但是，目前，绝大部分的职业院校人才培养机制与教学内容相对滞后，大量毕业生不能满足企业需求，导致毕业生结构性失业，而企业的用人需求却又得不到满足。尤其是有些课程内容滞后于专业技术的更新与发展，从而导致课程和教学内容不能满足用人单位的需要，毕业生难以迅速成长为高技能人才。因此，职业院校要注意加强与企业的合作交流，不同学历层次专业进行有效对接，根据企业的需求设置专业课程。加强专业课程设置，建立科学的课程体系。在课程体系结构上要开发和推广与专业应用联系密切的综合性和案例性课程的教材，注重社会实效性和学生实际应用能力的培养。在课程设置方面，除了增加应用型课程之外，还要增加特色教育等专业核心课程建设，各院校形成不同的专业特色，建立快速动态专业调整机制，与时俱进，跟上行业的快速发展。尤其是一些战略性新兴产业一线，急需的是掌握高新技术的高素质技术技能人才，企业和职业院校必须紧密跟随市场和技术前沿，职业教育课程体系必须快速调整，才能适应新兴产业发展的需要，培养的人才能够真正服务于新兴产业。

在职业教育课程开发中还要注意处理好两个问题：一是要处理好通识课程和专业课程的关系。在高等教育中，通识教育与专业教育对立统一的博弈与讨论一直是学术界的热点，也是大学课程中最难处理的问题之一。而在职业教育中，往往更关注专业教育和专业技能的培养，而忽略通识性教育。调研中，很多企业表示希望员工特别是一线的技术技能员工有主动学习成长的意愿，并对相关人员的基本素质提出了更高的要求。这就需要高职院校人才培养上要注重学生综合能力的提高，尤其是技术技能、职业素养、创新能力、团队协作意识等的锻炼和培养。二是要处理好理论课程与实践课程的关系。企业需要的技能人才是专业理论够用、生产技术操作熟练和组织能力强的复合型人才，尤其注重的是技能人才的操作技术和实操能力，因此，在技能人才的培养过程中必须注重实习实践。但是，目前，很多职业院校技能人才培养方式还是存在偏重理论教学而轻视实践锻炼的问题，甚至使得实习实践流于形式。

其次，要注重依托高新技术企业搭建师资培养平台。教师素质是目前北京市乃至全国教育随产业实现转型升级的重要瓶颈。重视和推进师资队伍建设也是国家职业教育改革的重点之一。由于职业教育教师与相关产业和技术的发展不同步，使得教师素质还不能够完全适应现代产业变革的需要，而教师素质直接决定着学科专业建设，以及技术技能人才培养的素质。以信息安全为例，目前北京市计算机网络技术等相关专业的教师基本都是计算机相关专业毕业，有着相关的教育背景，且有近50%的教师在近两年关注或参加过信息安全方面的培训，但就近两年的企业实践经验而言，还是稍显薄弱，基本缺乏相关方面的经历。对于集成电路来说，有相关经验的教师更是稀缺，而且教师也普遍缺乏相关的实践经验，而集成电路相关专业毕业的教师，也存在知识更新滞后，缺乏相应实践环境等方面的问题。总之，职业教育“双师型”教师数量不足，素质有待进一步提高，教师实践能力不足，跟不上产业需求，直接导致职业教育人才培养不能满足企业需求。因此，要注重职业教育师资培养，加大对专业带头人、骨干教师和双师教师培养的力度，要注重对教师教学素质与实践技能的双向评定，建设高水平的专业教学团队。

最后，要拓展教师培养途径，健全教师培训体系，搭建技能型教师专业成长体系和教师交流平台。充分利用校内实践条件，提高教师实践能力，同时要为教师提供异地培训、技术竞赛以及校外企业的实践机会。要深化校企合作，建立企业实践机制，为教师提供进企业、技术一线岗位学习交流的机会，特别是一些年轻教师缺乏实践经验，入职后应该先到一线进行实习实践，通过企业培训切实提高教师的专业水平和实践教学能力。建立政府购买职业教育师资制度，引导本科院校与企业按北京市职业教育新教师标准联合培养符合首都需要的职业教育师资。完善职业学校教师培训体系，高标准建设一所职业教育师资培训学院，形成职业院校教师定期培训机制；加快“双师型”教师队伍建设，探索师资培训基地与教师企业实践基地“双基地”合作培养“双师型”教师新模式。改革职业院校用人制度。制订具有职业教育特点的教师编制方案，从编制和管理制度上解决职业院校各类人员的比例、使用、进修和待遇分配问题。建立独立的职业教育教师职称评定制度，吸引企业高水平人员任教职业院校。

四、利用信息技术，实现共享共赢

随着经济结构和产业结构的优化调整，尤其是高新技术产业发达地区产业的更新换代速度加快，职业教育更要关注经济发展和劳动力市场需求，切实提高服务产业发展和市场需求的意识，从而提高技能人才培养质量，实现对劳动力市场的有效供给，精准对接产业需求。这就需要加强对职业教育的统筹规划，建立职业教育技术技能人才培养、产业人才需求以及劳动力市场需求协调发展的动态监控预测系统。

政府和教育管理部门要给职业院校充分的办学自主权，允许学校根据市场需求及市场变化及时调整和制定学校的发展规划，调整专业设置和招生规模等。作为政府部门，则应该进行引导和调控，及时制止部分院校盲目追求所谓的热门专特，引导其开设市场急需的专业，可以增加投入，给予教育补贴等进行引导，从而帮助学校对接新兴产业人才需求，从而做出科学合理的技术技能人才培养规划。

相应的行业组织要自觉履行发布行业人才需求、对劳动力市场需求做出准确预测，建立行业人力资源需求预测和就业状况定期发布制度，以便为职业教育管理部门、职业院校提供参考数据，从而根据市场需求调整专业设置、招生规模、培养方式等，使人才培养更加契合产业需求。

职业院校也要通过更为科学详尽的调研，收集到更多的行业信息，加强与企业的沟通联系，了解企业对人才数量、人才质量、人才结构的需求，通过对毕业生进行跟踪调查，形成“产教融合、校企合作”大数据支撑，从而精准对接企业的人才需求。通过加强人才需求预测，从而提高人才培养的科学性和前瞻性，避免技术技能人才供给与劳动力市场需求脱节，造成一方面人才浪费、另一方面人才短缺的乱象。

第三节　区域合作，促进协同培养

京津冀协同发展是当前我国三大国家战略之一。京津冀协同发展，核心是京津冀三地作为一个整体协同发展，要以疏解非首都核心功能、解决北京

“大城市病”为基本出发点，调整优化城市布局和空间结构，构建现代化交通网络系统，扩大环境容量生态空间。“京津冀一体化”协同发展的国家战略为职业教育提供了新的发展环境。在“京津冀一体化”背景下，职业教育应该根据产业分布和结构调整，整合与统筹区域职业教育资源，促进技术技能人才的合理流动。

促进职业教育资源整合和共享，在京津冀三地之间形成完善的统筹规划、系统管理的合作机制，提升区域内职业教育整体实力，是解决区域一体化发展的一个重要前提。新形势下，海淀区职业教育应该提升到与区域经济发展息息相关的重要地位，整合区域内政产学研用等各类职业教育资源，重构海淀区职业教育体系，以产业发展的职业人才需求为导向，面向全国乃至全球的人才培养机构，构建海淀区职业人才培养和服务体系，使其与海淀区高精尖产业发展相匹配，走精品化、高端化和国际化的道路，积极发挥职业教育服务核心区经济增长、战略性新兴产业发展和职业技术人才培养的功用。

具体来说，京津冀要实现职业教育资源整合可以从以下几个方面着手。

一、强化政府统筹，坚持整体规划

政府在区域合作中扮演的是政策制定者和协调者的角色。在京津冀职业教育合作中，政府要发挥主导和统筹作用。首先，从国家层面来看，要制定区域内职业教育发展的长远规划和发展目标，进一步明确责任机制，引导和规范京津冀三地之间的合作，推进区域内职业教育发展的公平化，促进资源的利用率最大化，实现效益的最大化。其次，京津冀三地政府相关部门要加强合作，根据地区经济发展状况、教育发展水平、各单位、机构职业教育实际，积极应对经济发展、产业升级以及职业教育发展的需要。一是做好全面布局与整体规划，整合和优化区域内各种职业教育资源，协同推动科技创新一体化发展。调整优化空间布局。引导城区中等职业学校向城市副中心、高端产业功能区、产业发展新区和特色功能区疏解。支持其他有条件的职业院校通过搬迁、办分校、联合办学等方式向五环外疏解。二是随着京津冀地区，尤其是河北省内一些新的产业园区的落地生根，要进一步加强高水平的校企合作，打造创新发展战略高地、创新孵化器、实训基地。三是探索人才培养和输出的新模式，实现人才异地培养、本地接收，促进人才的合理流动。这就需要政府相关部门制定并实施区域内统一的职业教育政策，做好职业教育的统一标准和长期规划。

在京津冀职业教育合作中，海淀区要根据京津冀协同发展的战略部署，积极探索京津冀一体化的现代职业教育协同发展措施。要保证海淀区的职业教育与北京市的功能定位相符合，梳理职业教育在北京市功能疏解中的定位、规划，保证职业教育调整工作顺利实施。一方面可以调整职业院校结构和布局，把海淀区优质的职业教育资源移植到河北发展，全面改善河北职业教育办学条件、师资水平。另一方面把海淀区校企合作、高新产业园区发展的成功经验引入河北。

二、建立区域资源库，实现资源共享

京津冀一体化发展，要注重发挥北京全国科技创新中心、天津现代制造中心的优势，整合创新资源，推动产业升级，帮扶曹妃甸、张承、新机场等新型产业园区的建立和发展，不断完善合作机制，实现互利共赢，构建分工合理的创新发展格局。同时要促进科技资源交流共享，充分发挥首都科技条件平台的作用，鼓励三地开放重点实验室、工程技术研究中心、企业中试基地、科技孵化机构等，共建统一的成果转移转化、科学仪器开放和技术交易平台，打造协同创新载体，实现创新成果、科技人才、信息资源等共享，开展高层次科技创新创业人才交流合作，为三地科技型企业提供多方面服务。在全面深化合作的背景下，京津冀三地要打造区域职业教育资源共享平台，对区域职业教育资源进行集中管理，实现政府、学校、企事业单位职业教育资源的互联互通，实现教学资源尤其是课程开发和师资的共享。

海淀区要建设职业教育资源管理服务中心，挖掘区域产业和专业资源优势，合作共建一批职业教育特色专业和精品课程，认证一批企业职业教育大师和职业教育基地。加强创新创业教育，推进创新创业人才培养工程。促进职普融通，统筹区域科技创新资源。

三、整合区域资源，开发远程平台

在信息化时代，现代职业教育发展也需要借助信息化手段，利用大数据、“互联网+”、云计算等，建立统一开放的信息化平台，实现信息共享。京津冀三地要积极开发远程教育、网络职教中心、数字虚拟课堂等网络平台建设，加强三地网络资源的整合和共享。同时，需要建立三地人才需求和招聘网站，及时建立和发布三地产业发展方向、人才供需变化、人才服务信息、人才就业政策、从业者职业培训期望等各方面的信息。明确三地企业人才需求种类、数量等基本情况并进行相关人才需求分析，统筹安排人才培养工作。

海淀区要继续加强教育信息化建设，建设和完善网络教学平台，开发教学资源，不断提升教师信息化教学水平，逐步形成各学校、各专业系统化的网络课堂，开设网络课程和数字化教材，建立优质教学资源库。

除此之外，还应该注意多管齐下，全方位加强技术技能人才的培训和使用。一是加强职业培训，建立健全面向技术技能人才的职业培训制度，开展多层次、多样化培训，通过脱产、半脱产培训、岗位练兵、岗位培训、班组长培训、技能比赛等形式加强技术技能人才职后培养。二是健全技术技能人才评价选拔制度，积极探索技术技能人才多元评价机制，逐步完善社会化职业技能鉴定、企业高技能人才评价、院校职业资格认证和专项职业能力考核办法。三是完善技术技能人才流动配置机制，以市场配置人才资源为基础，发挥政府宏观调控职能，引导高技能人才规范有序流动。四是健全技术技能人才激励表彰机制，进一步完善以政府奖励为导向，企业奖励为主体，辅以必要的社会奖励的高技能人才奖励体系，不断提升高技能人才经济待遇和社会地位。

链接

北京市国际交往中心建设素质提升京津冀协同发展研修

根据《首都外事人才规划发展纲要》，北京市外事办公室每年与各区县合作举办国际交往中心人才建设培训班，旨在为首都建设国际交往中心培养外事人才，打造一支立场坚定，素质优良，业务精湛的复合型外事人才队伍。受北京市外事办公室委托，中关村科技园区海淀园管委会于 2018 年 9 月 12—14 日举办北京市国际交往中心人才建设—京津冀国际化人才协同发展研修班。培训班为北京市政府外事办公室与海淀园管委会联合主办。培训班招收学员 60 人，招生对象为海淀各大学科技园，孵化器，专业园，高新技术企业及天津、河北科技管理人员。

研修内容

本期高级研修班以京津冀国际化人才培养为主题，以《北京“十三五”时期加强国际交往中心建设规划》、走出去公共关系战略、如何融入全球创新网络、传承中关村精神等为重点，协助学员了解北京国际交往中心建设规划，掌握国际化发展的关键问题。同时，研修班将组织现场教学，参观国家自主创新示范区展示交易中心，结合国际合作跨文化沟通中出现的实际问题进行专题讨论、专家点评和经验分享。

招生对象

海淀各大学科技园，孵化器，专业园，高新技术企业及天津、河北科技管理人员。培训班招收学员 60 人。

报名条件

1. 海淀企业学员：本人须负责园区企业国际化相关工作，园区所属企业有国际化业务需求。

2. 孵化器及专业园：每园区仅限 1 人报名参加。

3. 参训专业园区人员须提交园内企业国际化调研表，至少一个以上。

4. 京津冀学员：要求科技口干部，海淀扶贫对口单位优先。

授课时间与地址

2018 年 9 月 12—14 日。裕龙大酒店二层丽后一会议室。（北京市海淀区阜成路）

课程安排如下：

时间			内容
9 月 12 日	上午	9：00—9：30	开班仪式
		9：30—12：00	《北京“十三五”时期加强国际交往中心建设规划》解读（市外办相关领导）
	下午	14：00—17：00	走出去公共关系战略（前外交部官员黄晋）
		17：30	晚餐
9 月 13 日	上午	9：00—12：00	如何融入全球创新网络 （科技部战略研究院）
	下午	14：00—15：30 15：30—17：00	分组讨论：中外文化差异对国际化发展的影响 现场教学：中关村国家自主创新示范区展示交易中心
9 月 14 日	上午	9：00—12：00	邂逅中关村、传承试验精神——新时期国际化经验分享（张秀英）
	下午	14：00—15：30 15：30—17：00	民族的，世界的海外乐园——走进一带一路（企业经验分享　北京　奕农　高强） 现场教学：东升科技园

（http: // zyk.bjhd.gov.cn/ztzl/kjcx/tzgg/201810/t20181027_3887898.htm）

第八章　研究结论与进一步研究

第一节　研究结论及创新

本书选取全国科技创新中心核心区（海淀区）作为研究个案，以人才需求结构为分析框架，即从人才规模结构、人才专业结构、人才层次结构、人才素质结构四个维度介绍了全国科技创新中心核心区（海淀区）技术技能人才概况，以信息安全产业、集成电路产业、新材料行业为例分析全国科技创新中心核心区（海淀区）技术技能人才培养与行业发展之间的契合情况以及技术技能人才培养中存在的主要问题。研究发现，当前技术技能人才培养中存在以下问题：第一，从人才规模结构看，技术技能人才缺口大，不能满足产业需求；第二，从人才专业结构看，职业院校专业设置与市场需求匹配度不高；第三，从人才层次结构看，高技能、高水平体现不充分；第四，从人才素质结构看，人才培养标准与企业需求不匹配。

本书除了上述的实证研究，还基于资源整合视角，对全国科技创新中心核心区（海淀区）构建产教融合新生态、深化技术技能人才培养模式创新的实践探索进行了实证研究。以充分的实证研究为基础，本书提出了基于需求结构的高新技术产业发达地区技术技能人才培养的具体策略：一是统筹规划，技术技能人才培养定位高移；二是资源重构，职业院校面向市场培养技术技能人才；三是区域合作，京津冀职业教育协同发展。

总结本研究创新点至少有以下几个方面：从理论创新方面来看，一是建构技术技能人才结构模型，从人才结构的角度对全国科技创新中心核心区

（海淀区）技术技能人才情况及其需求进行分析，并发现技术技能人才培养中存在的问题；二是建构基于人才需求结构的高新技术产业发达地区技术技能人才培养模式。从实践创新方面来看：一是在全国科教智力和人力资源最为密集的中关村地区发展现代职业教育，培养职业技术技能人才，服务区域高新技术企业特别是战略性新兴产业企业的发展的实验；二是中关村国家自主创新示范区（全国科技创新中心核心区）是经国务院批准的“先行先试”试点，在人才、税收、管理、专利等多方面进行了先行先试，通过制定职业教育发展策略促进高新技术产业发展是一个新的实践层面的试验。

第二节　进一步研究

鉴于研究时间精力及本人能力有限，本研究虽然取得一定成绩，但还存在很多不足之处：首先，本研究选取信息安全、集成电路、新材料三大产业为例，以点带面，从一个侧面分析中关村技术技能人才现状及其需求状况，可以起到“以一斑窥全豹”的效果，但是难免在不同程度上存在着“以偏概全”、不够系统全面的问题，局限于研究者的能力和时间的限制，特别是在人工智能、智能制造等领域没有能够涉及。其次，本书研究重点是技术技能人才培养，故而人才结构模型的建构重点探讨了人才的数量和质量（专业、层次、素质），而没有考虑人才的年龄、性别、从业时间等“自然属性”。最后，在技术技能人才培养模式和具体策略方面可能还不够全面和深入，一些具体的策略主要针对比如中关村等高新技术产业发达地区，对中西部欠发达地区职业教育及技术技能人才的培养并不具备适切性。

鉴于此，今后随着产业升级以及职业教育技能人才培养的不断优化，希望将来有机会有能力可以针对以上研究不足做更加细致系统全面的深入研究，以弥补本研究的不足和缺憾。

附　录

以上的高新技术产业发达地区技术技能人才培养的具体策略落实到一所高新技术产业发达地区的区域社区学院的未来发展上，将根据相关的理论，进行模式的系统设计。结合一系列先进课程理念、教学方法、实施标准、实施要求以及教育教学方法的理论，进行相应的改革。下面将选取全国科技创新中心核心区（海淀区）内的中关村学院作为典型案例进行社区学院转型升级试点的模式系统设计，集成区域终身学习大学（社区学院）、行业企业优势与应用型本科院校联合培养高水平技术技能型人才。创新合作机制与人才培养模式，对接企业用人标准、岗位工作内容，改革教学组织及质量评价。

附录一　合作共建"××大学中关村学院"方案

通过海淀区政府与××大学等北京的普通本科院校构成战略合作，共同开展培养区域紧缺技术技能型人才的学历教育。可以采取多种合作方式，建议在中关村学院基础上共建"××大学中关村学院"，共同开办全日制专科及本科班，试点培养为中关村高科技产业服务的技术技能型人才。首期选择"科技服务""创业孵化服务"和"人工智能应用"等三个专业，试点与××大学合作举办高中起点三年制高职专科或高中起点四年制本科。

一、中关村科技园区对技术应用型人才需求

中关村作为“大众创业、万众创新”的示范区和引领区，急需大量的科技服务、创业孵化和人工智能应用职业人才。主要集中在以下几个方面。

（一）中关村科学城生态建设急需科技服务技术应用型人才

中关村科学城的生态体系中有大量的高校、科研院所和高科技企业的创新中心和工程中心，聚集了3万多名博士以上学历的研究人才，中关村科学城的高端领军人才需要助理人才。按照欧美的经验，在科技创新中心的建设中，随着技术进步、产业高移，技术人才的层次结构产生变化，既需要高端的领军型研发、管理人才，也需要为这些高级专业技术人员配备更多的、经过准专业性训练的服务型助手。

科技创新需要职业化的科技服务，比如：科研实验室管理、科技文献管理、知识产权保护、知识产权运营管理、产品设计、成果转化服务、品牌管理、市场策划等，如何将科技语言翻译成消费者可以听懂的客户语言，需要富有“设计感、游戏感和意义感”的从事专业的科技服务工作的技术应用型人才。这类技术应用型人才需要的能力素质聚焦在情商训练、横向统筹协调能力、广阔的视野、客户思维习惯，能够将科技产品迅速找到应用场景，并服务于科技成果转化和创新技术产业化。

这一点从这次我们选取“科技服务”方向进行的问卷调研中也有一个基本的反映。这次调研主要是为了从企业层面了解企业在“科技服务”业务现状、需求以及从事科技服务工作的人员现状与需求。

在204份有效问卷中，具体情况如下：

第一，企业“科技服务”业务现状与需求。被访者所在企业的科技服务需要几乎覆盖了整个产业链条，被调查企业的科技服务业务现状一定程度上代表了我国科技服务业的发展方向：研发服务业处于产业链上游，具有高端、高效、高附加值的特征，对下游产业具有强大的引领和带动作用，年增长速度远远高于其他产业，成为朝阳新兴产业。工业（创意）设计服务业对GDP贡献

率均大于 3%，最高的超过 10%，平均值达到 5.4%，对就业的贡献率平均值更是高达 5.6 %。以生产力促进中心、高新技术企业孵化器、科技咨询与评估机构、创业投资服务机构为代表的科技中介服务机构发展迅猛，突出表现为机构数量爆发式增长、服务能力大幅度提升、服务形式呈现多样化发展。

第二，校企合作订单培养的方式或者选派企业后备人才到相关院校相关专业进修，也许可以成为解决企业科技服务专业人员缺乏的主要路径。对此，被访者的意见也较为一致，91.2% 的被访者认为应该设立专门专业培养科技服务专业人才。

第三，调查数据显示，目前科技服务专业人员的学历水平较高，其中本科学历的人员占比达到 51.5%，还有 4.41% 的少量专科学历学生；专业背景主要是技术专业和管理专业，其中六成以上的科技服务专业人员专业背景是技术相关专业，占比为 64.7%；与管理相关的专业占比为 48.5%。

第四，被访者对于科技服务专业人才素质需求结构图（见下图）用数据告诉我们答案。除相关专业知识能力占比高居榜首，达到 86.76% 以外，沟通交流能力、组织协调能力、政策领悟和解读能力的需求均超过半数，占比分别是 72.06%、60.29% 以及 54.41%。可见科技服务专业人才属于复合型人才。

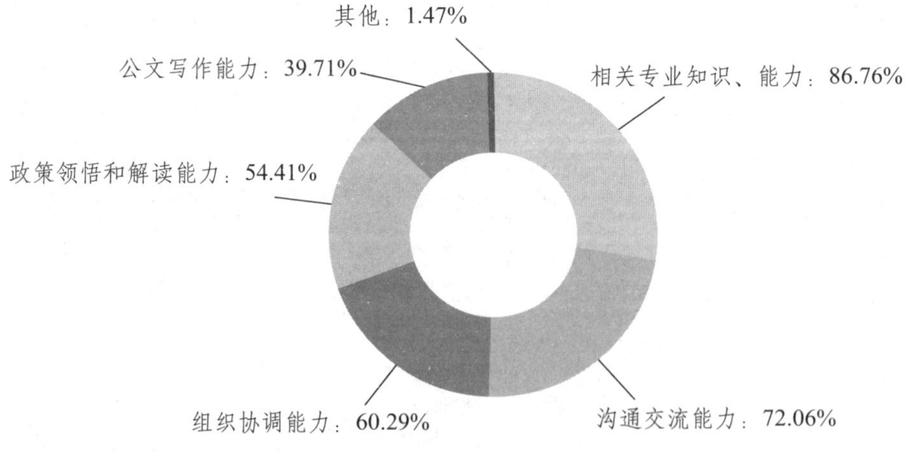

（二）中关村国家自主创新示范区急需创业孵化服务人才

中关村科学城范围有许多新型的众创空间和传统的孵化器，从市科委官网上获取的数据，海淀区共有 89 个孵化器，其中国家级和市级的孵化器有 24

个，占到全市70个的1/3以上。仅创业大街一条街就有45家众创空间，还有一些比较专业的咨询服务机构、投融资机构、科研服务机构，需要大量的咨询服务、技术服务，投融资、市场营销等服务型工作岗位的创业孵化服务人才。

（三）中关村科技创新中心急需人工智能技术应用型人才

2017年7月8日，国务院发布《新一代人工智能发展规划》（国发〔2017〕35号）文件，明确了我国新一代人工智能产业的定位，提出“加快研究人工智能带来的就业结构、就业方式转变以及新型职业和工作岗位的技能需求，建立适应智能经济和智能社会需要的终身学习和就业培训体系，支持高等院校、职业学校和社会化培训机构等开展人工智能技能培训，大幅提升就业人员专业技能，满足我国人工智能发展带来的高技能高质量就业岗位需要。鼓励企业和各类机构为员工提供人工智能技能培训”。

海淀区聚集了大量人工智能的原生项目，在语音识别、图像识别、人脸识别、行为识别、唇语识别、视频识别等各种类型的识别技术领域，都有原创技术的领军企业，比如汉王科技、海云数据、科大讯飞等；在业务建模、逻辑分析、数据算法、结构设计等人工智能业务设计技术领域，聚集了一批专业企业，比如吉贝克、亿赞普；在商业模式、应用场景、用户体验、市场营销等产业化领域，产生了一批专业公司，比如微众传媒、新浪微博、中科汇联等。这些企业除了少数高端科研人员完成基础研究和顶层设计之外，需要大量中层和基层的技术应用型人才，完成从技术到产品的市场化、从企业到产业的规模化的工作。

二、合作的总体原则

首期试点面向海淀区生源单独招生，采取产业订单、产教融合、校企合作的培养模式，与××大学共同制订新的高职专科和技术应用型本科教学计划及人才培养方案，实现特色培养，标准统一，工学交替分段执行，院校和高科技企业“双主体”协同联动，特别是充分调动企业积极性，引入企业师资、课程、实习实训等资源，校企深度合作，培养区域急需的技术应用型人才。

三、办学模式

1. 办学理念

对接科技创新核心区（中关村科学城）核心产业，在产教融合、校企深度合作基础上，以新的课程、新的人才培养模式及新的运行机制，培养区域急需的高端技术技能型人才。

2. 办学原则

以“科技服务”“创业孵化服务”和“人工智能应用”等三大专业为枢纽，六大平台和 ×× 大学为依托，选取每个行业领军的近 10 家企业及其高管为核心合作伙伴，开展学历教育与高端非学历培训。

3. 主体支撑

以八大平台为主要支撑，不断创新合作模式和运行机制。

八大平台一览表

产教融合教研中心（课程和技术应用研发中心）
职业（专业）证书及学分认证管理中心
“产教融合、工学交替”综合实战项目管理中心
企业创新学习联盟（学习共同体）
校企合作实训基地
中关村科技创新高端培训中心
中关村创新教育实践基地
中关村自主创新企业大讲堂

4. 办学方向

开展学历教育，合作共建“×× 大学中关村学院”；开展非学历教育，依托中关村学院产教融合、校企合作联合运营的中关村创新教育实践基地和针对高科技园区的“中关村自主创新企业大讲堂”，成立中关村科技创新高端培训中心，开展非学历的高端培训。

5. 办学体制和培养机制创新

借鉴发达国家以及我国上海市的成功经验和做法，在社区学院开展学历教育和非学历高端培训时，建立纵横交叉的网状终身学习管理系统，试行学分认证、转换、累计制度，借鉴发达国家MES（Modules Of Employable Skills）的模块化课程模式，按职业岗位需求，将原有学历教育专业的每门专业课改造成职业岗位能力模块化专业课程，这些模块化专业课程将对接相应职业资格标准。这每门模块化专业课程既可以作为一个独立的培训项目，又可以按照工作逻辑，组合而成完整的学历教育课程；学生既可学习某一门专业课，提高技能，又可以为取得相应学历累计学分。充分满足学生个性化学习的多种需求。从根本上解决的培训课程与学历教育课程相脱节的问题和学历教育课程容易过时的问题，融通非学历高端培训和学历教育，实现教育资源的最大化利用和学生的专业化持续成长。

推行推广线上、线下相结合的混合式教学方式。要进一步打造互动、开放、共享的数字化教育资源服务学习平台，开展远程课堂教学。加强微课程、企业课程、MOOC课程的研发，将丰富的课程资源和系统化管理经验整合为具有自主知识产权的网络课程。

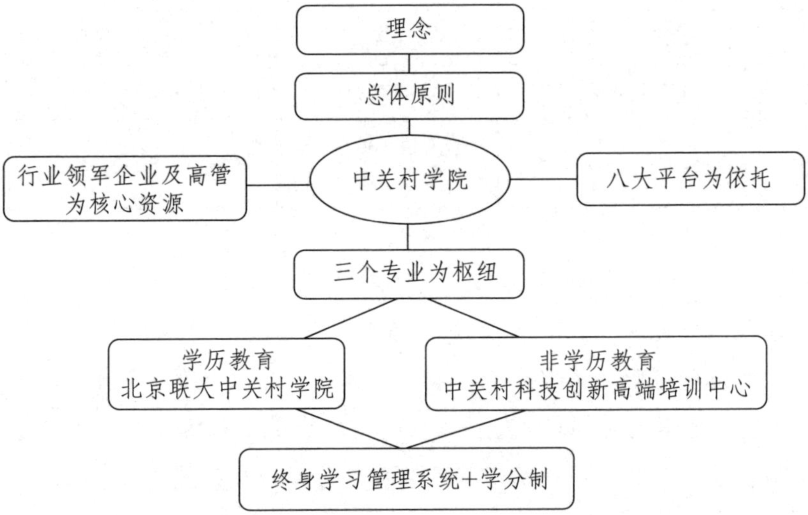

四、招生及学制

（一）招收北京籍应届高中毕业生

（二）学制

设置为三年或者四年（以四年为例）。教学过程分为八个大学期和八个小学期，八个大学期由中关村学院与××大学和参加项目的企业三方共同确定人才培养方案，八个小学期由中关村学院与参加项目的企业共同制订应用人才培养计划。

8个小学期具体安排

小学期	时间	学习内容	师资安排
小学期1	新生入学前1个月	专业体验	行业（企业）导师+学校教师
小学期2	一年级寒假2周	岗位见习，确定个人综合实战项目，组建实战项目小组	行业（企业）导师集体
小学期3	一至二年级暑假1个月	企业实训	行业（企业）导师一对一个小组
小学期4	二年级寒假2周	实践岗位1实习	行业（企业）导师一对一学生
小学期5	二至三年级暑假1个月	实践岗位2实习	行业（企业）导师一对一学生版
小学期6	三年级寒假2周	企业顶岗实习	行业（企业）导师
小学期7	三至四年级暑假1个月	独立承担项目	行业（企业）导师
小学期8	四年级寒假	综合实践项目毕业设计，准备毕业论文	学校教师+行业（企业）导师

其中，八个小学期穿插在八个大学期之间，在学生入学后的就设计一个综合实战项目，此项目的任务分在不同的小学期完成不同的任务，第八学期将综合实战项目与毕业论文合一，实现技术应用型人才的“应用化”培养。在四年期间，将首期招收的30人分为6个实战小组，每组5名学生，在企业实践阶段由企业派一名企业资深工程师为校外导师，实行校企合作培养的“双导

师制”，即学校导师和行业（企业）导师联合指导学生完成专业核心课程、专业方向课程的学习，指导学生综合实践项目的设计和实施及毕业论文的撰写。

技术应用型本科教学总课时将安排2600课时左右。其中实践性教学环境占到总课时的40%左右。

（三）课程设置的创新

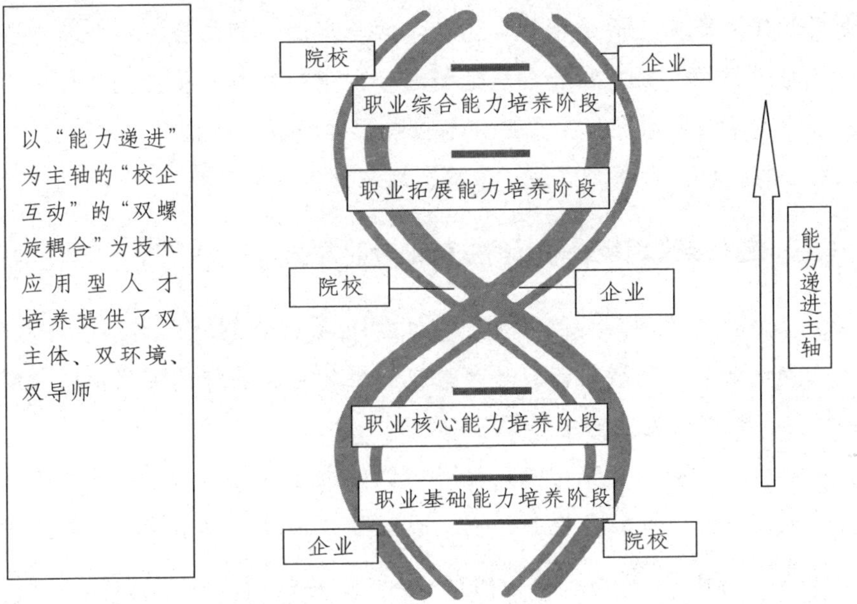

“校企互动”“工学结合”“理实一体”能力递进式人才培养方式

课程设置计划打破传统的“三段论”划分，紧贴海淀区（中关村科学城）的相关产业和服务的应用技术型人才的需求，立足学生未来的职业发展，构建依托于校企互动、工学结合的，理论和实践一体化的双螺旋耦合式能力递进的技术应用型人才课程结构（体系），就是在本科学习期间，以“能力递进”为主轴，校企双主体、能力提升课程与实训实习实战项目训练双螺旋耦合协同共进。这种双螺旋耦合式的课程体系是多层次的，内在核心的学习逻辑是工作过程中职业岗位所需要的理论知识和实践能力“理实一体”的“双螺旋耦合”，中间实施载体是能力提升课程与实训实习实战项目训练“工学结合”的“双螺旋耦合”，外围的是实施主体“校企互动”的“双螺旋耦合”，三层“双螺旋耦合”以“能力递进”为主轴有机统一为技术应用型人才培养方式，其中能力提升课程与实训实习实战项目训练“工学结合”的“双螺旋耦合”的技术应用型人才课程结构（体系）是关键。

这一课程体系的核心特征是：理论学习与实践学习相结合，促进学生认知发展和建立职业认同感相结合；科学性与实用性相结合，符合职业能力发展规律与遵循技术要求和社会规范相结合；学校教育与企业实践相结合，学生通过对技术（或服务）工作的任务、过程和环境进行整体化的感悟和反思，实现知识与技能、过程与方法、情感态度与价值观学习的统一。

（五）专业实现路径——以创业孵化专业为例

合作企业：清华启迪孵化器、北大孵化器、北航孵化器、人大孵化器、北理工孵化器、尚东孵化器、东升科技园孵化器、软件园孵化器、互联网金融孵化器、天使汇创业孵化器等。

人才培养方向：培养为中关村孵化器内企业进行咨询服务的经纪人。这类人才要具备法务知识、税务知识、投融资知识、科研常识、熟悉掌握国家相关政策，具备一定的沟通协调能力。

基本课程设置：

公共基础课程	专业核心课程	专业方向课程	综合项目实践与毕业设计
高等数学 大学英语 中国特色社会主义理论体系 职业规划与就业指导 军事训练 体育 （必修课程）	孵化招商实务 创业计划与项目路演 尽职调查与企业估值 创新创业生态 创业融资实务 人力资源规划与实施 科技园与孵化器运营管理 创业孵化政策 创新创业法律基础	知识产权运营与管理 股权融资实务 金融理论与实务 市场调查与预测 高新技术企业申报实务 商业模式设计 新媒体营销 公司财务管理 全球创业孵化趋势 小微企业税务筹划	中关村创业孵化综合实战项目（包括创业项目融资实战、创业项目路演实战、创业企业税务实战、市场需求调研实战等） 毕业论文

续表

公共基础课程	专业核心课程	专业方向课程	综合项目实践与毕业设计
	金融理论与实务 互联网＋创业孵化 创新方法论 现代商务礼仪 应用文写作技巧 沟通与表达技巧	战略新兴产业政策概论 创新创业基础 创新创业生态 统计与大数据应用基础 基于人工智能的创业服务基础 商务建模与决策 数据分析与预测 IT 项目管理 客户关系管理	假期企业实习

课程开发按照“双螺旋耦合”模式，以工作过程为导向，从职业活动领域的典型工作任务推导出与几个岗位形成的岗位群对应的专业的学习领域（课程）。

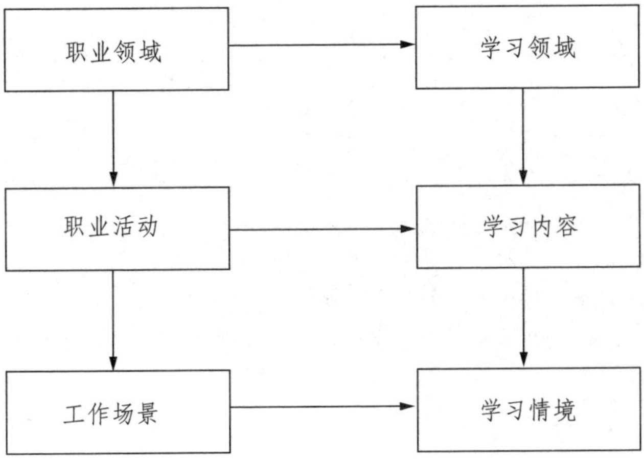

学习领域与职业活动领域关系图

以创业孵化专业主要专业核心课程的开发为例，见下表。

创业孵化专业主要专业核心课程开发表

典型工作任务名称	任务描述	职业能力	转化成的课程名称	学时（理论＋实践）
孵化招商	根据孵化器定位策划组织入驻招商活动，与目标企业进行入驻商务沟通与谈判	活动策划能力 商务洽谈能力 协调组织能力	孵化招商实务	32+16
企业入孵	针对拟入孵企业进行项目路演的策划与组织，与入驻企业对接，进行服务需求梳理，协助企业办理入孵手续	活动策划能力 需求分析能力 档案管理能力 风险判断能力	创业计划与项目路演	64+16
企业出孵	根据孵化器企业的毕业标准或淘汰条件进行出孵考核，协助企业办理出孵手续	财务分析能力 矛盾协调能力	尽职调查与企业估值	64+16
一站式咨询服务	与相关服务机构对接，协助入驻企业进行工商年检服务、法务服务、社保服务、财税服务等	政策领悟解读能力 信息收集处理能力 公共关系管理能力	创新创业生态	64+32
融资服务	挖掘入驻企业的融资需求，根据入驻企业融资需求对接相应投资机构，组织融资对接活动，以及拓展孵化器的创业融资新型服务业务及合作	活动策划能力 财务分析能力 风险判断能力 投融资服务能力 企业估值判断能力	创业融资实务	64+16
人才招引服务	收集入驻企业岗位招聘需求，对接相应人才服务机构，协助入驻企业进行人才招聘的相关服务	人力资源管理能力 招聘服务能力	人力资源规划与实施	32+16

续表

典型工作任务名称	任务描述	职业能力	转化成的课程名称	学时（理论＋实践）
专项培训及活动	对入驻企业创新及发展需求进行分析挖掘，策划组织创业培训、沙龙讲座等活动，举办创新创业政策解读会、入驻企业产品推介会等活动	政策解读与领悟能力 策划组织能力 沟通协调能力	科技园与孵化器运营管理	64+32
				528

围绕主要专业核心课程构建创业孵化专业课程体系，总学时构成如下表：

创业孵化专业课程体系总学时构成

课程组成	理论学时	实践学时	备注
公共基础课	740	40	实践环节为军事训练（军训一周）
专业核心课	640	144	其中7门主要课程的理论学习环节的实践学时共144学时
专业方向课	304	80	其中5门主要课程的理论学习环节的实践学时共80学时
毕业论文及综合实战项目	0	640	1学期为实践环节
假期实践环节	0	280	7个假期各1周的实践环节
小计	1684	1184	
总计	2868		实践学时占总学时的40%

首期招收应届高中学生30人，学制四年，授予管理学士学位。

人才培养模式：选课为主，自动调整。30名学生分为6个组，配备1名学校教师和6名行业（企业）导师，企业学校“双主体”选择课程，企业工程师与学校教师“双导师”参与育人；学生学习以“项目实战过程”为导向，根据不同企业岗位实际要求组合课程，实行“导师+学生”选课制。

以行业（企业）导师为主的兼职教师队伍：

依托区域内高校、企业的优势资源，建立外聘教师制度。遴选与创业孵化专业有关的20名左右高校教师和企业工程技术人员作为客座教授。按照《北京市职业院校“双师型”教师认定办法（试行）》，制定相应的管理办法，加大引进企业技师和工程师的力度，提高本专业“双师型”教师的比例，促进专业建设的产教融合、校企合作的深度开展。

科技服务专业、人工智能应用专业按照相同的实现路径进行设计。

（六）责任分工

××大学负责教学统筹和指导，中关村学院负责教育教学管理和实施。

附录二 三个专业本科层次的人才培养方案

创业孵化服务专业人才培养方案

一、专业背景分析

推进大众创业万众创新是落实国家创新驱动发展战略的重要举措，北京市人民政府《关于大力推进大众创业万众创新的实施意见》指出：“推进大众创业、万众创新，是实施创新驱动发展战略、构建高精尖经济结构、疏解北京非首都功能的重大举措，对建设全国科技创新中心、促进首都经济提质增效、推动京津冀协同发展具有重要意义。”北京市委书记蔡奇指出：创新发展是北京的唯一出路；坚持把创新作为引领发展的第一动力；努力建设一流的技术创新高地。

为把中关村建成全球有影响力的科技创新中心，一方面需要大量创新型人才，特别是在人工智能、移动互联网、大数据、物联网、虚拟现实、新材料等战略新兴产业方面人才；另一方面急需面向科技园区提供科技服务、科技成果转化服务和创业孵化的专门人才，作为中关村核心区的海淀区尤其如此。

中关村科学城范围有许多新型的众创空间和传统的孵化器，从市科委官网上获取的数据显示，海淀区共有89个孵化器，如清华启迪孵化器、北大孵化器、北航孵化器、人大孵化器、北理工孵化器、尚东孵化器、东升科技园孵化器、软件园孵化器、互联网金融孵化器、天使汇创业孵化器，其中国家级和市级孵化器有24个，超过全市70个的1/3。仅创业大街一条街就有45家众创空间，还有一些比较专业的咨询服务机构、投融资机构、科研服务机构，需要大量的咨询服务、技术服务，投融资、市场营销等工作岗位的创业孵化服务人才。

二、招生对象、学制

（一）招生对象：应届高中毕业生。

（二）学制：四年。学位：授予管理学学士。

三、培养目标

本专业立足于中关村科学城发展需要，培养具有创新思维与创业意识的实践应用型工作者——现场工程师。校企联合设计人才培养方案，深化“城教融合”“科教融合”探索，为中关村科学城培养创业孵化服务人才。

四、就业方向

面向中关村科学城的科技园区、孵化器、创业服务机构，从事创业孵化服务和创新创业服务等工作岗位。

五、人才培养模式

针对科技园区科技服务及创业企业服务的实际需求，中关村学院聚合企业专家和教学专家设计全新的人才培养模式，创新企业与学校“双主体”“双导师”育人机制。企业和学校共同创建“创业孵化产教融合教研中心”，改革学校与企业的供需关系，变为共同办学主体，共同协商制定人才培养目标，共同开发专业核心课和技术应用专业课，共同编写专业课教材，共同建设学校和企业实训基地并制定实训任务和考核标准，共同派出师资完成教学任务。致力于培养懂专业、懂运营、懂政策、懂营销、会管理的创业孵化服务人才，依托中关村学院雄厚的师资和教学条件，中关村企业的实践实习环境，产学研相结合，力求打造适应新形势，具有创新思维和创业精神的创业孵化服务人才。见下图。

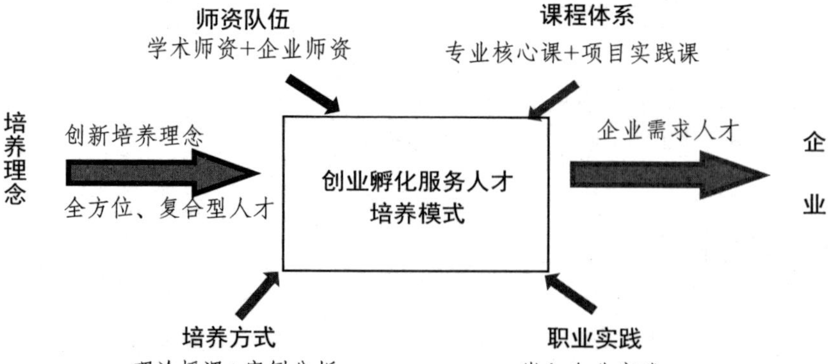

六、人才培养规格

（一）素质要求

1. 具有优良的思想道德品德、诚实守信、较好的人文社会科学素养；

2. 具有强烈的社会责任感，事业心和吃苦奉献精神，良好的职业道德、爱岗敬业。

（二）知识要求

1. 掌握管理学、经济学的基本原理和创新创业、创业孵化的基本理论、基本知识；

2. 掌握创业孵化、创新创业的定性、定量分析方法；

3. 了解创新创业和创业孵化的理论前沿和发展动态；

4. 掌握文献检索、资料查询的基本方法，具有初步的科学研究和实际工作能力。

（三）能力要求

1. 熟悉我国创新创业、科技园区管理、创业孵化的有关方针、政策和法规以及国际企业管理的惯例与规则；

2. 掌握科学的学习和思维方法，具有运用创新创业和创业孵化专业理论分析和解决问题的基本能力；

3. 具有较强的语言与文字表达、人际沟通以及分析和解决创新创业和创业孵化工作和问题的基本能力；

4. 掌握创新创业和创业孵化的基本技能和专业核心应用能力，具有一定的创新思维和创业能力。

七、课程体系

本专业以职业岗位对实用型人才的职业素养要求为出发点，通过岗位调研、企业调研、从业者调研等途径，全面了解本专业的人力资源市场需求情况，确定本专业就业岗位对人才在知识、技能、能力及素质方面的具体要求，然后经过专业建设和完善，形成以市场为导向，应用为宗旨，以能力培养为核心，符合高等教育教学规律和本专业人才培养目标的课程体系。

整个课程体系设置公共基础课、专业基础课、专业核心课、专业方向课及综合项目实践和毕业论文五大模块，其中专业基础课程包括中关村特色创新创业课和专业必修课两部分。中关村特色创新创业课程体系参考美国硅谷大学的创新创业培训，调研数百家中关村科技企业，中关村特色创新创业课程体系以学员需求为导向，以阶梯培养、能力递进为原则，以“五创”路径理论模型为基础设计课程，采用项目实战体验式教学，以一个实训基地、四项新兴技术、八大教学资源为支撑，以“科技产品众筹和教学资源共享”校企协同创新机制为保障，精准提升学员的创新创业职业能力，构建了能力递进创新创业终身职业培训模式。按照“五创”路径理论模型，借鉴能力本位的职教理念，开发出阶梯培养、能力递进的5大系列、15个核心内容和N个层次的课程体系。见下图。

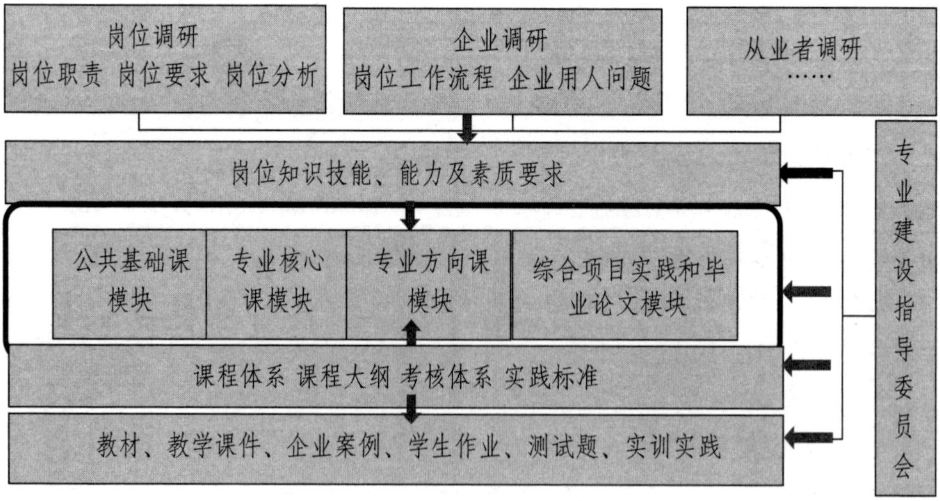

课程体系研发思路

创业孵化服务专业课程设置

课程类型	课程名称
公共基础课程	高等数学 大学英语 中国特色社会主义理论体系 职业规划与就业指导 军事训练 体育 (以上课程为教育部规定的必修课程)
专业核心课程	孵化招商实务 创业计划与项目路演 尽职调查与企业估值 创新创业生态 创业融资实务 人力资源规划与实施 科技园与孵化器运营管理 创业孵化政策 创新创业法律基础 金融理论与实务 "互联网+"创业孵化 创新方法论 现代商务礼仪 应用文写作技巧 沟通与表达技巧 知识产权运营与管理 股权融资实务 金融理论与实务 市场调查与预测 高新技术企业申报实务 商业模式设计 新媒体营销 公司财务管理 全球创业孵化趋势 小微企业税务筹划

续表

课程类型	课程名称
专业方向课程	战略新兴产业政策概论 创新创业基础 创新创业生态 统计与大数据应用基础 基于人工智能的创业服务基础 商务建模与决策 数据分析与预测 IT 项目管理 客户关系管理
综合项目实践与毕业设计	中关村创业孵化综合实战项目（包括创业项目融资实战、创业项目路演实战、创业企业税务实战、市场需求调研实战等） 毕业论文 假期企业实习

通过培养方案规定的全部教学环节，达到本专业要求的总学分及各环节所要求的学分。总学分达到 180 学分，其中：理论课程 106 学分，实践教学 74 学分，理论与实践教学比例为 6∶4 左右。

八、教学实施

（一）师资队伍

针对科技园区科技服务及创业企业服务的实际需求，中关村学院聚合企业专家和教学专家设计全新的人才培养模式，创新企业与学校“双主体”“双导师”育人机制。企业和学校共同创建“创业孵化产教融合教研中心”，改革学校与企业的供需关系，变为共同办学主体，共同协商制定人才培养目标，共同开发专业核心课和专业方向课，共同编写专业课教材，共同建设学校和企业实训基地并制定实训任务和考核标准，共同派出师资完成教学任务。

创业孵化服务专业行业（企业）导师名单

姓名	单位	职务
刘雪良	清华启迪孵化器	副总经理
王国成	北大孵化器	副总经理
李 军	北航孵化器	总经理
白瑞凤	人大孵化器	副总经理
陶瑞长	互联网金融中心	董事长
李宁一	尚东孵化器	副总经理
曹鹏	东升科技园	总经理
邓延荣	软件园孵化器	总经理
兰宁羽	天使汇创业孵化器	总经理

（二）实践教学条件

1. 综合实训

综合实训在中关村创新教育实践基地完成。主要是结合所学创新创业知识与技能进行实际能力的项目训练。目的是对所学的专业知识进行全面的了解、理解、掌握，并能实际灵活应用。可结合创新创业课程，安排学生在中关村创新教育实践基地完成创业项目模拟，增强从事创新创业相关工作的实际操作能力。

要求：学生在专业教师和项目人员的指导下，利用中关村创新教育实践基地进行项目模拟实训，完成项目计划书并进行融资路演。

2. 企业实习

毕业实习是学生毕业前要完成的重要环节，学生到物业企业见习、实习。通过企业实习，使学生搜集和掌握第一手资料，并完成企业实习报告。

要求：学生在企业导师的指导下，撰写毕业实习报告，并对学生进行岗位胜任力评价。

3. 毕业论文

学生毕业前要完成中关村创业孵化综合实战项目，并撰写毕业论文。通过综合实战项目和论文撰写，重点培养学生综合运用所学理论知识和技能解决综合实际问题的能力。完成综合实战项目和毕业论文是全面考查学生独立综合运用所学本专业理论知识，并能够分析和解决创业孵化服务领域的具体实际问题的重要形式，是对学生学习期间学习与应用情况的一次综合检验，也是学生学习成果的集中体现。

8 个小学期具体安排

小学期	时间	学习内容	师资安排
小学期 1	新生入学前 1 个月	专业体验	行业（企业）导师 + 学校教师
小学期 2	一年级寒假 2 周	岗位见习，确定个人综合实战项目，组建实战项目小组	行业（企业）导师集体
小学期 3	一至二年级暑假 1 个月	企业实训	行业（企业）导师一对一个小组
小学期 4	二年级寒假 2 周	实践岗位 1 实习	行业（企业）导师一对一学生
小学期 5	二至三年级暑假 1 个月	实践岗位 2 实习	行业（企业）导师一对一学生版
小学期 6	三年级寒假 2 周	企业顶岗实习	行业（企业）导师
小学期 7	三至四年级暑假 1 个月	独立承担项目	行业（企业）导师
小学期 8	四年级寒假	综合实践项目毕业设计，准备毕业论文	学校教师 + 行业（企业）导师

（三）考核评价

包括考试课与考查课两种。考试课以闭卷考试为主，有些课程也可采用实际操作或论文形式；考查课可采用开、闭卷、实际操作、课程论文等形式。成绩分为四个等级，优秀（90 ~ 10 分）、良好（75 ~ 90 分），及格（60 ~ 75

分)、不及格（60分以下）。毕业论文由指导老师小组审评。

九、毕业标准说明

凡具有我校正式学籍的学生，在学校规定的年限内，完成专业人才培养方案规定的各类课程，考试合格，准予毕业，发给毕业证书。

科技服务专业人才培养方案

一、专业背景分析

推进大众创业万众创新是落实国家创新驱动发展战略的重要举措，北京市人民政府《关于大力推进大众创业万众创新的实施意见》指出："推进大众创业、万众创新，是实施创新驱动发展战略、构建高精尖经济结构、疏解北京非首都功能的重大举措，对建设全国科技创新中心、促进首都经济提质增效、推动京津冀协同发展具有重要意义。"北京市委书记蔡奇指出：创新发展是北京的唯一出路；坚持把创新作为引领发展的第一动力；努力建设一流的技术创新高地。

为把中关村建成全球有影响力的科技创新中心，一方面需要大量创新型人才，特别是在人工智能、移动互联网、大数据、物联网、虚拟现实、新材料等战略新兴产业方面的人才；另一方面急需面向科技园区提供科技服务、科技成果转化服务和创业孵化的专门人才，作为中关村核心区的海淀区尤其如此。

科技创新需要职业化的科技服务，比如：科研实验室管理、科技文献管理、知识产权保护、知识产权运营管理、产品设计、成果转化服务、品牌管理、市场策划等，如何将科技语言翻译成消费者可以听懂的客户语言，需要富有设计感、游戏感和意义感的技术应用型人才，而这些不是科研人员的职责，需要专业的科技服务人员完成。科技服务技术应用型人才更需要情商训练和横向统筹协调能力，需要他们具有广阔的视野，需要具有客户思维习惯，能够将科技产品迅速找到应用场景，并服务于科技成果转化和创新技术产业化。

中关村科学城的生态体系中有大量的高校、科研院所和高科技企业的创新中心和工程中心，聚集了3万多名博士以上学历的研究人才，中关村科学城的高端领军人才需要助理人才。按照欧美的经验，在科技创新中心的建设中，随着技术进步、产业高移，技术人才的层次结构产生变化，既需要高端的领军型研发、管理人才，也需要为这些高级专业技术人员配备更多的、经过准专业性训练的服务型助手。

北京市软件交易所、中国技术交易中心、炜衡律师事务所、北京东方灵盾科技有限公司、中关村大数据产业联盟、中关村前沿技术联盟，这些服务于创新企业的服务机构需要大量科技服务的专门人才。

二、招生对象、学制

（一）招生对象：应届高中毕业生。

（二）学制：四年。授予学位：管理学学士。

三、培养目标

本专业立足于中关村科学城发展需要，培养具有创新思维与创业意识的实践应用型工作者——现场工程师。校企联合设计人才培养方案，深化“科教融合”“城教融合”探索，为中关村科学城培养科技服务及创新创业人才。

四、就业方向

面向科技园区企业和机构从事科技服务、科技成果转化和创新创业服务等工作岗位。

五、人才培养模式

针对科技园区科技服务及创业企业服务的实际需求，中关村学院聚合企业专家和教学专家设计全新的人才培养模式，创新企业与学校“双主体”“双导师”育人机制。企业和学校共同创建“科技服务产教融合教研中心”，改革学校与企业的供需关系，变为共同办学主体，共同协商制定人才培养目标，共同开发专业核心课和技术应用专业课，共同编写专业课教材，共同建设企业实训基地并制定实训任务和考核标准，共同派出师资完成教学任务。致力于培养懂专业、懂运营、懂政策、懂营销、会管理的科技服务人才，依托中关村学院雄厚的师资和教学条件，中关村企业的实践实习环境，产学研相结合，力求打造适应新形势，具有创新思维和创业精神的科技服务人才。见下图。

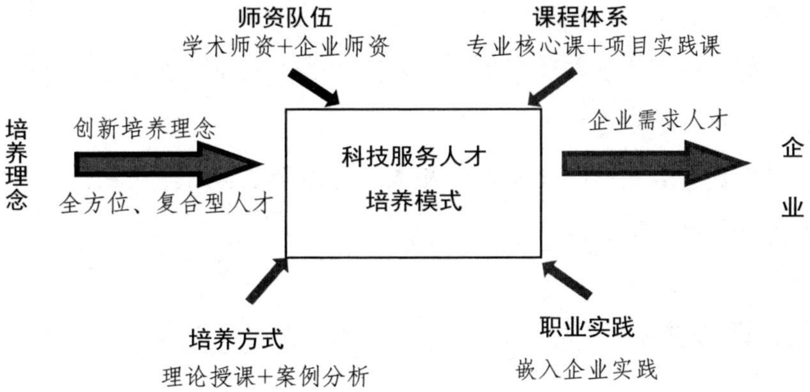

六、人才培养规格

（一）素质要求

1. 具有优良的思想道德品德、诚实守信、较好的人文社会科学素养；

2. 具有强烈的社会责任感，事业心和吃苦奉献精神，良好的职业道德、爱岗敬业。

（二）知识要求

1. 掌握管理学、经济学的基本原理和创新创业、科技服务的基本理论、基本知识；

2. 掌握科技服务、创新创业的定性、定量分析方法；

3. 了解创新创业、科技服务的理论前沿和发展动态；

4. 掌握文献检索、资料查询的基本方法，具有初步的科学研究助理和实际工作能力。

（三）能力要求

1. 熟悉我国创新创业、科技园区管理、科技服务的有关方针、政策和法规；

2. 掌握科学的学习和思维方法，具有运用创新创业、科技服务专业理论分析和解决问题的基本能力；

3. 具有较强的语言与文字表达、人际沟通以及分析和解决创新创业与科技服务工作和问题的基本能力；

4. 掌握创新创业、科技服务的基本技能和专业核心应用能力，具有一定的创新思维和创业能力。

七、课程体系

本专业以职业岗位对应用型人才的职业素养要求为出发点，通过岗位调研、企业调研、从业者调研等途径，全面了解本专业的人力资源市场需求情况，确定本专业就业岗位对人才在知识、技能、能力及素质方面的具体要求，然后经过专业建设和完善，形成以市场为导向，以岗位胜任力为目标，应用为宗旨，以能力培养为核心，符合高等教育教学规律和本专业人才培养目标的课程体系。

整个课程体系设置公共基础课、专业基础课、专业核心课、专业方向课及综合项目实践和毕业论文五大模块，其中专业基础课程包括中关村特色创新创业课和专业必修课两部分。中关村特色创新创业课程体系参考美国硅谷大学的创新创业培训，调研数百家中关村科技企业，中关村特色创新创业课程体系以学员需求为导向，以阶梯培养、能力递进为原则，以“五创”路径理论模型为基础设计课程，采用项目实战体验式教学，以一个实训基地、四项新兴技术、八大教学资源为支撑，以“科技产品众筹和教学资源共享”校企协同创新机制为保障，精准提升学员的创新创业职业能力，构建了能力递进创新创业终身职业培训模式。按照“五创”路径理论模型，借鉴能力本位的职教理念，开发出阶梯培养、能力递进的五大系列、十五个核心内容和N个层次的课程体系。见下图。

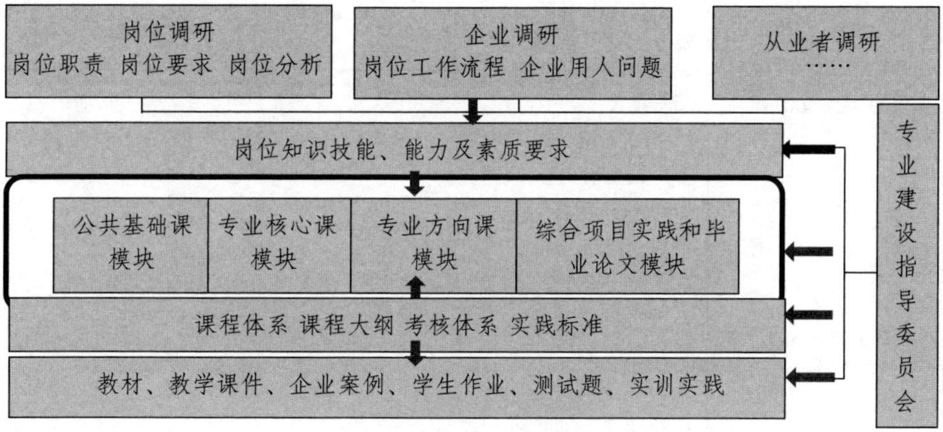

课程体系研发思路

科技服务专业课程设置

课程类型	课程名称
公共基础课程	高等数学 大学英语 中国特色社会主义理论体系 职业规划与就业指导 军事训练 体育 （这些课程为教育部规定的必修课程）

续表

课程类型	课程名称
专业核心课程	科技项目申报实务 科技文献分类与检索 科技档案管理 重点实验室管理实务 科技情报与安全保密 科技金融实务 市场调查与数据分析基础 技术经济学基础 知识产权运营与管理 金融理论与股权融资实务 “互联网＋”科技服务 创新方法论 现代商务礼仪 应用文写作技巧 沟通与表达技巧
专业方向课程	337调查 经济法概论 企业基础会计 公司财务管理 企业战略管理 电子商务概论 大数据应用基础 新媒体营销 人工智能入门 创新管理与新产品开发 商业模式设计 创业计划与融资路演 创新创业生态 管理学基础
综合项目实践与毕业设计	中关村创业孵化综合实战项目（包括创业项目融资实战、创业项目路演实战、创业企业税务实战、市场需求调研实战等） 毕业论文 假期企业实习

通过培养方案规定的全部教学环节，达到本专业要求的总学分及各环节所要求的学分。总学分达到180学分，其中，理论课程106学分，实践教学74学分，理论与实践教学比例为6∶4左右。

八、教学实施

（一）师资队伍

针对科技园区科技服务及创业企业服务的实际需求，中关村学院聚合企业专家和教学专家设计全新的人才培养模式，创新企业与学校“双主体”“双导师”育人机制。企业和学校共同创建“科技服务产教融合教研中心”，改革学校与企业的供需关系，变为共同办学主体，共同协商制定人才培养目标，共同开发专业核心课和专业方向课，共同编写专业课教材，共同建设学校和企业实训基地并制定实训任务和考核标准，共同派出师资完成教学任务。

科技服务专业行业（企业）导师名单

姓名	单位	职务
郭书贵	中国技术交易所	总裁
张怀璘	北京市软件交易所	总裁
赵国栋	中关村大数据产业联盟	秘书长
窦艳丽	中关村前沿技术联盟	副秘书长
郭征宇	北京市高新技术成果转化服务中心	项目高级主管
陆刚	炜衡律师事务所	合伙人
孙艳玲	北京东方灵盾科技有限公司	总经理

（二）实践教学条件

1. 综合实训

综合实训在中关村创新教育实践基地完成。主要是结合所学创新创业知识与技能进行实际能力的项目训练。目的是对所学的专业知识进行全面的了解、理解、掌握，并能实际灵活应用。可结合创新创业课程，安排学生在中关村创新教育实践基地完成创业项目模拟，增强从事创新创业相关工作的实际操作能力。

要求：学生在专业教师和项目人员的指导下，利用中关村创新教育实践基地进行项目模拟实训，完成项目计划书并进行融资路演。

2. 企业实习

毕业实习是学生毕业前要完成的重要环节，学生到企业见习、实习。通过企业实习，使学生搜集和掌握第一手资料，并完成企业实习报告。

要求：学生在企业导师的指导下，撰写毕业实习报告，并对学生进行岗位胜任力评价。

3. 毕业实践及毕业设计

学生毕业前要完成科技服务综合实战项目，并撰写毕业论文。通过综合实战项目和论文撰写，重点培养学生综合运用所学理论知识和技能解决综合实际问题的能力。完成综合实战项目和毕业论文是全面考查学生独立地综合运用所学本专业理论知识，并能够分析和解决创新创业和科技服务领域的具体实际问题，是对学生学习期间学习与应用情况的一次综合检验，也是学生学习成果的集中体现。

8个小学期具体安排

小学期	时间	学习内容	师资安排
小学期1	新生入学前1个月	专业体验	行业（企业）导师＋学校教师
小学期2	一年级寒假2周	岗位见习，确定个人综合实战项目，组建实战项目小组	行业（企业）导师集体
小学期3	一至二年级暑假1个月	企业实训	行业（企业）导师一对一个小组

续表

小学期	时间	学习内容	师资安排
小学期 4	二年级寒假 2 周	实践岗位 1 实习	行业（企业）导师一对一学生
小学期 5	二至三年级暑假 1 个月	实践岗位 2 实习	行业（企业）导师一对一学生版
小学期 6	三年级寒假 2 周	企业顶岗实习	行业（企业）导师
小学期 7	三至四年级暑假 1 个月	独立承担项目	行业（企业）导师
小学期 8	四年级寒假	综合实践项目毕业设计，准备毕业论文	学校教师 + 行业（企业）导师

（三）考核评价

包括考试课与考查课两种。考试课以闭卷考试为主，有些课程也可采用实际操作或论文形式；考查课可采用开 / 闭卷、实际操作、课程论文等形式。成绩分为四个等级，优秀（90 ~ 100分）、良好（75 ~ 90分），及格（60 ~ 75分）、不及格（60 分以下）。毕业论文由指导老师小组审评。

九、毕业标准说明

凡具有我校正式学籍的学生，在学校规定的年限内，完成专业人才培养方案规定的各类课程，考试合格，准予毕业，发给毕业证书。

人工智能应用专业人才培养方案

一、专业背景分析

2017 年 7 月，国务院办公厅印发《新一代人工智能发展规划》（以下简称《规划》），制定了三步走战略目标，“到 2030 年在人工智能理论、技术与应用总体达到世界领先水平，成为世界主要人工智能创新中心，智能经济、智能社会取得明显成效，为跻身创新型国家前列和经济强国奠定重要基础”。《规划》强调的重点任务之一是建设人工智能学科，完善人工智能领域学科布局，设立人工智能专业，加强产学研合作，鼓励高校、科研院所与企业等机构合作开展人工智能学科建设。

为把中关村建成全球有影响力的科技创新中心，一方面需要大量创新型人才，特别是在人工智能、移动互联网、大数据、物联网、虚拟现实、新材料等战略新兴产业方面人才；另一方面急需面向科技园区提供科技服务、科技成果转化服务和创业孵化的专门人才，作为中关村核心区的海淀区尤其如此。

海淀区聚集了大量人工智能的原生项目，崛起了一批世界级领军企业，如百度、小米、寒武纪、矿视科技、驭势科技等，在语音识别、图像识别、人脸识别、行为识别、唇语识别、视频识别等各种类型的识别技术领域，都有原创技术的领军企业，比如汉王科技、海云数据、科大讯飞等；在业务建模、逻辑分析、数据算法、结构设计等人工智能业务设计技术领域，聚集了一批专业企业，比如吉贝克、亿赞普；在商业模式、应用场景、用户体验、市场营销等产业化领域，产生了一批专业公司，比如微众传媒、新浪微博、中科汇联等。它们急需大量的人工智能领域人才，一方面它们需要人工智能领域高端的研究人员；另一方面也需要人工智能方面的应用人才，完成从技术到产品的市场化，从企业到产业的规模化工作。如从事应用开发、产品测试、运维服务、市场营销等工作。因此，面向北京中关村区域培养人工智能专业应用型人才势在必行。

二、招生对象、学制

（一）招生对象：应届高中毕业生。

（二）学制：四年。授予学位：工学学士。

三、培养目标

面向海淀区人工智能产业，培养专业基础扎实、实践能力强，具有较强的适应能力和可持续发展能力，具有解决“人工智能应用”领域实际问题的高素质应用型人才。本专业定位于应用型本科，专业核心能力为人工智能软、硬件开发应用。

四、就业方向

本专业方向为“人工智能应用”，毕业生可在人工智能等新兴应用领域，如智能机器人、无人驾驶汽车、智慧医疗、智慧硬件、飞行器控制等相关领域从事应用开发、产品测试、运营维护、市场营销、客户服务和行政管理等工作。本专业毕业生还可以报考相关学科的硕士研究生。

五、人才培养模式

针对科技园区科技服务及创业企业服务的实际需求，中关村学院聚合企业专家和教学专家设计全新的人才培养模式，创新企业与学校“双主体”“双导师”育人机制。企业和学校共同创建“人工智能产教融合教研中心”，改革学校与企业的供需关系，变为共同办学主体，共同协商制定人才培养目标，共同开发专业核心课和技术应用专业课，共同编写专业课教材，共同建设企业实训基地并制定实训任务和考核标准，共同派出师资完成教学任务。致力于培养懂专业、懂运营、懂营销、会管理的人工智能应用人才，依托中关村学院雄厚的师资和教学条件，中关村企业的实践实习环境，产学研相结合，力求打造适应新形势，具有创新思维、专业扎实的人工智能应用型人才。见下图。

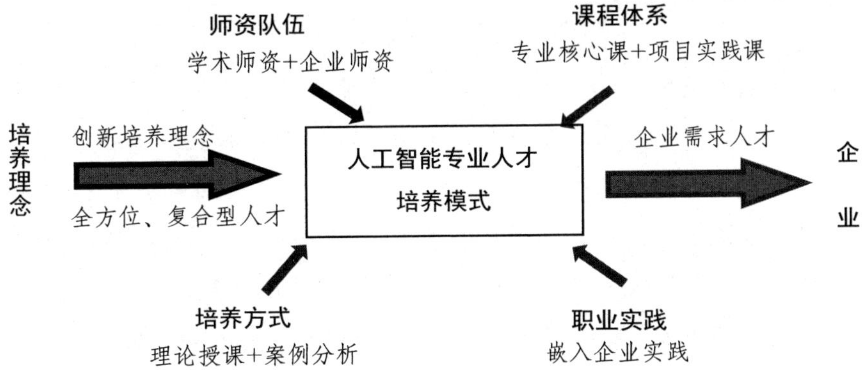

六、人才培养规格

（一）知识结构

掌握数学和外语等本专业学科要求的基础理论和基本知识；掌握人工智能领域的基本知识和技能；熟练掌握智能控制基础理论和知识；熟练掌握人工智能系统需求分析、设计、开发、测试和管理技能。

（二）能力结构

了解人工智能算法分析与设计能力；具备一定的人工智能编程和分析设计能力；熟悉人工智能主要应用领域，具有从事人工智能技术应用相关的能力。同时具有较强的文字表达能力，会书写相关技术文档，掌握文献检索的基本方法；能较熟练地使用英语，适当借助工具书，可以阅读本学科和专业的英文资料。

（三）素质结构

具有较强的人际沟通能力和社会适应能力，良好的职业道德和学术修养；健康的体魄和良好的心理素质；具备行业工作所需要的项目管理能力和团队工作意识；具有从事人工智能相关技术应用工作所必需的创新精神。

七、课程体系设计

本专业以职业岗位对实用型人才的职业素养要求为出发点，通过岗位调研、企业调研、从业者调研等途径，全面了解本专业的人力资源市场需求情况，确定本专业就业岗位对人才在知识、技能、能力及素质方面的具体要求，然后经过专业建设和完善，形成以市场为导向，应用为宗旨，以能力培养为核心，符合高等教育教学规律和本专业人才培养目标的课程教学体系。

整个课程体系设置公共基础课、专业基础课、专业核心课、专业方向课及综合项目实践和毕业论文五大模块，其中专业基础课程包括中关村特色创新创业课和专业必修课两部分。中关村特色创新创业课程体系参考美国硅谷大学的创新创业培训，调研数百家中关村科技企业，中关村特色创新创业课程体系以学员需求为导向，以阶梯培养、能力递进为原则，以“五创”路径理论模型为基础设计课程，采用项目实战体验式教学，以一个实训基地、四项新兴技术、八大教学资源为支撑，以“科技产品众筹和教学资源共享”校企协同创新机制为保障，精准提升学员的创新创业职业能力，构建了能力递进创新创业终身职业培训模式。按照“五创”路径理论模型，借鉴能力本位的职教理念，开发出阶梯培养、能力递进的五大系列、十五个核心内容和N个层次的课程体系。见下图。

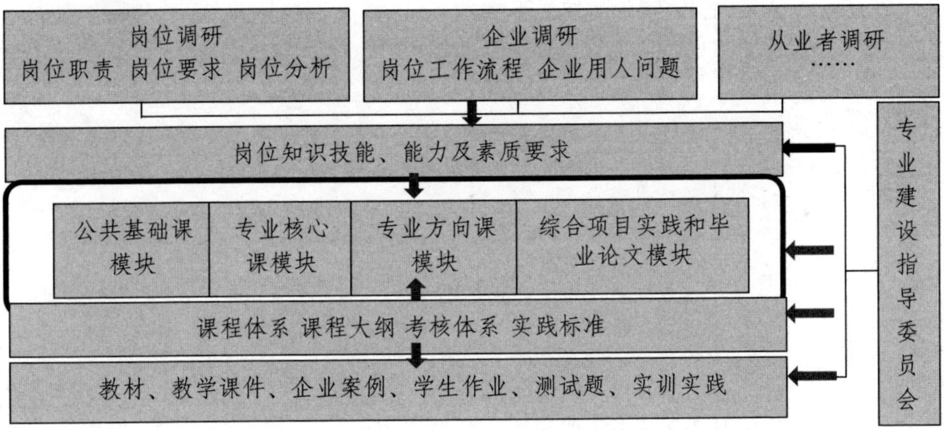

课程体系研发思路

人工智能应用专业课程设置

课程类型	课程名称
公共基础课程	高等数学 大学英语 中国特色社会主义理论体系 职业规划与就业指导 军事训练 体育 （这些课程为教育部规定的必修课程）

课程类型	课程名称
专业核心课程	人工智能原理 机器人学 人机交互技术 图像处理 嵌入式人工智能软件系统设计 机器人感知与实践 现代控制理论 物联网概论 模式识别 自然语言处理 产品管理 市场营销与品牌管理 创新创业基础与生态 创新方法论
专业方向课	全球人工智能发展趋势 中关村人工智能产业发展现状 消费心理学 汽车电子与总线技术 机器人系统仿真 智能机器人导论（智能软件） 机器人感知与实践 传感器技术及应用 微机原理与接口技术 电子测量技术 数字信号处理 应用文写作 现代商务礼仪 创新思维与创新方法 现代企业管理 商业模式设计 创业计划与融资路演 模拟电子技术 计算机网络 程序设计基础 线性代数 概率论与数理统计 专业英语

续表

课程类型	课程名称
综合项目实践与毕业设计	中关村创业孵化综合实战项目（包括创业项目融资实战、创业项目路演实战、创业企业税务实战、市场需求调研实战等） 毕业论文 假期企业实习

通过培养方案规定的全部教学环节，达到本专业要求的总学分及各环节所要求的学分。总学分达到180学分，其中，理论课程106学分，实践教学74学分，理论与实践教学比例为6∶4左右。

八、教学实施

（一）师资队伍

针对科技园区科技服务及创业企业服务的实际需求，中关村学院聚合企业专家和教学专家设计全新的人才培养模式，创新企业与学校“双主体”“双导师”育人机制。企业和学校共同创建“人工智能产教融合教研中心”，改革学校与企业的供需关系，变为共同办学主体，共同协商制定人才培养目标，共同开发专业核心课和技术应用专业课，共同编写专业课教材，共同建设企业实训基地并制定实训任务和考核标准，共同派出师资完成教学任务。

人工智能应用专业行业（企业）导师名单

姓名	单位	职务
刘昌平	汉王科技	总经理
宋智军	海云数据	副总裁
周佳峰	科大讯飞	北京公司总经理
王震	微众传媒	总经理
李峥嵘	新浪微博	副总经理

姓名	单位	职务
游世学	中科汇联	董事长
施艳	小米科技	公共事业部总经理
张猛	寒武纪智能科技	创始人兼 CEO
杨沐	旷视科技	联合创始人
邱巍	驭势科技	首席生态创新官

（二）实践教学条件

1. 综合实训

综合实训在中关村创新教育实践基地完成。主要是结合所学人工智能专业知识与技能进行实际能力的项目训练。目的是对所学的专业知识进行全面的了解、理解、掌握，并能实际灵活应用。可结合专业课程，安排学生在实验室或者中关村人工智能企业参与项目训练，增强从事人工智能相关工作的实际操作能力。

2. 企业实习

毕业实习是学生毕业前要完成的重要环节，学生到物业企业见习、实习。通过企业实习，使学生搜集和掌握第一手资料，并完成企业实习报告。

要求：学生在企业导师的指导下，撰写毕业实习报告，并对学生进行岗位胜任力评价。

3. 毕业论文

学生毕业前要完成中关村人工智能应用综合实战项目，并撰写毕业论文。通过综合实战项目和论文撰写，重点培养学生综合运用所学理论知识和技能解决综合实际问题的能力。完成综合实战项目和毕业论文是全面考查学生独立地综合运用所学本专业理论知识，并能够分析和解决人工智能应用领域的具体实际问题，是对学生学习期间学习与应用情况的一次综合检验，也是学生学习成果的集中体现。

8个小学期具体安排

小学期	时间	学习内容	师资安排
小学期1	新生入学前1个月	专业体验	行业（企业）导师+学校教师
小学期2	一年级寒假2周	岗位见习，确定个人综合实战项目，组建实战项目小组	行业（企业）导师集体
小学期3	一至二年级暑假1个月	企业实训	行业（企业）导师一对一个小组
小学期4	二年级寒假2周	实践岗位1实习	行业（企业）导师一对一学生
小学期5	二至三年级暑假1个月	实践岗位2实习	行业（企业）导师一对一学生版
小学期6	三年级寒假2周	企业顶岗实习	行业（企业）导师
小学期7	三至四年级暑假1个月	独立承担项目	行业（企业）导师
小学期8	四年级寒假	综合实践项目毕业设计，准备毕业论文	学校教师+行业（企业）导师

（三）考核评价

包括考试课与考查课两种。考试课以闭卷考试为主，有些课程也可采用实际操作或论文形式；考查课可采用开/闭卷、实际操作、课程论文等形式。成绩分为四个等级，优秀（90～100分）、良好（75～90分），及格（60～75分）、不及格（60分以下）。毕业论文由指导老师小组审评。

九、毕业标准说明

凡具有我校正式学籍的学生，在学校规定的年限内，完成专业人才培养方案规定的各类课程，考试合格，准予毕业，发给毕业证书。

附录三 “科技服务专业”用人需求情况调查

“科技服务专业”用人需求情况调查问卷

尊敬的小姐/女士/先生：

本次调查想了解贵单位在“科技服务”方面的业务现状与需求以及用人现状与需求。问卷所设题项答案没有对与错，若有某个问题未能完全表达您的见解时，请选择最接近您看法的答案或者填写其他（请注明），问卷结果仅供学术研究之用并郑重承诺保密。如果您需要，我们会及时将问卷调查的分析结果予以反馈，未经您的同意，不会将问卷数据用于任何商业用途。

真诚感谢您的支持与合作！

第1题：年龄[单选题]

选项	
(1) 20岁以下	
(2) 20～30岁	
(3) 31～40岁	
(4) 41～50岁	
(5) 50岁以上	

第2题：性别[单选题]

选项	
(1) 男	
(2) 女	

第 3 题：学历 [单选题]

选项	
(1) 大专及以下	
(2) 本科	
(3) 硕士研究生	
(4) 博士研究生	

第 4 题：职位 [单选题]

选项	
(1) 单位高层领导	
(2) 单位中层领导	
(3) 其他（请注明）	

第 5 题：贵单位所属产业 [单选题]

选项	
(1) 新一代信息技术	
(2) 高端装备制造	
(3) 新材料	
(4) 生物	
(5) 新能源汽车	
(6) 新能源	
(7) 节能环保	
(8) 数字创意	
(9) 相关服务（主要以新技术服务为主）	
(10) 传统产业（请注明）	

第 6 题：贵单位的人员规模 [单选题]

选项	
（1）50 人以下	
（2）50 ～ 100 人	
（3）101 ～ 1000 人	
（4）1000 人以上	

第 7 题：贵单位是否高新技术企业 [单选题]

选项	
（1）是	
（2）否	

第 8 题：贵单位“科技服务”的需求主要有 [多选题]

选项	
（1）研究开发及其服务	
（2）检验检测认证服务	
（3）标准化服务	
（4）知识产权及相关服务	
（5）科技咨询服务	
（6）科技金融服务	
（7）科学技术普及服务	
（8）其他（请注明）	

第 9 题：贵单位“科技服务”的业务隶属 [单选题]

选项	
(1) 市场部	
(2) 企划部	
(3) 公关部	
(4) 办公室	
(5) 研发部	
(6) 其他（请注明）	

第 10 题：贵单位负责“科技服务”业务的人员数 [单选题]

选项	
(1) 10 人以下	
(2) 11 ～ 50 人	
(3) 50 人以上	

第 11 题：贵单位主要负责“科技服务”业务人员学历 [单选题]

选项	
(1) 专科以下	
(2) 专科	
(3) 本科	
(4) 硕士研究生	
(5) 博士研究生	

第12题：贵单位主要负责“科技服务”业务人员专业背景[多选题]

选项	
(1) 与技术相关的专业	
(2) 与管理相关的专业	
(3) 其他（请注明）	

第13题：贵单位增加“科技服务”业务人员的主要途径[多选题]

选项	
(1) 校园招聘	
(2) 社会招聘	
(3) 内部人员转岗	
(4) 其他（请注明）	

第14题：您认为“科技服务”人才是否需要专设专业培养[单选题]

选项	
(1) 是	
(2) 否	

第15题：您认为“科技服务”人才所需的主要素质[多选题]

选项	
(1) 相关专业知识、能力	
(2) 沟通交流能力	
(3) 组织协调能力	
(4) 政策领悟和解读能力	
(5) 公文写作能力	
(6) 其他（请注明）	

第 16 题：贵单位 2019 年度是否有增加从事“科技服务”业务人员的计划？计划增加的数量大概是多少？

第 17 题：北京市拟开办“科技服务”本科专业，请您提出宝贵建议。

“科技服务专业”用人需求情况调查报告

本次调查的目的是了解企业在“科技服务”业务现状与需求，以及从事科技服务工作的人员现状与需求。调查采用电子调查问卷的方式，通过微信平台面向与科技服务有关的单位投放，最终共收集有效问卷 204 份，调查结果如下。

一、被访者的基本情况

综合被访者的年龄、性别、学历层次等人口统计学数据可以判断，被访者可以代表被调查单位的基本情况。大多数被访者为企业的中高层管理人员，不同程度地掌握所在企业的人力资源的供需情况，他们所表达科技服务需求以及科技服务人员的用人需求具有重要的参考价值。调查结果如下：

1. 年龄结构：被访者以中年为主，占比超过 80%，其中以 31 ~ 40 岁占比达 44.12%；41 ~ 50 岁占比达 33.82%；此外，30 岁以下的青年人以及 50 岁以上中老年占比分别为 11.77%、10.29%（见下图）：

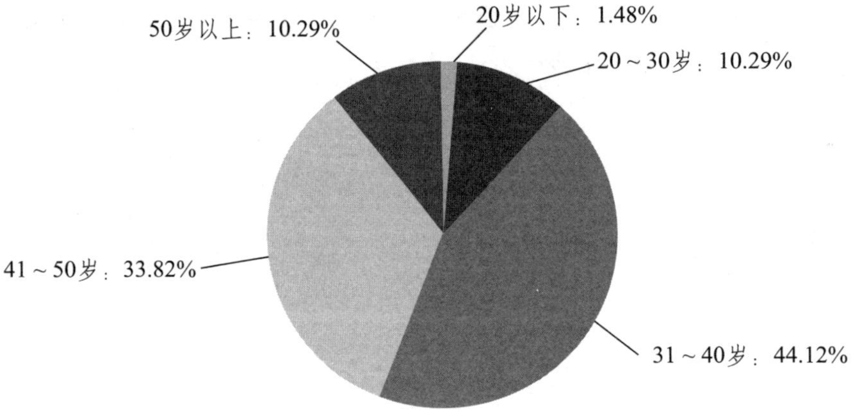

2. 性别结构：以男性为主，占比达到72.06%，女性占比为27.94%(见下图)；

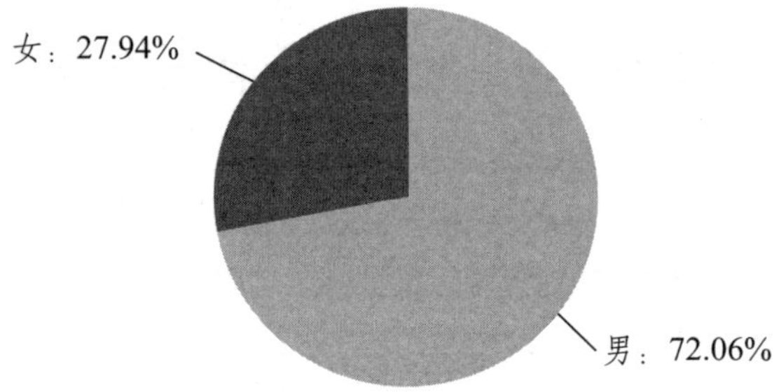

3. 学历层次：具有本科及其以上学历的被访者占比超过87%以上，其中具有本科学历的人员占比为42.65%，硕士研究生占比为39.71%，博士研究生占比为4.41%（见下图）：

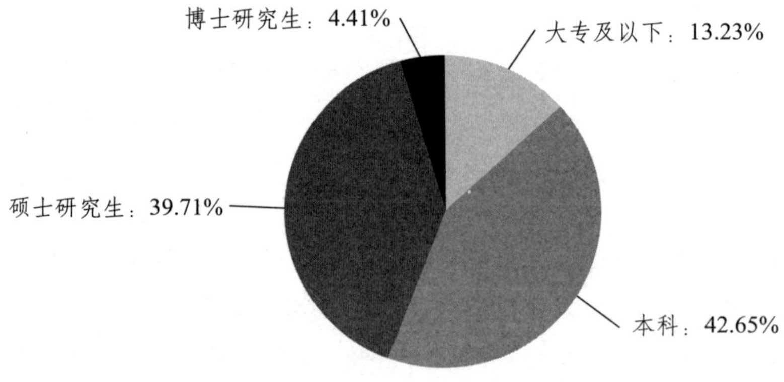

4. 职位层次：83.82% 的被访者为企业的中高层管理人员，其中中层高层管理者占比为 50%，高层管理者所占比为 33.82%。基层管理者、普遍职员等占比为 16.18%（见下图）。

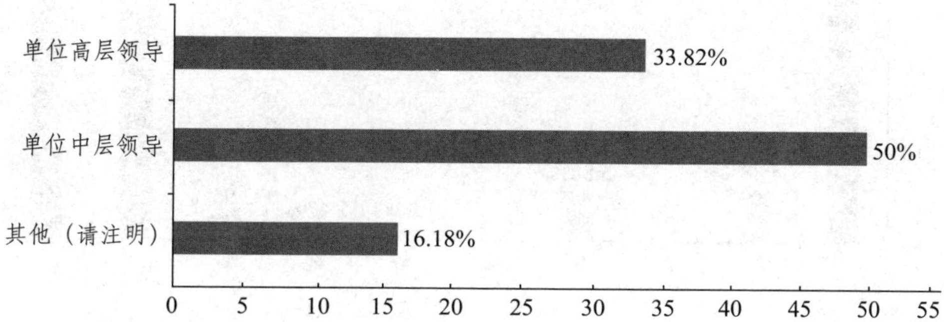

二、被访者所在企业的基本情况

本次需求调查所采集的数据涵盖从小微企业到大型企业各类规模。数据显示，被访者所在企业规模在 50 人以下小微企业占比超过四分之一，达到 26.47%，50 人以上、100 人以下的小型企业占比为 14.71%，规模为百人以上、千人以下的中型企业占比近三分之一，达到 30.88%，另有超过四分之一的企业为 1000 人以上的大型企业，占比为 27.94%。（见下图）

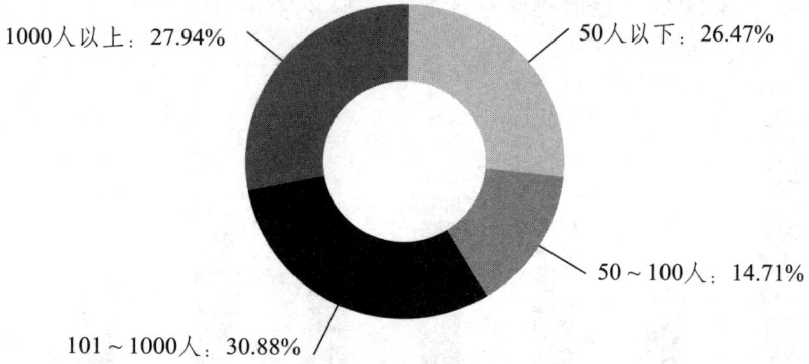

被访者所在企业属于高新技术企业超过半数，占比达到 55.9%；产业类型主要集中在新一代信息技术、新技术服务业以及传统产业等三大类，分别

占比27.94%、26.47%以及27.94%；此外还涉及高端装备制造、生物、新能源、节能环保、数字创意等产业类型（见下图）。

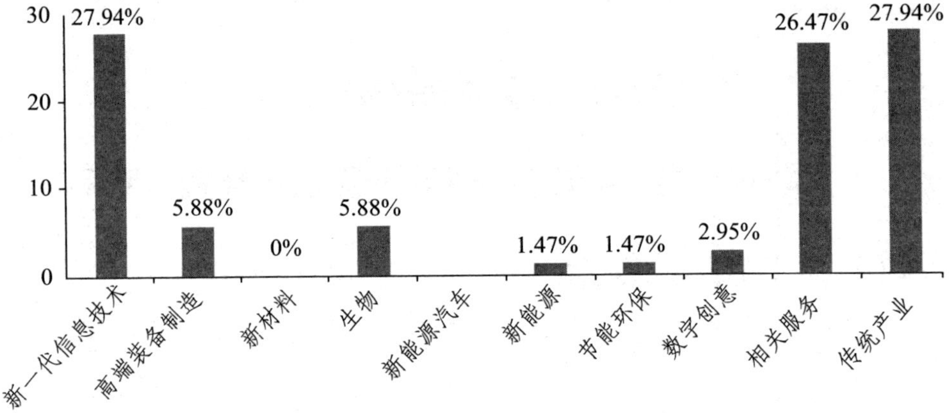

三、企业科技服务业务现状与需求

调查数据显示，被访者所在企业的科技服务需要几乎覆盖了整个产业链条，其中“研究开发及其服务”需求占居首位，达到52.94%；“标准化服务”占26.74%；“知识产权及相关服务”占30.88%；“科技金融服务”需求超过了四分之一，达到27.94%；之后依次是“科技咨询服务”需求20.59%、“科学技术普及服务”13.24%、“检验检测认证服务”13.24%。

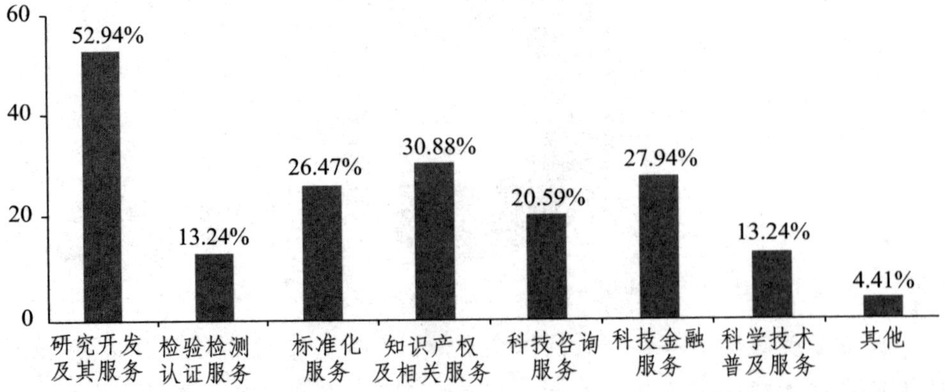

科技服务业务在组织职能中的归属情况在一定程度上代表了企业对于科技服务业务在本组织中的功能定位。调查数据显示，企业将科技服务归属于研发部占据半壁江山，达到 50%，超过并列于第二次的市场部、办公室两个职能部门 22 个百分点。此外，将该项业务归属于公关部、企划部的分别占比为 7.1% 以及 1.8%。

综合上述两项数据可见，被调查企业的科技服务业务现状在一定程度上代表了我国科技服务业的发展方向：研发服务业处于产业链上游，具有高端、高效、高附加值的特征，对下游产业具有强大的引领和带动作用，年增长速度远远高于其他产业，成为朝阳新兴产业。工业（创意）设计服务业对 GDP 贡献率均大于 3% ，最高的超过 10%，平均值达到 5.4%，对就业的贡献率平均值更是高达 5.6 %。以生产力促进中心、高新技术企业孵化器、科技咨询与评估机构、创业投资服务机构为代表的科技中介服务机构发展迅猛，突出表现为机构数量爆发式增长、服务能力大幅度提升、服务形式呈现多样化发展。

四、企业科技服务专业人员现状与招聘渠道

调查数据显示，企业的科技服务专业人员数量在 10 人以下的占比最大，达到 46.4%，数量在 11 人至 50 人以下以及 50 以上不分上下，占比为 26.8%。统合企业规模判断，企业科技服务专业人员在企业所占比例较低。为此，本次调查进一步以问答题方式，调查了企业的对科技服务专业人员的增编计划，结果显示增编额度在几十至几百人不等。总的看来，目前企业科技服务专业人员处于虚位以待的缺乏状态。

在此基础上，本次调查还对企业科技服务专业人员的招聘渠道做进一步了解，数据显示招聘渠道主要有三大类，社会招聘、校园招聘以及企业内部转岗。其中，社会招聘是主要的方式，占比达到 79.4%，其次是校园招聘占比为 30.9%，内部人员转岗方式占比达 22.1%。

综合上述数据，校企合作订单培养的方式或者选派企业后备人才到相关

院校相关专业进修，也许可以成为是解决企业科技服务专业人员缺乏的路径。对此，被访者的意见也较为一致，91.2%的被访者认为应该设立专门专业培养科技服务专业人才。

五、企业科技服务专业人员知识能力现状与需求

调查数据显示，目前科技服务专业人员的学历水平较高，其中具有研究生学历的人员占比达到42.64%，其中硕士研究生占比为33.82%，博士研究生占比为8.82%；具有本科学历的人员占比达到51.47%（见下图）。

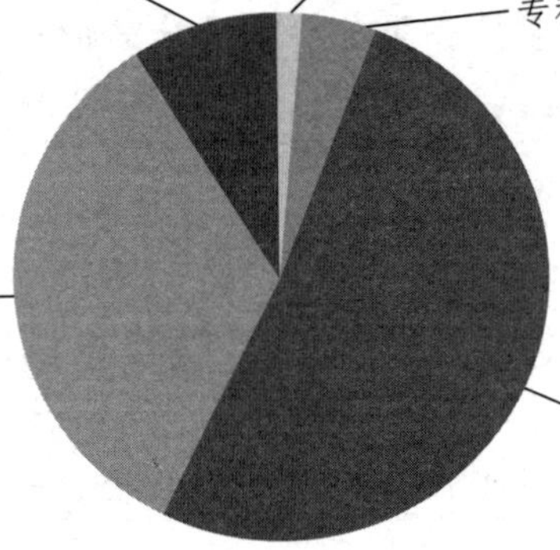

专业背景主要是技术专业和管理专业，其中六成以上的科技服务专业人员专业背景是技术相关专业，占比为64.7%；与管理相关的专业占比为48.5%；

科技服务专业人才是否属于复合型人才，是否有必要设立专门专业培养？被访者对于科技服务专业人才素质需求结构图（见下图）用数据告诉我们答案。除相关专业知识能力占比高居榜首，达到86.8%以外，沟通交流能力、组织协调能力、政策领悟和解读能力的需求均超过半数，占比分别是72.06%、60.29%以及54.41%。可见科技服务专业人才属于复合型人才。因此，91.2%的被访者认为应该设立专门专业培养科技服务专业人才。

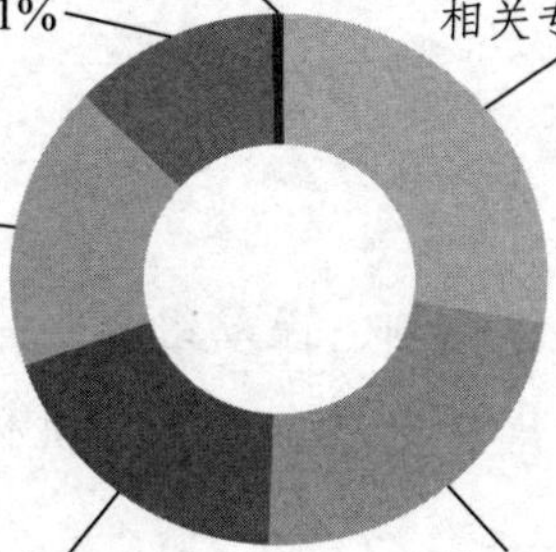

附录四

北京市教委“教育与产业发展契合度”课题调研方案

中关村科学城调研组

为了高质量完成北京市教委布置的“教育与产业发展契合度”课题研究，制订该调研方案。调研方案将围绕服务北京产业转型升级，探索新形势下北京教育发展的新模式和路径展开，以为京津冀教育和产业协同发展服务为基本宗旨，精心选择调研对象，确保获得较全面的相关数据和资料作为研究的支持。

一、调研对象

中关村科学城相关政府管理和服务部门、中关村科学城相关的企业、中关村科学城相关政府产业服务机构。

二、调研范围

根据北京市产业整体规划，课题组结合中关村科学城的产业特点，重点选择新一代信息技术、集成电路、新能源新材料等三个高新技术领域作为本次调研工作的重点。

三、调研参与人员

1. 北京信息职业技术学院：卢小平、童遵龙、卢光明、曹素红
2. 中关村学院：程洪莉、徐文新、赵研
3. 北京信息管理学校：杨宁、许艳萍、胡志齐

四、调研组分工

（一）调研组人员构成

组长：卢小平
副组长：程洪莉、杨宁
成员：童遵龙、卢光明、曹素红；徐文新、赵研、许艳萍、胡志齐

（二）调研小组分组情况

第一小组：北京信息职业技术学院，负责集成电路行业领域
组长：卢小平
组员：童遵龙、卢光明、曹素红
第二小组：中关村学院，负责新能源新材料行业领域
组长：程洪莉

组员：徐文新、赵研

第三小组：北京信息管理学校，负责新一代信息技术行业领域

组长：杨宁

组员：许艳萍、胡志齐

五、调研任务

1. 产业宏观背景调研

宏观背景主要通过文献调研的方式以及通过相关政府部门及行业服务组织调研获取，具体包括：

(1) 了解政府对中关村科学城的定位、以及相关产业发展状况，以及当前存在的主要问题；了解北京市政府对产业发展的总体规划和发展趋势，以及中关村科学城的总体规划和发展趋势，政府在该区域优先发展的产业，政府相关的促进和鼓励措施。

(2) 收集中关村科学城在产业结构、人才规划等方面的预测分析报告；尤其是人才需求结构方面的预测分析报告，以及未来三年相关产业的人才结构方面的分析报告和数据。

(3) 相关研究机构的行业发展研究报告，以及行业协会、学会的相关研究资料、数据和信息。与调研企业的数据、政府管理机构的形成相互印证、逻辑自洽的分析框架。

2. 行业企业需求调研

通过走访企业、问卷调查等方式，瞄准重点产业和技术领域，获得行业企业在规模、人才结构、岗位结构、学历层次结构、人才来源结构、职业技术等级结构，以及专业分布结构等六个层面的微观数据，为下一步契合度分析提供数据支撑。

具体任务主要包括：

(1) 了解企业基本情况，包括：行业地位、人才队伍的规模和结构、主要领域、行业人才队伍建设中存在的主要问题。

(2) 目前人才队伍与主营业务的匹配状况。重点了解专业技术岗位结构(典型工作岗位设置、人员数量)、专业结构（知识、能力、素质要求)、学历结构、技术等级结构，以及专业技术人才来源结构等六个层面的情况。

(3) 了解企业未来3～5年发展规划，包括：技术发展方向、岗位设置可能变化、学历层次变化情况、专业需求结构变化情况、专业技术人员数量变化情况等。

3. 政策、规划、研究报告收集方面

(1) 相关产业国家层面的文件、政策、规划。

(2) 北京市对中关村未来科学城的总体规划、北京市对相关产业发展的规划等。

(3) 相关产业的发展研究报告（近年的发展报告、未来的发展规划等)。

(4) 重点企业年度报告、未来的发展规划等。

(5) 对相关技术发展趋势的分析与预测方面的报告。

(6) 其他有助于研究的信息和资料。

4. 理论分析与对材料的提炼

在相关调研数据的基础上，利用相关理论对相关调研资料和数据进行分析，从多维度对北京教育与产业发展的契合度进行对比研究，得出相应结论。

六、调研时间及分工安排

1. 本走访调研共安排政府部门、行业企业等11家，其中1家政府主管部门、1家行业协会，集成电路、新一代信息技术、新能源各3家单位。

2. 走访调研时间安排四个全天。走访调研环节考虑到工作精力和实地调研与案头整理相结合，原则上是一天实地调研，一天案头资料整理归档，以保证调研成果能够及时固化。在实地调研安排上，一般是上午2家、下午1家，上午稍远（山后)、下午稍近（山前)，还有包括被调研单位礼物、交通、餐饮等环节待各方协商。

调研单位	调研时间	参加调研人员	分工安排
中关村科技园区海淀园管委会	2018年4月16日上午	市教委领导及市教科院研究人员、调研组成员	调研组所有成员
北京海淀中小企业协会	2018年4月16日下午	市教委领导及市教科院研究人员、调研组成员	调研组所有成员
大唐微电子 龙芯中科	2018年4月18日上午	市教委领导及市教科院研究人员、调研组成员	第一调研组
中星微	2018年4月18日下午	市教委领导及市教科院研究人员、调研组成员	第一调研组
北京爱迪科森教育科技股份有限公司 美科科技（北京）有限公司	2018年4月20日上午	市教委领导及市教科院研究人员、调研组成员	第三调研组
北京车网互联科技有限公司	2018年4月20日下午	市教委领导及市教科院研究人员、调研组成员	第三调研组
北京能高自动化技术股份有限公司 国电联合动力技术有限公司	2018年4月23日上午	市教委领导及市教科院研究人员、调研组成员	第二调研组
北京远方动力可再生能源科技股份公司	2018年4月23日下午	市教委领导及市教科院研究人员、调研组成员	第二调研组

备注：

1. 以上的时间及分工安排为初步设计，将结合市教委领导及市教科院研究人员、调研组成员的时间和被调研单位的具体情况进行临时调整和完善。

2. 中关村学院负责前期沟通和整体过程的协调。各小组负责本调研组所负责领域的资料收集、访谈、问卷填写、成果汇总、档案管理等与调研相关的工作。

3. 如果调研组成员希望参与其他调研组的调研工作，须提前联系，由调研组整体进行安排。

七、工作进度安排

根据北京市教委对本次调研工作的整体部署和要求，本工作组总体时间和工作推进进度安排如下。

(1) 4月15日前，各调研小组根据调研时间安排与中关村学院及时沟通，落实开展企业走访调研工作，完成调研过程中资料、数据、调查问卷下发收集整理等过程资料数据收集整理工作；

(2) 4月20日前，各调研小组根据分工分别完成负责兴业领域的调研分报告的撰写工作，连同相关调研数据，电子版发给北京信息职业技术学院卢光明；

(3) 4月27日前，完成各课题报告汇总，形成总报告，上报教委。

八、调研的预期成效和成果

1. 收集整理中关村科学城新一代信息技术、集成电路、新能源新材料等相关企业的情况，人才队伍结构（数量、层次、专业、岗位、来源等）。

2. 收集整理新一代信息技术、集成电路、新能源相关未来技术发展趋势资料，了解行业发展最新前沿进展，为相关行业的发展做出预判，并根据技术发展提出对教育和人才培养的新要求。

3. 调研整理新一代信息技术、集成电路、新能源等相关行业的岗位结构，岗位结构的未来发展趋势，以及岗位结构对相关人员的数量需求、能力和素质需求，为相关专业及课程的设置提供现实依据。

4. 以北京市中关村科学城为核心，分别形成新一代信息技术、集成电路、新能源等三类产业调研分报告。

5. 在分报告基础上，综合多方面要素，得出北京市“教育与产业发展契合度”相关指标，并形成最终本组负责部分（中关村科学城）的调研总报告。

相关调研成果以调查研究报告的形式交付。

北京市教委“教育与产业发展契合度”调研访谈提纲

中关村科学城调研组

为了高质量地完成北京市教委布置的“教育与产业发展契合度”课题调研。根据调研对象的特点，方便课题组较全面地获得调研对象的相关数据和资料，制定该现场调研访谈提纲。调研人员应根据实际情况进行灵活调整。

一、企业基本情况

1. 企业成立时间
2. 企业的经营范围和主营业务及规模
3. 企业的人员规模数量和主要岗位名称及其近年来变化
4. 企业人员的主要来源数量、占比（分京津冀和其他区域）

二、企业岗位设置

1. 目前企业岗位设置情况。（希望获得的信息点：岗位类型、岗位结构、岗位名称、需要数量、专业方向要求、专业能力要求、素质要求等。）

2. 未来3～5年企业岗位设置变化情况希望获得的信息点。（岗位类型、岗位结构、岗位名称、需要数量、专业方向要求、专业能力要求、素质要求等。）

3. 未来人工智能技术的广泛应用对您企业的哪些技术岗位带来的影响？（希望获得的信息点：典型岗位名称。）变革后的岗位都对哪些专业产生了影响？（希望获得的信息点：专业方向信息。）

三、企业技术技能人才现状

1. 目前哪些工作岗位招聘困难？有多大的缺口？（希望获得的信息点：急需技术技能岗位、用人数量信息。）

2. 目前公司迫切需要哪些专业方向的技术技能人才？（希望获得的信息点：专业方向信息。）

3. 当前哪些方面的技能型人才现在比较饱和？（希望获得的信息点：过剩专业方向信息。）

4. 当前哪些岗位的职业资格等级证书公司认可度高？（希望获得的信息点：岗位与职业资格证书信息。）

5. 当前学历层次上哪个层次更受企业欢迎？（希望获得的信息点：学历层次、用人数量需求信息。）

四、目前员工知识技能来源及提升的主要途径

1. 员工目前知识技能的主要获取来源。（希望获得的信息点：学校培养、企业培养、外部机构培训。）

2. 员工知识技能提升途径。（希望获得的信息点：自学、内部培训、外部培训机构培训。）

五、对教育发展的建议

1. 从本公司所处行业领域出发，您认为北京应该优先发展的教育领域（希望获得的信息点：职业技术教育、成人培训教育、本科教育、研究生教育），说明理由。

2. 根据对行业人才需求理解，提出高校专业调整方面的建议。（希望获得的信息点：增加新专业方向、现有专业需要更新的知识和课程。）

3. 在人工智能等技术快速发展背景下，对职业技术技能型人才的能力结

构、人员素质等方面需求的关键方向？企业和教育机构如何应对？（希望获得的信息点：能力结构需求、人员素质需求、培训方式需求。）

4. 企业已经开展的“校企合作”的做法和成效？对“城教融合、校企合作”的建议？

5. 企业在津冀地区（特别是雄安新区）是否有投资或者合作项目？企业对京津冀协同发展方面的考虑和计划？配套的人才培养方面有何安排？（希望获得的信息点：企业发展动态、人才需求状态、人才需求层次和数量。）

北京市教委
“教育与产业发展契合度”课题调研问卷

为了更好服务北京产业转型升级，探索新形势下北京教育发展的新路径和模式，为京津冀教育和产业协同发展服务。由北京市教委精心组织，开展北京“教育与产业发展契合度”调研，衷心感谢您的配合。

课题组承诺，本调研只为政府决策提供支持，相关资料和数据绝对不会应用于任何商业目的，也不会未经当事人同意向任何无关的第三方组织泄露，因此请相关政府与企业单位如实填写相关内容，课题组将严守保密承诺。

备注：本次调研重点关注大数据、云计算、信息安全、人工智能等新一代信息技术，以及集成电路、新能源新材料等北京优先发展的领域。

一、企业及产业概况（根据您企业的实际填写）

贵企业成立年月。

贵企业从事的主要领域。

贵企业在北京该行业中的地位

A. 领先型　B. 跟随型　C. 创新型　D. 应用型

过去三年及至 2020 年贵企业的专业技术岗位学历结构情况和预测

学历 / 年份	博士（人）	硕士（人）	本科（人）	高职（人）	中职（人）
2015					
2016					
2017					
预计 2020 年的情况					
对人员学历结构的说明					

过去三年及至 2020 年贵企业从业者专业结构情况和预测。

见附件

过去三年及至 2020 年贵企业从业者职业技能结构情况和预测

技能 / 年份	高级技师（一级）	高级技师（二级）	高级技能（三级）	中级技能（四级）	初级技能（五级）
2015					
2016					
2017					
预计 2020 年的情况					

贵企业从业者主要来源（按照从业者毕业学校统计）

来源 / 人员	北京	天津或河北	海外	其他地区
从业人数				
其中：博士				
硕士				
本科				

续表

来源 人员	北京	天津或河北	海外	其他地区
高职				
对近三年从业人员的区域来源变化说明				

二、企业岗位设置及相应能力（根据您企业的实际填写）

目前企业典型技术岗位设置及专业结构分布

指标 岗位大类	典型岗位名称	专业结构（主要专业及人数）				岗位人员总数量
		专业名称				
		人员数量				
		专业名称				
		人员数量				
		专业名称				
		人员数量				
		专业名称				
		人员数量				
		专业名称				
		人员数量				
		专业名称				
		人员数量				

续表

指标 岗位大类	典型岗位名称	专业结构 （主要专业及人数）				岗位人员总数量
		专业名称				
		人员数量				
		专业名称				
		人员数量				
		专业名称				
		人员数量				
		专业名称				
		人员数量				

注：典型技术岗位请按照生产的上下游链路排序。

目前企业典型技术岗位设置及学历结构分布

指标 岗位大类	典型岗位名称	专业结构 （主要专业及人数）				岗位人员总数量
		学历层次				
		人员数量				
		学历层次				
		人员数量				
		学历层次				
		人员数量				
		学历层次				
		人员数量				

续表

指标 / 岗位大类	典型岗位名称	专业结构（主要专业及人数）				岗位人员总数量
		学历层次				
		人员数量				
		学历层次				
		人员数量				
		学历层次				
		人员数量				
		学历层次				
		人员数量				
		学历层次				
		人员数量				
		学历层次				
		人员数量				

注：典型技术岗位请按照生产的上下游链路排序。

目前企业典型技术岗位设置及职业资格技术等级结构分布

指标 / 岗位大类	典型岗位名称	职业资格技术等级结构 主要职业资格证书名称（等级）及人数				统计汇总
		证书名称、等级				
		人员数量				
		证书名称、等级				
		人员数量				

续表

指标 岗位大类	典型岗位名称	职业资格技术等级结构 主要职业资格证书名称（等级）及人数				统计 汇总
		证书名称、等级				
		人员数量				
		证书名称、等级				
		人员数量				
		证书名称、等级				
		人员数量				
		证书名称、等级				
		人员数量				
		证书名称、等级				
		人员数量				
		证书名称、等级				
		人员数量				
		证书名称、等级				
		人员数量				
		证书名称、等级				
		人员数量				

至 2020 年企业典型技术岗位设置及相应结构指标变化分析预测

序号	典型工作岗位名称	专业名称	学历层次	人员数量

续表

序号	典型工作岗位名称	专业名称	学历层次	人员数量

注：典型技术岗位请按照生产的上下链路排序。重点关注未来几年机器人等的使用对企业岗位设置的影响。

目前企业对毕业生（岗位）的综合要求 续表

序号	典型技术岗位名称	专业知识要求	专业能力要求	素质要求

至2020年对毕业生（岗位）综合要求变化预测

序号	典型技术岗位名称	专业知识要求	专业能力要求	素质要求

注：重点关注未来几年机器人等的使用对企业岗位设置对相关从业人员知识和素质所提出的新要求。

中关村科学城调研组

附录五　相关论文

京津冀协同发展背景下建构职业教育新生态的对策建议
——以北京新材料行业技能人才培养为例

程洪莉[①]

【摘要】京津冀协同发展的国家战略，为北京新材料产业发展和产业布局带来新的机遇和挑战，形成新的产业生态。而职业教育生态人才培养与企业需求严重失衡，教育生态与产业生态之间契合度不高。因此，京津冀协同发展背景下，职业教育应该以对接产业需求为目标，一方面要统筹多方力量，形成人才培养外部生态链，另一方面要对接企业需求，适时调整内部生态，从而构建产教融合的职业教育新生态。

【关键词】职业教育生态；产业生态；新材料行业；人才培养；产教融合

一、职业教育生态的概念与问题提出

德国海克尔提出，“生态学是研究生物与其环境相互关系的科学”[②]。而教育生态学则是应用生态学的理论和方法研究教育现象和教育问题，探究教育规律[③]。1976年，美国哥伦比亚大学师范学院院长劳伦斯·A. 克雷明出版《公共教育》一书，正式提出了“教育生态学（Ecology of Education）”一词。我国学者对教育生态学的探究起步较晚，开始于20世纪80年代末，21世纪初才开始趋于兴盛。近年来，教育生态学的研究开始成为国内专家学者的研究热点。吴鼎福提出，教育生态学是依据生态学原理，特别是生态系统、自然平

① 程洪莉（1967—　），女，天津大学在读博士，中关村学院常务副院长、副研究员，研究方向为职业与成人高等教育管理。

② 尚玉昌．生态学概论 [M]．北京：北京大学出版社，2003．

③ 邓小泉，杜成宪．教育生态学研究二十年 [J]．教育理论与实践，2009(5)．

衡、协调进化等原理，研究各种教育现象与成因，进而掌握并指导教育发展的趋势和方向①。

教育生态学是研究教育与整体生态环境之间的关系，尤其是各种生态因素对教育的影响。在各级各类教育中，职业教育是直接面向生产制造服务等产业培养人才的，更容易受到外界政治、经济、科技等因素的影响。因此，职业教育生态就是根据政治、经济、科技等外部生态因素，尤其是根据产业布局、产业生态的变化，来确定职业教育的办学目标、办学规模、专业与课程设置、培养方式等。具体来说，从宏观上讲，要实现职业教育与政治、经济、科技之间的外部生态平衡，形成学校、企业、政府、行业之间的生态链。从微观上讲，职业教育院校要根据外部生态状况，适时调整学校内部生态，比如办学目标、办学规模、专业与课程设置、培养方式等。

党的十九大报告提出要优先发展教育事业，完善职业教育和培训体系，深化产教融合、校企合作，因此，职业教育应该加强统筹规划，对接产业需求，实现职业教育生态与产业生态之间的匹配与契合，并最终形成以产教融合为基础和内涵的职业教育新生态。

京津冀协同发展的国家战略，尤其是疏解北京非首都功能，为北京产业发展和产业布局带来新的机遇和挑战，也为职业教育生态提供了新的外部环境。本文将以新材料行业为例，具体介绍京津冀协同发展背景下行业发展的外部生态，分析职业教育生态失衡的具体表现，并在此基础上提出构建以产教融合为基础和内涵的职业教育新生态的对策建议。

二、产业生态：京津冀协同发展背景下北京新材料行业发展状况

作为高新技术发展的先导，新材料产业是战略性新兴产业的基础产业。当前，“互联网 +”和“中国制造 2025”为新材料产业发展带来新的挑战与机遇。近年来，新材料行业一直受到北京市政府的高度重视，在多项战略规划中均被列为北京重点发展的高新技术产业之一。在 2016 年北京市鼓励发展的

① 吴鼎福．教育生态学刍议 [J]．南京师大学报（社会科学版），1988(3)．

高精尖产品目录中，石墨烯、碳纳米管、生物医用材料、超导材料等前沿材料赫然在列。

从规模和产值来看，2013 年北京新材料行业产值 1800 多亿元，据北京新材料发展中心的研究人员估计，北京新材料产业的现有产值已超过 2000 亿元。

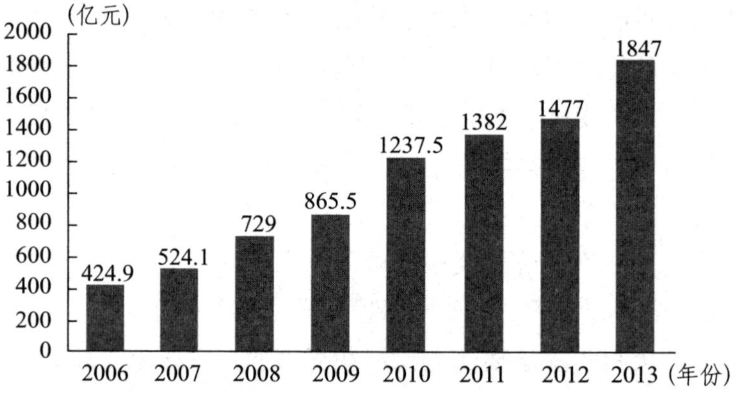

图 1　截至 2013 年北京新材料产业历年产值①

2016 年，中关村新材料行业产业企业总数超过 220 家，总产值突破 890 亿元。如果将新材料行业的现代服务业、新材料领域的技术交易及新材料的工程服务业也计算在内，那么 2016 年中关村新材料行业总产值达到约 1200 亿元。2016 年，北京新材料产业上亿万元企业总数约 90 家②。

表 1　2010—2016 年北京市生物材料产销规模分析（单位：亿元，%）③

年份	2010	2011	2012	2013	2014	2015	2016
工业总产值	34.28	41.02	44.56	48.46	53.01	58.25	63.45
工业总产值同比增长	8.75	19.64	8.65	8.75	9.39	9.88	8.93
销售收入	35.85	42.22	46.84	50.29	54.04	58.54	62.58
销售收入同比增长	9.29	19.64	10.94	7.37	7.46	8.32	6.91

① 北京市教委“教育与行业发展契合度”课题《教育与新材料行业契合度调研报告》

②③ 北京新材料发展中心，中关村新材料产业研究报告，2017 年.

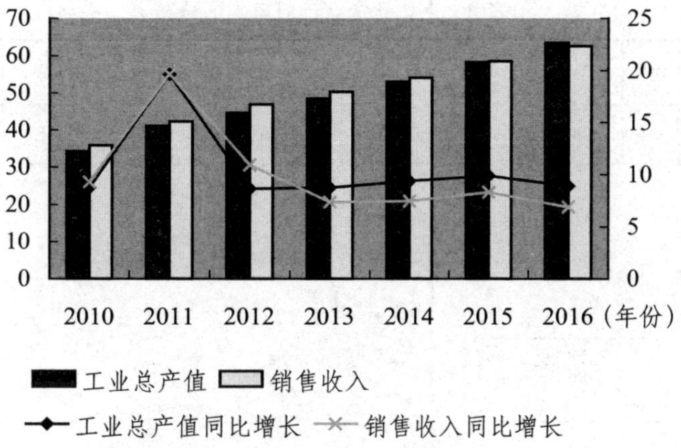

图 2　2010—2016 年北京市生物材料产销规模及变化趋势（单位：亿元，%）

由以上图表可见，从 2013 年到 2016 年，北京生物材料行业每年增长率真都在 8% 以上，这也可以反映出北京整个新材料产业的发展情况。

从行业分布来看，北京新材料产业发展各具形态，以特种金属功能材料、先进高分子材料、新型无机非金属材料、高性能复合材料领域发展优势明显，有着雄厚的科技创新实力，产业基础好，产品竞争力强，纳米材料、生物材料等前沿材料居于全国领先地位①。此外，新材料行业相关的检测服务、技术服务等新材料服务业虽然产值较小，但企业数量众多，且发展迅速，依附于首都科技的强大支撑，成为最具潜力的产业。

从产业布局来看，呈现两个方面的特点，一是发展集聚态势初显，已初步形成以中关村科学城为材料创新高地，以石化新材料基地和永丰新材料基地为核心的产业集群②。《北京市加快科技创新发展新材料产业的指导意见》指出，要推动新材料产业集聚发展，优化产业空间布局，合理配置要素资源，完善营商环境，推动关键战略材料产业集聚发展，推动科技创新重点集聚于中关村科学城、怀柔科学城，产业承载重点集聚于顺义区、房山区。

①② 一张图看懂北京新材料行业 [DB/OL]. http://www.sohu.com/a/116398646_119960，2016-10-18.

表2 上亿元企业产值与园区分布[①]

分布	亦庄	顺义	通州	丰台	昌平	延庆	海淀	朝阳	怀柔	平谷	西城	东城	房山	密云	石景山
产值（亿元）	59.43	24.89	16.02	47.82	75.4	4.67	399.6	16.47	15.17	3.24	21.91	1.65	56.66	2.31	3.22

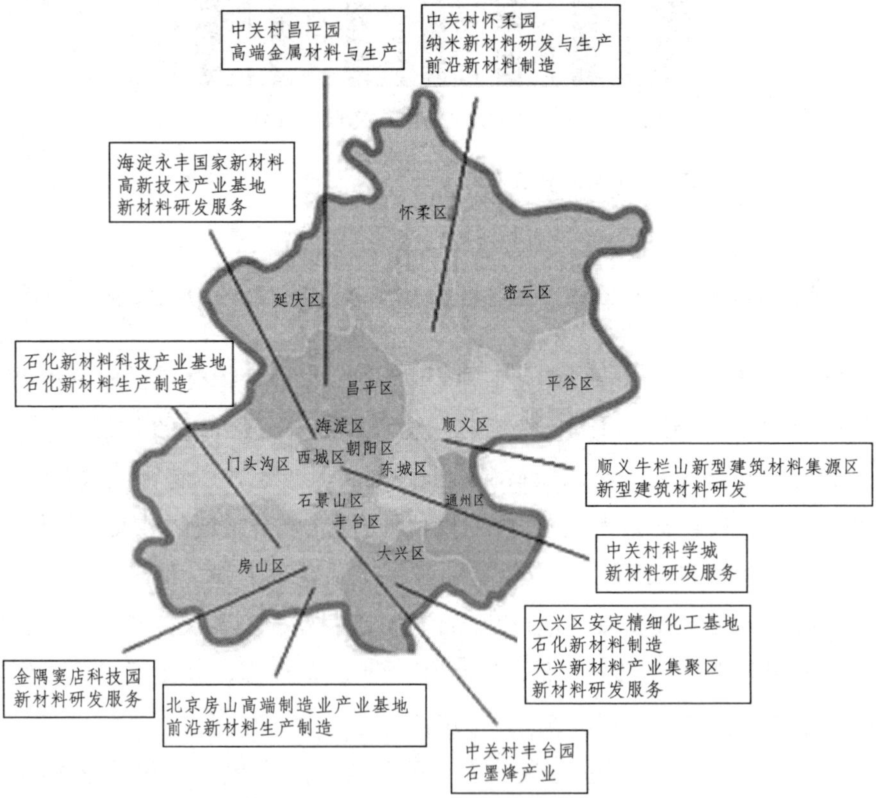

图3 北京新材料产业相关特色园区

二是产业结构升级效果显著，布局合理、特色鲜明、多点支撑、绿色安全的产业发展格局逐步形成。目前，大多新材料企业都依托科研院所，除生产板块外，还有科研板块，有自主知识产权。随着京津冀协同发展战略的推进，首都功能疏解的要求以及公司的战略考虑，很多新材料企业在京津冀

① 北京新材料发展中心，中关村新材料产业研究报告，2017年.

（环渤海）整体布局公司产业生态，河北涿州、石家庄、霸州、天津宝坻等环北京地区均有分布。北京逐渐以管理为主，除总部、研发及销售主体外，其他生产性工作逐步转出北京，这也成为新材料行业产业区域分布的趋势。

三、职业教育生态：人才培养与企业需求失衡

（一）新材料企业技能人才及其需求情况

一定区域内，人才的数量结构和质量水平是产业结构调整和升级的重要基础，甚至是产业结构调整的决定性因素。本研究选取中关村科学城两家新材料代表性企业进行深入调研，两家企业均是集研发、设计、产品制造与销售、技术装备集成于一体的国家级高新技术企业。总部在北京，主营业务在全国范围布局，主要分布在北京周边地区，尤其是生产环节主要集中在北京周边。通过调查，两家企业都表示出对技能人才的迫切需求，并且将技能人才的水平和留存作为企业“良品率”和竞争力的关键要素来考量。具体来说，两家企业人才及其需求情况如下：

1. 学历及专业结构

从学历结构来看，A 公司现有职工 5000 余人，其中 60% ～ 70% 为大专及以下学历，本科及以上学历占比仅 1/3 左右。B 公司现有职工大约 1.8 万名，68% 为大专及以下学历，超过 2/3。虽然两家企业都是高科技公司，但由于企业有一大部分生产制造环节，仍然需要大量的技能型人才。可见，新材料行业对职业教育与技能人才有一定的需求。

表 3　A 公司岗位分类及人员学历层次分布情况

岗位分类	人员构成	学历层次要求
管理系列	基本都是干部	中层以上的干部基本都是本科以上的学历
专业职能系列	比如人力、财务、法律、战略管理等公司的职能部门人员	一般都是本科或者是硕士研究生

续表

岗位分类	人员构成	学历层次要求
专业技术系列	主要包括技术研发、科研人员	百分之百都是本科以上的，还有许多是研究生
专业营销系列	与销售有关的，营销策划的也属于这一类	本科生或者大专及以下
生产操作系列	各个生产环节上跟生产有关的	大部分就是大专及以下

从专业结构来看，在生产制造环节，技能型专业人才占比较高。新技术成果的工程转化和产业化需要工程技术人员的配合，新工艺技术应用需要技能人员的操作使用，研发后进行生产操作需要材料工艺设计等方面的人才，但是却很少有高职院校开设相关专业，导致企业技能型人才缺口较大，对工程技术人才、技能人才提出了迫切需求。

2. 职级分类及评定

为了给技能人才在企业内部提供上升空间和持续成长的动力，A、B 两家公司内部都对技能人才设置了职级，职级的评定规范既参考人社部通行的五级分类，同时又根据每个产业对不同工种的要求进行设置。在职级评定中，技能职称的评比规范是结合自己的行业标准来制定的，外部证书只是参考，学历限制较松，对工作经验也有一定的要求，最重要的是为企业做出的成绩和贡献。企业表示对高级技师、技师、高级工的迫切需求，并且提出希望职业院校可以将行业、企业的职级评定的规范和标准融入人才培养方案，从而培养出契合企业需求的高技能型人才。

3. 产业及人才分布

按照疏解功能的要求以及公司的战略考虑，两家公司均在京津冀（环渤海）整体布局公司产业生态，生产性工作正逐步转出北京。因此，人才支撑也需要按照整体区域布局进行设计安排，特别是北京周边河北省的部分城市人才的“本土化”可以很好地解决“职住”配套的问题。调研中，A 公司表示在北京及周边地区，比如保定、涿州等地，公司仍希望招聘更多的北京本地员工，但是在实际招聘中却非常困难。

（二）新材料行业人才培养存在的问题

《国家中长期新材料人才发展规划（2010—2020 年）》指出，新材料领域人才具有鲜明的科学、技术、工程方面的积累性与跨学科的复合性、团队性等特征。新材料领域人才队伍建设要与新材料领域的战略需求及未来发展趋势相适应。但是，通过对上述两家新材料企业的调查，可见目前新材料技能人才培养与企业需求不匹配，职业教育生态失衡，表现如下。

1. 人才培养规模不能满足产业需求

《国家中长期新材料人才发展规划（2010—2020 年）》提出，未来十年我国新材料人才发展重点要实现新材料人才资源总量翻番，满足领域发展人才需求，重视技能人才培养，充分利用各类技术职业院校和技工院校培养大批高技能人才，解决技能人才缺乏的问题。但是，近五年北京市普通专科（高职）新材料专业招生规模严重不足。材料类专业主要还是集中在老牌的材料工程技术专业、材料成型与控制专业等，新材料相关专业的学生数量非常少。开设新材料相关专业的高职院校很少，即使开设了相关专业，近两年的招生数也基本趋于零。导致新材料产业技术人才极度匮乏，难以支撑未来产业发展升级。

表 4 北京新材料行业学生人数

年份	毕业生数	招生数	在校生数	预计毕业生数
2017—2018	29	0	7	3
2016—2017	119	4	35	31
2015—2016	84	缺失	131	96
2014—2015	91	35	216	88
2013—2014	101	93	274	92

注：以上资料和数据来源于北京市教委官网公布的近五年“学年度北京教育事业发展统计概况”普通专科分学科学生数（2016—2017 学年度开始为“能源动力与材料大类”，这之前为“材料与能源大类”）

2. 专业结构与产业结构匹配度不高

新材料产业发展不仅需要高素质的技术研发、经营管理人才，还需要大量一线销售服务、生产操作的高技能型人才。但是，调研中发现，企业很难从职业院校直接招聘对口的专业人才，尤其是新技术成果的工程转化、新工艺技术应用、研发后生产操作、材料工艺设计等方面的工程技术人才和技能型人才严重欠缺。专业结构与产业发展之间的不匹配，直接导致学校培养的人才不能满足企业需求。可见，现阶段中高职层次的材料类专业结构不能满足新材料产业发展需求，职业教育专业设置与产业发展契合度非常低。

3. 人才质量达不到岗位技能要求

新材料产业不仅种类繁多，而且还涉及自然科学和工程技术，多学科交叉渗透，知识和技术高度密集，因此，新材料产业需要的是专业理论够用、生产技术操作熟练和组织能力强的复合型人才。但目前高职院校培养的材料类专业技术人才尚不具备这些能力，调研中，企业也表示希望员工特别是一线的技术技能员工有主动学习成长的意愿，并对相关人员的基本素质提出了更高的要求。可见，职业教育在课程设置、培养方式、师资水平等方面还存在一些不足，导致人才质量还不能满足岗位需求。

四、建构职业教育产教融合的新生态

2017 年 12 月，国务院办公厅《关于深化产教融合的若干意见》指出，“深化产教融合，促进教育链、人才链与产业链、创新链有机衔接，是当前推进人力资源供给侧结构性改革的迫切要求”。并提出要“深化职业教育、高等教育等改革，促进人才培养供给侧和产业需求侧结构要素全方位融合，培养大批高素质创新人才和技术技能人才，加快建设实体经济、科技创新、现代金融、人力资源协同发展的产业体系”。

上述新材料行业技能人才需求情况以及人才培养中存在的问题，归根到底是职业教育生态与产业生态之间的不匹配、不契合问题。因此，职业教育要建构校企合作、产教融合的新生态，要服务产业生态，以面向市场、服务发展、促进就业为目标，适应经济发展和社会进步的需要，要根据产业结构调整的方向，以及对人才数量、结构、质量的需求标准，适时调整办学目标、招生规模、专业设置、培养方式，从而提高人才培养的针对性和实效性。

（一）统筹多方力量，形成人才培养生态链

2018 年 2 月 5 日，教育部等六部门《关于印发〈职业学校校企合作促进办法〉的通知》，指出“产教融合、校企合作是职业教育的基本办学模式，是办好职业教育的关键所在”，并且提出“校企合作实行校企主导、政府推动、行业指导、学校企业双主体实施的合作机制”。因此，要实现职业教育生态与外部生态的平衡，形成学校、企业、政府、行业之间的生态链。

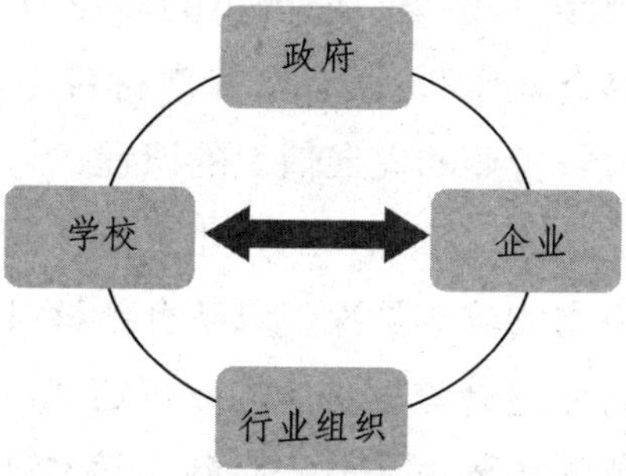

首先，政府部门要继续出台相应的法规条例和政策引导，积极推动产教融合、校企合作，同时要将民办职业教育学校和民办培训机构、企业办学等纳入职业教育发展整体规划，鼓励社会力量捐资、出资兴办职业教育。其次，行业组织应当自觉履行发布行业人才需求、推进校企合作、参与指导教育教学、开展质量评价等职责，建立行业人力资源需求预测和就业状况定期发布制度。同时，有关部门应当加强对行业组织的指导，支持行业组织发挥职业教育服务功能，并强化监管。最后，职业院校要与相关企业在专业设置、人才培养、实习实训、师资队伍建设、技术研发与推广、科技成果转化等方面开展合作。建设校企合作、产学研一体化实训基地，开展订单、定向培养和“学历教育＋企业实训”培养。职业学校、行业组织和企业开展现代学徒制和

企业新型学徒制培养，明确学校、企业和学生三方的权利和义务，共同制订人才培养方案、开发课程和教材、设计实施教学、组织考核评价、开展教学研究。

（二）精准对接企业需求，适时调整职业教育内部生态

从学校层面来看，要通过更为科学详尽的调研，收集到更多的行业信息，加强与企业的沟通联系，了解企业对人才数量、人才质量、人才结构的需求，通过对毕业生进行跟踪调查，形成“产教融合、校企合作”大数据支撑，从而精准对接企业的人才需求，调整职业教育内部生态。具体来说：

第一，由于功能疏解和产业优化，北京新材料行业总部经济、服务中心、战略平台的现状，大企业总部需要办公室、财务人员等经营管理人员，可以挖掘北京市现有的财经商贸类、服务类的职业教育资源，与新材料行业、企业“产教融合、校企合作”，联合培养新材料专业的定向班，在通用课程的基础上，增加新材料行业的发展情况的课程，为行业专门培养经营管理、销售服务类的高技能人才。第二，配合北京市产业政策和布局，加大贯通式培养力度，提升北京市的培养层次，以契合新材料产业人才学历高企的需求现实，北京新材料行业随着疏解功能的政策延续，作为总部基地、管理平台、研发基地，用人的学历要求一般提高到大学本科层次，因此，联合北京地区的普通本科院校，进行新材料专业的贯通式培养，以满足行业企业的人才需求。第三，服务中小微企业的人才需求。今后新材料研发、生产、应用将更加深化到民用领域，新材料在民用时和民用产品进行“合成”时，会产生一些新的职业岗位——新的技术技能，会形成大范围、持久性的应用，这样就可以形成一些新的职业岗位（与新材料产业发展相伴生），要认真研究这些新的人才需求，在专业设置、招生规模、培养方式上及时进行相应的调整，以实现与产业发展的更高契合度。第四，除了岗位相关的专业知识及操作能力之外，企业越来越重视注重核心素养、关键能力的培养以及员工自主学习、自我成长的能力，尤其是沟通能力、团结协作精神、钻研精神以及学习态度。因此，在人才培养上，职业教育需要特别重视对学生相关素质的

培养，从而为学生进入职场的终身学习、可持续发展提供基础素养和能力的支撑。

五、京津冀协同发展背景下打造区域职业教育新生态

京津冀协同发展背景下，北京新材料行业人才培养要注意加强京津冀三地区域统筹协调，实现资源整合。要做好全面布局与整体规划，加强合作，根据地区经济发展状况、教育发展水平，尤其是新材料行业发展的产业分布和结构调整，积极应对，整合和优化区域内职业教育资源，协同推动新材料行业技能人才培养。

首先，近年来北京市新材料行业逐步发展壮大，技术水平得到大幅提升，市场应用不断拓展，对技术技能人才需求也进一步增加。而新材料行业技能人才培养规模相对较小，人才资源总量与行业发展地位不符，不能满足行业发展需求，难以支撑未来产业发展升级。因此，除北京外，河北、天津两地也要加强新材料行业技能人才的培养，中高等职业院校要增设相关专业，扩大招生规模，为北京新材料行业输送大量高质量技能人才。要探索人才培养和输出的新模式，实现人才异地培养、本地接收，促进人才的合理流动。

其次，根据有序疏解北京非首都功能的相关要求，北京新材料产业的产品结构不断优化调整，产业不断向高端化发展，一些具有较高附加值的相关产业链上的配套企业不得不将产能向区外转移。因此，天津、河北两地，尤其是河北地区不仅要做好产业承接，更要做好相应的人才储备。要立足北京新材料产业链，面对京津冀协同发展战略推进下生产环节转移河北地区的现实，利用京津冀协同发展的政策，挖掘河北中高职在新材料专业方面的积累，结合产业发展趋势的研判，规划布局专业建设，在更大的范围考量专业契合度，在京津冀整个地区布局教育资源，以教育生态与新材料产业生态的契合度。

最后，要将京津冀的职业教育资源考虑在内，与环渤海地区的新材料产

业进行契合设计。在京津冀协同发展背景下，以“中关村”为代表的高科技园区应积极践行京津冀协同发展的国家战略，园区产业、企业向天津、河北合作办分园区、建分公司，同时产业的共同培训中心（培训平台）、企业大学也要将一些教育资源辐射到这些地区，从而为京津冀协同发展背景下的区域职业教育资源整合提供多元化的资源选择。三地应当从专业设置、师资队伍建设、教学改革、区域性实习就业、科研服务等方面加强区域合作，整合职业教育资源，构建职教集团或者教育联盟，特别是利用河北的教育资源，开展产教融合、校企合作，立足北京新材料的中央企业、大型股份制企业在河北布局生产基地、构建产业生态体系的机遇，挖掘津冀的职业教育资源的现有存量，适当进行增量补充，为新材料企业的生产服务一线培养高技能人才，为区域经济发展提供内驱力，服务于京津冀区域新材料行业的发展。

参考文献

[1] 尚玉昌. 生态学概论 [M]. 北京：北京大学出版社，2003.

[2] 邓小泉，杜成宪. 教育生态学研究二十年 [J]. 教育理论与实践，2009(5).

[3] 吴鼎福. 教育生态学刍议 [J]. 南京师大学报(社会科学版)，1988(3).

[4] 康元华. 产业结构与职业教育互动战略研究 [D]. 南宁：广西大学，2006.

[5] 潘建华，陈建华. 生态学视角的江西职业教育问题研究 [J]. 中国职业技术教育，2012(15).

[6] 刘贵华，朱小蔓. 试论生态学对于教育研究的适切性 [J]. 教育研究，2007(7).

[7] 施教芳. 教育生态学视域的高校知识系统的协同构建进化 [J]. 教育现代化，2006(2).

[8] 叶如婧. 我国高等工程人才供给与制造业发展对接问题研究——以高新区为例 [D]. 南京：南京工业大学，2016.

[9] 刘俊萍. 在建立现代职业教育体系中，高等职业教育与劳动力市场深度对接研究 [J]. 教育教学论坛，2015(1).

[10] 赵光辉. 人才结构与产业结构互动机理及相关政策研究 [D]. 武汉: 武汉理工大学, 2006.

[11] 高利兵. 企业技能型人才需求与职业教育发展对策研究——基于对安徽省企业的调查 [J]. 职业技术教育, 2012 (13).

[12] 杨晓丽. 北京市新材料产业发展现状及展望 [J]. 新材料产业, 2014 (1).

[13] 唐树伶, 吕昕. 京津冀战略性新兴产业发展与人才培养研究 [J]. 辽宁高职学报, 2016 (5).

产业升级过程中北京市海淀区的职业教育发展研究

程洪莉

【摘要】我国已进入产业结构调整和战略性新兴产业快速发展时期，如何把握战略性新兴产业人才需求，调整区域职业教育结构，培育合格人才，满足社会发展要求，成为重要课题。文章在对北京市海淀区职业教育发展现状与问题分析的基础上，提出适应产业升级发展需求的职业教育发展的建议思路，为海淀区和我国其他地区产业升级和经济转型期职业教育发展提供经验借鉴。

【关键词】北京海淀；职业教育；产业升级，结构调整

我国当前正处于产业结构转型升级的关键时期，产业结构的优化升级首先需要产业人才的提升发展，特别是一支高技能型人才和高素质人才队伍作为核心驱动力。职业教育由于其紧密联系产业、培养培训模式灵活等特性，能够根据产业需求快速调整人才培养培训目标、方向和方式方法，培养适用人才，满足产业需求。因此，“必须把职业教育摆到更加突出、更加重要的位置”，使职业教育成为培养产业人才促进产业结构调整升级的重要力量。但是，目前北京市海淀区的职业教育却依然存在过于偏重传统产业、人才培养层次较低、与区域产业实际需求契合度不高等问题，亟须通过职业教育结构调整和人才培养模式创新实现全面突破。

一、海淀区职业教育发展的现状分析

（一）发展现状分析

截至目前，海淀区共有专门的中等职业学校 16 家，占北京市中职学校总量的 15.69% 。其中，中专学校 11 所，职业高中 4 所，技工学校 2 所。同

时，海淀区还有5所学校在学校教育体系内附设有职高班，开展中等职业教育。根据海淀区统计年鉴的数据，海淀区中职学校在校生约1.8万人，年招生量6000余人，年毕业生5200余人，教职工约1600人，专任教师约1000人。高职院校11家，其中包括普通高校设立的高职学院6家、独立设置的高职学院5家，占北京市高职学校总数的25%。根据不完全统计，海淀区高职院校在校生约1.5万人，年招生量约4800余人，年毕业生量约5000余人。

职业培训机构主要可分为民办非学历高等教育机构、职称职业资格证书培训机构和社会化的产业人才培训机构三大类。目前，海淀区范围内在北京市教委备案的民办非学历高等教育机构18家，大多数都以辅助学员参加自学考试为目标开展培训业务，其中面向产业人才开展培训业务的有三家机构，包括中国农民大学、中关村创新研修学院和蒙代尔国际企业家大学；人力资源和社会保障部规定的各级各类工种的培训机构有78家，从事职业培训的170所，另外还有一部分企业主办的对内或对外性质的培训机构；同时，还兴起了一大批社会化的产业人才培训机构，包括中软国际的卓越培训中心、水晶石公司的水晶石数字教育学院、安博教育集团、内达科技等。

（二）现有特点分析

1. 职业教育整体素质水平较高

一是学校具有一定的品牌影响力。区域内信息管理学校等6所中等职业学校被评为国家级重点职业（技工）学校，中国农业职业学院是国家示范性高等职业院校，区域内的职业教育培训机构在业内具有较大的影响力，如北大青鸟、水晶石的职业教育学院、3D动力学院、文思创新的文思大学等机构培养的人才均得到业界的广泛认可。二是教师队伍素质较高。海淀区职业学校专业技能课“双师型”教师的比率已达较高水平，公共基础课教师团队水平在全市遥遥领先，如2011年海淀区3名教师参加全国教师信息化教学大赛，取得好成绩。三是培养的学生质量较高。海淀区的职校学生在全国各类大赛中屡获金奖，如2011年全国职业学校学生专业技能大赛中，海淀区学生代表北京市获得四个一等奖。

2. 校企合作开展较为深入

海淀区利用高新技术产业发展，科技企业众多的优势，统筹区域内职业教育资源，形成了学校与企业良好互动的局面。在职业院校层面，如北京市信息管理学校与方正集团、飞客公司等12家企业开展校企合作，共建学生实训基地，共建高端实验室，共同研发专业课程，共同进行中高职接轨实验，实现了职业教育与园区企业的进一步合作；海淀艺术职业学校、信息管理学校与企业合作成立了校内生产型实训基地，为职业教育发展提供了新的思路；中关村学院与甘家口大厦合作，成立“甘百商学院”，为成人教育发展开辟了一条新路；另外，一些学校还和中青旅、权品集团公司等多家企业建立教师脱产学习基地。在培训机构层面，很多培训机构的举办者本身就是企业，如中软国际培训中心、水晶石等，它们既可以利用举办者的企业资源实现培训的实习实训，同时还可以以培训者身份与众多院校和企业建立合作关系，联合培养人才。

3. 培养培训层次主要以初级人才为主

不论是中等职业学校、高等职业学校还是职业教育培训机构，它们人才培养的对象基本都以初级人才为主要群体，从事中高层次产业人才培养培训的机构数量较少。

二、海淀区职业教育存在的主要问题

海淀区职业教育经过几十年的发展，已经形成了一定的规模，取得了一定的成绩，为各行业培养了大量产业人才。但是，从促进区域产业升级发展的角度来看，海淀区职业教育还存在一些问题，主要体现在以下几个方面。

（一）培养目标对象与产业人才需求对象存在脱节问题

从培养人才的层次来看，目前培养培训机构大多面向初级人才，中等职业教育和高等职业教育培养的是具有中专和大专学历的技能人才，职业培训机构培养的多是刚毕业的大学生群体，针对创业人才和中高层次技术人才的培养培训机构少之又少，而这恰恰是目前海淀区产业人才需求的重点。

从培养人才的专业领域来看，目前培训机构与产业对接较为顺畅，但是中职和高职教育培养人才的专业领域则主要集中在传统行业领域，与区域高新技术产业需求的人才专业领域还存在较大的脱节问题。

从培养人才的定位来看，职业教育既定目标是培养产业一线需要的高素质劳动者和技能型人才，但是我国一直以来都存在“重普教、轻职教”的观念，由此也导致了职业教育的畸形发展，学生上中职和高职，往往不是为了学习技能，而是为了获得学历和升学机会，职业教育在发展中迎合了这种需求，偏离了自身的目标定位，实际的办学理念和人才培养目标与普通教育区分度不大。海淀区中职学校和高职学校也与大多数职业院校一样存在这方面的问题。

（二）专业设置和教材尚没有形成随区域产业发展需求快速调整的机制

在专业设置上，调整速度过慢，内容与方向也跟不上产业结构调整的步伐。科技产业本身就具有技术更新升级换代快、产业浪潮不断涌现的特征，目前中职和高职学校的专业设置调整程序较为复杂，调整速度也比较慢，在内容上与区域的产业升级方向不相适应。例如，在近几年中，海淀区电子信息等产业领域的专业并无大幅变化，物联网等新兴技术领域也并没有在专业设置中得到凸显。

在教材选用上，海淀区职业院校的教材基本是选用全国通用的职业教育类教材，也有个别专业采用普通高等院校的教材。这些教材往往过分强调知识的系统性，基础理论分量过重，应用技能比例偏轻，没有体现出能力本位中心所需要的知识与技能模块组合，教学内容缺乏针对性和实用性，职业特征不够明显，教材更新的速度较缓慢，有些专业在 5 年内甚至从未更换过教材，因此教师的授课内容也未有太大变化。

（三）人才培养方式没有以产业技能培养为核心进行设计

目前，职业教育通常采取的是以教师为中心、课堂为中心、教材为中心的传统教育模式，单调的理论讲授仍然占据重要地位，即使是实践技能课也以课堂教学模式为主，还没有探索出与科技产业人才培养相适应的人才培养模式和机制。

（四）政策层面对职业教育与产业对接的引导不足

一是专门性政策措施欠缺。从职业教育出台的政策来看，国家层面高度重视职业教育的发展，专门制定了《中华人民共和国职业教育法》来引导和规范职业教育，国务院也出台了相应的职业教育和培训的指导政策。不少地区也都针对职业教育发展，出台了相关的规划和支持政策，通过专项支持政策促进职业教育的健康发展。但是，从海淀区的情况来看，并没有专门的操作性的政策文件，引导和支持的力度还是偏小。

二是对培训行业重视不够。在职业教育体系中，教育培训是重要组成部分。教育培训机构相较于职业学校，更具有灵活性的特点，能够根据产业变动迅速作出反应，调整培训内容和方向，为产业培养优秀人才。海淀区不少教育培训机构都做得很出色，在业内具有一定的影响力。但是，区域层面更加关注中、高等职业学校，特别是公立职业学校，而教育培训机构一直未得到足够重视，职业教育培训机构也没有纳入政府的职业教育支持体系。这样一来，不利于调动职业教育培训机构的积极性，形成多层次、立体化、全方位的职业教育培养体系建设。

三、加快海淀区职业教育发展和改革的建议

（一）整体思路

海淀区职业教育发展的整体思路是立足中关村核心区建设需求，以促进海淀产业升级，对接中关村核心区战略性新兴产业发展为核心，以人才成长规律和产业发展人才需求规律为依据，树立大职业教育理念，按照“政府主导、多方参与、资源整合”的思路，调整职业教育结构、创新产业人才培养模

式，深入推进职业教育的改革与发展，提高海淀区职业教育总体水平 。具体如下图所示。

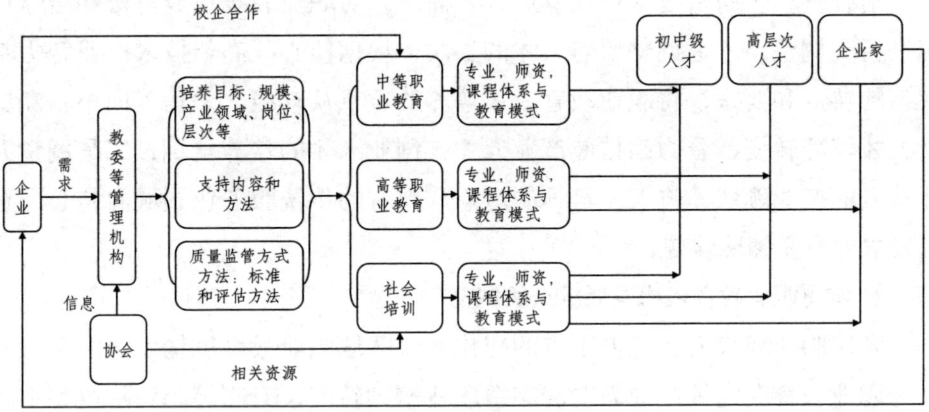

海淀区职业教育发展整体思路图

（二）基本原则

1. 政府主导，多方参与原则。坚持教育的公益性和普惠性，探索建立政府主导、行业指导、企业参与、校企互动、产学研结合的办学机制，强化政府责任，同时以法规、政策等为手段充分引导和调动社会各方积极性。

2. 服务企业，对接产业原则。以促进企业成长、产业发展为核心，开展区域职业教育工作，牢牢依据企业和产业需求，开展职业教育的各项活动。

3. 先行先试，持续创新原则。坚持职业教育的先导性和超前性，依据经济社会和产业的发展对人才的需求变化，及时开展人才培养模式、职业教育机构管理运营模式等职业教育领域的创新和改革，确保培养人才的实用性。

（三）目标与任务

在 3 ～ 5 年内，构建与中关村核心区产业发展高度匹配的、层次结构合理、专业设置科学、师资队伍优秀、人才培养模式合理的海淀区职业教育体系，使职业教育成为核心区优秀产业人才的重要来源渠道，把海淀区建设成为创新创业产业人才不断涌现的人才培养高地。

1. 实现重点培养对象的调整和转变

结合核心区高新技术产业发展人才需求，对职业教育培养对象和培养目标进行大调整。一是调整培养人才的层次，根据核心区高新技术产业智力密集型的特点和要求，将职业教育人才培养的重点从初级人才培养向中、高层次人才培养转变，着力高技能产业人才、创业人才的培养培训；二是调整人才培养的产业领域，将人才培养的对象从现有的传统服务业领域向核心区重点发展的产业领域转变。

2. 实现职业教育机构发展重点的调整

顺应职业教育人才培养重点的变化，将区域职业教育机构发展的重心从中等职业教育向高等职业教育和高等职业培训转变，对高等职业院校和中高层次产业人才培训机构的快速成长和发展。

3. 实现区域职业教育管理机制的调整

以大职业教育为理念，打破传统职业教育管理格局，按照产业人才培养要求形成区域职业教育管理新机制，围绕产业发展需求形成区域职业教育管理新体系，实现区域职业教育资源的优化配置。

4. 提升职业教育整体水平，形成多层次的职业人才培养体系

大力推进职教新改革，建立健全职业培训（基地）机构和产业人才的认证标准体系，深度提升教师执业能力、教材适用程度和实训基地建设水平，逐步确立以服务产业发展为核心，针对低、中高各层次人才不同领域和岗位的职业教育新体系。

5. 转变产业人才培养模式

以对接产业、促进产业升级为切入点，充分调动社会各界力量，探索职业教育人才培养新模式，以科学方法培养符合产业需求的优秀人才，并总结阶段成果，为其他地区职业教育发展和产业人才培养提供经验和借鉴。

参考文献

[1] 林润惠. 产业升级转型背景下的高职教育改革研究 [J]. 江苏广播电视

大学学报，2010(4).

[2] 方存好，张有根. 产业升级转型背景下无锡高职教育创新发展战略选择[J]. 无锡职业技术学院学报，2011（2）.

关于经济科技发达地区职业教育与科技产业对接的思考

——以北京市海淀区为例

程洪莉

【摘要】随着我国经济与科技的发展，教育的需求也在不断提升。在经济科技发达地区，职业教育对于科技产业的贡献成为企业和教育部门关注的重点。北京市海淀区作为我国国家级自主创新示范区的核心区和战略性新兴产业发展的重要策源地，高科技产业发展迅速，具有加快职业教育结构调整、培养足量和优秀产业人才、服务产业发展的迫切需求。本文在分析北京市海淀科技产业人才需求与区域职业教育人才培训现状的基础上，提出经济科技发达地区职业教育与产业对接的建议措施。

【关键词】职业教育；科技产业发展；人才培养

随着我国经济社会的快速发展，教育与产业人才的对接越来越受到关注。但是由于传统观念，学习职业技术的人数在经济比较发达的地区越来越少，职业技术教育培养的人才无论在数量、质量上都远远不能满足现代企业特别是科技企业的需要，而同时大批高校毕业生找不到工作。解决这一问题，需要各级部门，特别是政府教育及人才部门研究。北京市海淀区是我国国家级自主创新示范区的核心区和战略性新兴产业发展的重要策源地，教育与科技产业高度发达，区域内居民教育需求主要是上学术类本科大学，毕业后很多学生待业，与区内科技企业技术人才短缺形成鲜明对比，在经济科技发达地区具有典型性，研究海淀区职业教育与科技产业对接具有代表意义，能够给我国其他经济发达地区以启示。

一、北京市海淀区科技产业人才需求分析

截至 2011 年年底，海淀区高新技术产业人才达到 69.34 万人，按照海淀区属人才 81 万人计算，高新技术产业人才占比达到 80% 以上，是海淀区人才队伍的绝对主导力量。

（一）科技企业近期需求情况分析

为了解海淀区科技产业人才近期需求情况，笔者对海淀区高新技术企业进行了抽样调查，收回调查问卷 130 份，问卷涵盖了电子信息、新能源与节能环保、先进制造技术等主要产业领域，包括了核心区十多家“十百千”企业，以及人员规模在 500 人以下、500 ～ 1000 之间和 1000 人以上的各类企业。根据问卷整理情况，得出海淀区科技企业近期需求情况如下。

1. 人才需求旺盛

按照调研中了解到的数据，这些企业 2011—2012 年度人才需求总量为 10340 人。根据这些企业人才数量、产值规模占海淀区科技产业的比例，可初步估计，海淀区高科技企业年度人才需求总量在 8000 ～ 17000 人之间，其中 80% 的需求集中在电子信息领域。

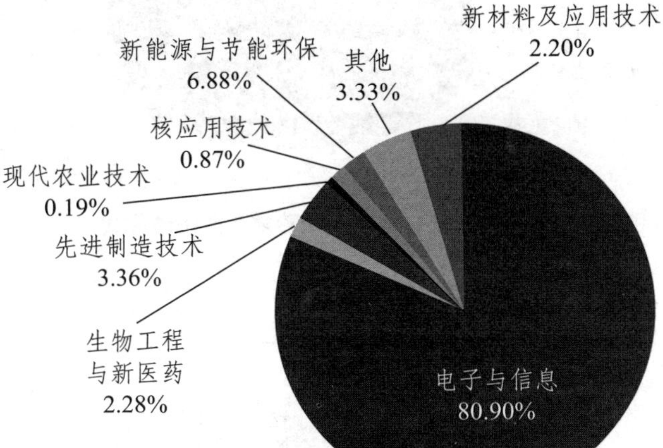

图 1　调研科技企业人才需求行业领域分布

2. 高层次人才需求突出

目前海淀科技企业对高层次人才需求量较大，不少企业都将高层次培养和招聘工作作为公司的重点工作之一。

根据对核心区130家重点企业的问卷调查，2011—2012年度这些企业对高层次人才的总需求为942人，占2011—2012年度企业人才需求总量的9.11%，远远高于目前企业高层次人才的比例（2.93%）。按照这130家企业目前对高层次人才需求的比例计算，2011—2012年度海淀区科技企业对高层次人才的需求总量在7000人左右。从岗位类别来看，高端研发人才需求最大为491人，占高层次人才需求总量的52.12%；人才需求中高层运营管理人才192人，占高层次人才需求总量的20.81%;高层次科技营销人才255人，占高层次人才需求总量的27.07%。从产业领域来看，电子信息产业领域占高层次人才需求量最大，需求人数占比达到65.18%，新能源与节能环保领域9.77%，先进制造技术领域7.75%，生物工程与新医药领域5.20%。

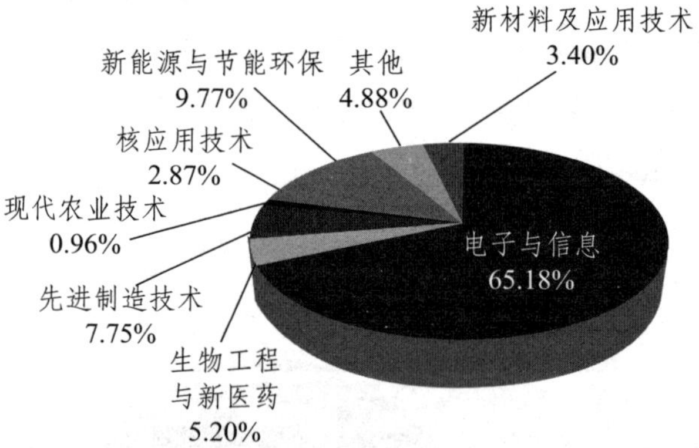

图2 调研科技企业高层次人才需求产业领域构成

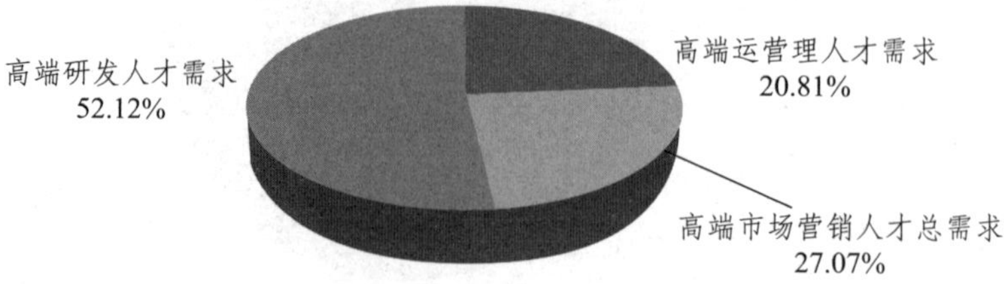

图3 调研科技企业高层次人才需求岗位构成

（二）未来 3 ～ 5 年内海淀区科技产业人才需求情况分析

1. 人才总量面临较大缺口

按照《北京市海淀区“十二五”时期人才发展规划（2011—2015 年）》，到 2015 年，海淀区属人才将达到 107 万人，按照目前高新技术产业人才占海淀区人才总量的 80% 以上的比例进行初步估算，高新技术产业人才将达到 85 万人左右，比 2011 年增加约 20 万人。

特别是在移动互联网和下一代互联网、导航与位置服务、云计算等海淀区重点发展的产业领域，由于产业发展目前处于起步阶段，人才数量还没有形成一定的规模，但发展速度都相当迅速，如节能环保产业领域近年来总收入年均增长率在 30% 以上，同时这些领域作为新兴产业领域，学校输送的人才很少能够与这些产业领域人才需求相契合，因此未来人才需求都将面临较大缺口。

表 1　海淀区人才队伍建设主要目标

队伍类型	主要目标（2015）
人才总量	107 万人（区域），其中高科技产业人才约 85 万人（按现有比例计算）
层次人才	吸引培养高层次创新创业人才 2000 名、重点领高域紧缺人才 1000 名、产业发展领军人才 40 名、海外归国留学人才 1.2 万名
专业技术人才	到 2015 年，区域专业技术人才总显达到 60 万人
高技能人才（高级技术工人）	到 2015 年，区域总虽达 9 万人，高级工以上等级高技能人才占一线技能劳动力的比例达到 31%

2. 人才质量亟待提升

按照海淀区高新技术产业发展规划，到 2015 年，海淀区高新技术产业总收入将达到 1.8 万亿元，按照 2015 年高新技术产业从业人员 85 万人计算，2015 年高新技术产业人均总收入将达到 212 万元，是 2010 年的 1.8 倍。因此，海淀区高新技术产业人才素质要在 2015 年前实现大幅度的提升，通过高素质人才带动高产出，进而实现人均总收入的提高。

表 2　海淀区高新技术产业 2010 年与 2015 年人均总收入对比

行业领域	2010 年	2015 年
总收入（亿元）	705474	18000
从业人员（万人）	60.97	85
人均总收入（万元／人）	116	212

（三）小结

1. 产业新生力量的培养需要职业教育发挥作用

随着海淀产业规模和产业结构的提升，海淀区高新技术产业近期及未来 3 ～ 5 年内，都将面临较大的人才缺口，特别是在电子信息、节能环保等重点产业领域，人才需求数量将实现大幅增长。而目前海淀区高科技产业新增产业人才主要来源为高校毕业生，每年吸纳的高校应届毕业生人数在 3 万～ 4 万人左右（2011 年吸纳全国高校应届毕业生人数为 34191 人），企业普遍反映，这些应届毕业生在工作技能和方法等方面都是一张白纸，必须通过培训才能适应岗位需要。正如日前《华尔街日报》的一篇报道所指出的："美国 81% 的工程专业毕业生可以立刻胜任工作，而只有 25% 的印度毕业生做得到这一点，中国的这个比例是 10%。"

面对这种情况，以往企业内师傅带徒弟的传统人才培养培训方式显然不能满足需求，并且这种方式对于大量的中小企业是一个很大负担。需要专业的人才培训机构，以专业化的产业人才模式和方法紧跟产业需求，培养充足的产业人才。

2. 现有产业人才质量的提升需要职业教育提供支撑

对现有的产业人才，海淀区也必须通过各种类型的职业教育培养培训活动，使他们的质量和水平持续发展，使初级人才和中层人才能够不断成长为高层次人才，使高层次人才也能够保持发展，向世界领军人才靠拢。